U0681901

高职高专计算机任务驱动模式教材

Linux操作系统与实训

(RHEL 6.4 / CentOS 6.4)

唐柱斌　主　编

清华大学出版社

北京

内 容 简 介

本书是国家精品课程和国家精品资源共享课程的配套教材,以目前被广泛应用的 RHEL 6.4/CentOS 6.4 服务器为例,采用教、学、做相结合的模式,以理论为基础,着眼于应用,全面系统地介绍了利用 Linux 操作系统架设网络服务器的方法,内容包括:搭建与测试 Linux 服务器、使用常用的 Linux 命令、Shell 与 Vim 编辑器、用户和组的管理、文件系统和磁盘管理、DHCP 服务器配置、DNS 服务器的安装及配置、NFS 网络文件系统、samba 服务器的配置、Apache 服务器的配置、FTP 服务器的配置、电子邮件服务器的配置、配置防火墙与代理服务器、VPN 服务器的配置等。每章后面有结合实践应用的"项目实录",配合国家精品课程和国家精品资源共享课程的网站上的项目实录视频,使"教、学、做"完美统一。

本书采用"项目驱动"的方式,以培养技能型人才为目标,注重知识的实用性和可操作性,强调职业技能训练,是 Linux 组网技术的理想教材。随书光盘包含教学项目实录视频(含 PPT)、练习题及答案、VPN 软件包、课程标准、大赛试题及答案、授课计划等内容。

本书适合作为高职高专院校相关专业的教材,也是广大 Linux 爱好者不可多得的入门级参考书,同时也可作为中小型网络管理员、技术支持经理以及从事网络管理的网络爱好者必备的参考书。

图书在版编目(CIP)数据

Linux 操作系统与实训:RHEL 6.4/CentOS 6.4/唐柱斌主编. --北京:清华大学出版社,2016 (2019.1重印)
高职高专计算机任务驱动模式教材
ISBN 978-7-302-43505-1

Ⅰ. ①L…   Ⅱ. ①唐…   Ⅲ. ①Linux 操作系统-高等职业教育-教材   Ⅳ. ①TP316.89

中国版本图书馆 CIP 数据核字(2016)第 079554 号

责任编辑:张龙卿
封面设计:徐日强
责任校对:袁　芳
责任印制:李红英

出版发行:清华大学出版社
　　　　网　　址:http://www.tup.com.cn,http://www.wqbook.com
　　　　地　　址:北京清华大学学研大厦 A 座　　　　　　　　　邮　编:100084
　　　　社 总 机:010-62770175　　　　　　　　　　　　　　　邮　购:010-62786544
　　　　投稿与读者服务:010-62776969,c-service@tup.tsinghua.edu.cn
　　　　质量反馈:010-62772015,zhiliang@tup.tsinghua.edu.cn
　　　　课件下载:http://www.tup.com.cn,010-62770175-4278
印　装　者:北京嘉实印刷有限公司
经　　销:全国新华书店
开　　本:185mm×260mm　　　　　　印　张:21.25　　　　　字　数:513 千字
　　　　　(附光盘 1 张)
版　　次:2016 年 7 月第 1 版　　　　　　　　　　　　印　次:2019 年 1 月第 4 次印刷
定　　价:49.00 元

产品编号:069686-01

前　言

1. 编写背景

随着 Linux 易用性的不断提高,Linux 已经占据了服务器操作系统30%以上的份额。在中低端服务器领域,已经形成了与 Windows 分庭抗礼的局面。随着国家对知识产权领域管理的日趋严格,盗版用户将承担更大的法律和经济风险。基于安全性、稳定性和选购正版软件的考虑,Linux 正成为越来越多的企业用户和个人用户的选择,很多网络服务器都将移植到Linux 平台,使用者迫切需要掌握 Linux 网络服务器的搭建、配置与管理。为此,编者决定创作一本针对 Red Hat Enterprise Linux 企业服务器(RHEL 6.4/CentOS 6.4)的教程。

2. 本书特点

(1) 国家级精品课程和国家精品资源共享课程的配套教材

本书是国家级精品课程和国家精品资源共享课程"Linux 网络操作系统"的配套教材,教学资源丰富,所有教学录像和实验视频全部放在精品课程网站上,供下载学习和在线收看。另外,教学中经常会用到的 PPT 教案、学习论坛、实践教学、授课计划、题库、教师手册、学习指南、习题解答、补充材料等内容,也都放在了精品课程网站上。

国家精品课程网址:http://linux.sdp.edu.cn/kcweb。

国家精品资源共享课程网址:http://www.icourses.cn/coursestatic/course_2843.html。

(2) 实训内容源于实际工作经验,项目实录体现"教、学、做"完美统一

在专业技能的培养中,突出实战化要求,贴近市场,贴近技术。所有实训项目都源于编者的工作经验和教学经验。

实训内容重在培养读者分析实际问题和解决实际问题的能力。每章后面增加"项目实录"内容。项目实录是一个完备的工程项目,包括录像位置、项目实训目的、项目背景、项目实训内容、深度思考、做一做等。配合精品课程网站和光盘的相关视频录像,读者可以随时进行工程项目的学习与实践。

3. 随书光盘

(1) 24 个项目实训的 PPT 及录像视频

熟练使用 Linux 基本命令、安装与基本配置 Linux 操作系统、管理 lvm逻辑卷、管理动态磁盘、管理文件权限、管理文件系统、管理用户和组、配置TCP/IP 网络接口、配置与管理 samba 服务器、配置与管理 NFS 服务器、配

置与管理 DHCP 服务器、配置与管理 DNS 服务器、配置与管理 Web 服务器、配置与管理 FTP 服务器、配置与管理电子邮件服务器、配置与管理 iptables 防火墙、配置与管理 squid 代理服务器、配置与管理 VPN 服务器、使用 Shell、使用 Vim 编辑器、安装与管理软件包、配置远程管理、进程管理与系统监视、排除系统和网络故障等。

（2）VPN 软件包(rpm)

（3）参考各服务器的配置文件

（4）课程标准

（5）大赛试题及答案

（6）试卷 A、试卷 B、习题及答案

（7）授课计划等

4. 关于编者

本书由浙江东方职业技术学院唐柱斌主编,杨云主审。张晖、姜庆玲、李宪伟、马立新、徐莉、郭娟、王春身、张亦辉等教师也参与了大纲、课程标准和部分章节的编写。本书编者均长期工作在网络教学和网络管理第一线,积累了较为深厚的理论知识和丰富的实践经验。本书是这些理论和经验的一次总结与升华。

订购教材后请向编者索要：授课计划、项目指导书、电子教案、电子课件、课程标准、大赛、试卷及答案、拓展提升、项目任务单、实训指导书等内容。QQ：68433059。Windows & Linux 教师群：189934741。

编　者

2016 年 3 月

目 录

第 1 章   搭建与测试 Linux 服务器

Linux 是当前有很大发展潜力的计算机操作系统,Internet 的旺盛需求正推动着 Linux 的发展热潮一浪高过一浪。自由与开放的特性,加上强大的网络功能,使 Linux 在 21 世纪有着无限的发展前景。本章主要介绍 Linux 系统的安装与简单配置。

本章学习要点:
- 了解 Linux 系统的历史、版权以及 Linux 系统的特点。
- 了解 Red Hat Enterprise Linux 6 的优点及其家族成员。
- 掌握如何搭建 Red Hat Enterprise Linux 6 服务器。
- 掌握如何配置 Linux 常规网络和如何测试 Linux 网络环境。
- 掌握如何排除 Linux 服务器安装的故障。

1.1   Linux 简介

Linux 系统是一个类似 UNIX 的操作系统,Linux 系统是 UNIX 在微机上的完整实现,但又不等同于 UNIX,Linux 有其独特的发展历史和特点。

1.1.1   Linux 系统的历史

Linux 系统是一个类似 UNIX 的操作系统,Linux 系统是 UNIX 在微机上的完整实现,它的标志是一个名为 Tux 的可爱的小企鹅,如图 1-1 所示。UNIX 操作系统是 1969 年由 K. Thompson 和 D. M. Richie 在美国贝尔实验室开发的一种操作系统。由于其良好而稳定的性能迅速在计算机中得到广泛的应用,在随后几十年中不断进行改进。

图 1-1   Linux 的标志 Tux

1990 年,芬兰人 Linus Torvalds 接触了为教学而设计的 Minix 系统后,开始着手研究编写一个开放的与 Minix 系统兼容的操作系统。1991 年 10 月 5 日,Linus Torvalds 在赫尔辛基技术大学的一台 FTP 服务器上发布了一个消息,这也标志着 Linux 系统的诞生。Linus Torvalds 公布了第一个 Linux 的内核版本 0.02 版。在最开始时,Linus Torvalds 的兴趣在于了解操作系统的运行原理,因此 Linux 早期的版本并没有考虑最终用户的使用,只是提供了最核心的框架,使得 Linux 编程人员可以享受编制内核的乐趣,但这样也保证了 Linux 系统内核的强大与稳定。Internet 的兴起,使得 Linux 系统也能十分迅速地发展,很快就有许多程序员加入到了 Linux

系统的编写行列之中。

随着编程小组的扩大和完整的操作系统基础软件的出现,Linux 开发人员认识到,Linux 已经逐渐变成一个成熟的操作系统。1992 年 3 月,内核 1.0 版本的推出,标志着 Linux 第一个正式版本的诞生。这时能在 Linux 上运行的软件已经十分广泛了,从编译器到网络软件以及 X-Window 都有。现在,Linux 凭借优秀的设计、不凡的性能,加上 IBM、Intel、AMD、DELL、Oracle、Sybase 等国际知名企业的大力支持,市场份额逐步扩大,逐渐成为主流操作系统之一。

1.1.2 Linux 的版权问题

Linux 是基于 Copyleft(无版权)的软件模式进行发布的,其实 Copyleft 是与 Copyright (版权所有)相对立的新名称,它是 GNU 项目制定的通用公共许可证(General Public License,GPL)。GNU 项目是由 Richard Stallman 于 1984 年提出的,他建立了自由软件基金会(FSF)并提出 GNU 计划的目的是开发一个完全自由的、与 UNIX 类似但功能更强大的操作系统,以便为所有的计算机使用者提供一个功能齐全、性能良好的基本系统,它的标志是角马,如图 1-2 所示。

图 1-2　GNU 的标志——角马

GPL 是由自由软件基金会发行的用于计算机软件的协议证书,使用证书的软件被称为自由软件,后来改名为开放源代码软件(Open Source Software)。大多数的 GNU 程序和超过半数的自由软件使用它,GPL 保证任何人有权使用、复制和修改该软件。任何人有权取得、修改和重新发布自由软件的源代码,并且规定在不增加附加费用的条件下可以得到自由软件的源代码。同时还规定自由软件的衍生作品必须以 GPL 作为它重新发布的许可协议。Copyleft 软件的组成非常透明化,这样当出现问题时,就可以准确地查明故障原因,及时采取相应对策,同时用户不用再担心有"后门"的威胁。

> **小资料**:GNU 这个名字使用了有趣的递归缩写,它是 GNU's Not UNIX 的缩写形式。由于递归缩写是一种在全称中递归引用它自身的缩写,因此无法精确地解释出它的真正全称。

1.1.3 Linux 体系结构

Linux 一般有 3 个主要部分:内核(kernel)、命令解释层(Shell 或其他操作环境)、实用工具。

1. Linux 内核

内核是系统的心脏,是运行程序和管理像磁盘和打印机等硬件设备的核心程序。操作环境向用户提供一个操作界面,它从用户那里接受命令,并且把命令送给内核去执行。由于内核提供的都是操作系统最基本的功能,如果内核发生问题,整个计算机系统就可能会崩溃。

Linux 内核的源代码主要用 C 语言编写,只有部分与驱动相关的用汇编语言编写。

Linux 内核采用模块化的结构,其主要模块包括:存储管理、CPU 和进程管理、文件系统管理、设备管理和驱动、网络通信以及系统的引导、系统调用等。Linux 内核的源代码通常安装在/usr/src 目录,可供用户查看和修改。

当 Linux 安装完毕之后,一个通用的内核就被安装到计算机中。这个通用内核能满足绝大部分用户的需求,但也正因为内核的这种普遍适用性,使得很多对具体的某一台计算机来说可能并不需要的内核程序(如一些硬件驱动程序)将被安装并运行。Linux 允许用户根据自己机器的实际配置定制 Linux 的内核,从而有效地简化 Linux 内核,提高系统启动的速度,并释放更多的内存资源。

2. Linux Shell

Shell 是系统的用户界面,提供了用户与内核进行交互操作的一种接口。它接收用户输入的命令,并且是把它送入内核去执行。

操作环境在操作系统内核与用户之间提供操作界面,它可以描述为一个解释器。操作系统对用户输入的命令进行解释,再将其发送到内核。Linux 存在几种操作环境,分别是:桌面(desktop)、窗口管理器(window manager)和命令行 shell(command line shell)。Linux 系统中的每个用户都可以拥有自己的用户操作界面,根据自己的要求进行定制。

Shell 是一个命令解释器,它解释由用户输入的命令,并且把它们送到内核。不仅如此,Shell 有自己的编程语言用于对命令的编辑,它允许用户编写由 Shell 命令组成的程序。Shell 编程语言具有普通编程语言的很多特点,如它也有循环结构和分支控制结构等,用这种编程语言编写的 Shell 程序与其他应用程序具有同样的效果。

3. 实用工具

标准的 Linux 系统都有一套叫做实用工具的程序,它们是专门的程序,如编辑器、执行标准的计算操作等。用户也可以产生自己的工具。

实用工具可分 3 类。

- 编辑器:用于编辑文件。
- 过滤器:用于接收数据并过滤数据。
- 交互程序:允许用户发送信息或接收来自其他用户的信息。

Linux 的编辑器主要有 Ed、Ex、Vi、Vim 和 Emacs。Ed 和 Ex 是行编辑器,Vi、Vim 和 Emacs 是全屏幕编辑器。

1.1.4　Linux 的版本

Linux 的版本分为内核版本和发行版本两种。

1. 内核版本

内核是系统的心脏,是运行程序和管理像磁盘和打印机等硬件设备的核心程序,它提供了一个在裸设备与应用程序之间的抽象层。例如,程序本身不需要了解用户的主板芯片集或磁盘控制器的细节就能在高层次上读/写磁盘。

内核的开发和规范一直由 Linus 领导的开发小组控制着,版本也是唯一的。开发小组每隔一段时间公布新的版本或其修订版,从 1991 年 10 月 Linus 向世界公开发布的内核0.0.2版本(0.0.1 版本功能相当简陋所以没有公开发布)到目前最新的内核 2.6.24 版本,Linux 的功能越来越强大。

3

Linux 内核的版本号命名是有一定规则的,版本号的格式通常为"主版本号.次版本号.修正号"。主版本号和次版本号标志着重要的功能变动,修正号表示较小的功能变更。以2.6.12 版本为例,2 代表主版本号,6 代表次版本号,12 代表修正号。其中次版本号还有特定的意义:如果是偶数数字,就表示该内核是一个可放心使用的稳定版;如果是奇数数字,则表示该内核加入了某些测试的新功能,是一个内部可能存在着 BUG 的测试版。如2.5.74 表示是一个测试版的内核,2.6.12 表示是一个稳定版的内核。读者可以到 Linux 内核官方网站 http://www.kernel.org/下载最新的内核代码。

2. 发行版本

仅有内核而没有应用软件的操作系统是无法使用的,所以许多公司或社团将内核、源代码及相关的应用程序组织起来构成一个完整的操作系统,让一般的用户可以简便地安装和使用 Linux,这就是所谓的发行版本(Distribution),一般谈论的 Linux 系统便是针对这些发行版本的。目前各种发行版本超过 300 种,它们的发行版号各不相同,使用的内核版本号也可能不一样,现在最流行的套件有 Red Hat(红帽子)、SUSE、Ubantu、红旗 Linux 等。

1.1.5　磁盘分区

1. 磁盘分区简介

硬盘上最多只能有四个主分区,其中一个主分区可以用一个扩展分区来替换。也就是说主分区可以有 1~4 个,扩展分区可以有 0~1 个,而扩展分区中可以划分出若干个逻辑分区。

目前常用的硬盘主要有两大类: IDE 接口硬盘和 SCSI 接口硬盘。IDE 接口的硬盘读/写速度比较慢,但价格相对便宜,是家庭 PC 常用的硬盘类型。SCSI 接口的硬盘读写速度比较快,但价格相对较贵。通常,要求较高的服务器会采用 SCSI 接口的硬盘。一台计算机上一般有两个 IDE 接口(IDE0 和 IDE1),在每个 IDE 接口上可连接两个硬盘设备(主盘和从盘)。采用 SCSI 接口的计算机也遵循这一规律。

Linux 的所有设备均表示为/dev 目录中的一个文件,例如:

- IDE0 接口上的主盘称为/dev/hda;
- IDE0 接口上的从盘称为/dev/hdb;
- IDE1 接口上的主盘称为/dev/hdc;
- IDE1 接口上的从盘称为/dev/hdd;
- 第一个 SCSI 接口的硬盘称为/dev/sda;
- 第二个 SCSI 接口的硬盘称为/dev/sdb;
- IDE0 接口上主盘的第 1 个主分区称为/dev/hda1;
- IDE0 接口上主盘的第 1 个逻辑分区称为/dev/hda5。

由此可知,/dev 目录下 hd 打头的设备是 IDE 硬盘,sd 打头的设备是 SCSI 硬盘。对于 IDE 硬盘,设备名称中第 3 个字母为 a,表示该硬盘是连接在第 1 个接口上的主盘硬盘,而 b 则表示该盘是连接在第 1 个接口上的从盘硬盘,并以此类推。对于 SCSI 硬盘,第 1~3 个磁盘所对应的设备名称依次为/dev/sda、/dev/sdb、/dev/sdc,其他以此类推。另外,分区使用数字来表示,数字 1~4 用于表示主分区或扩展分区,逻辑分区的编号从 5 开始。

提示:如果是在虚拟机中,则不存在主从盘的问题,建议在虚拟机中使用 SCSI 硬盘。

2. 分区方案

对于初次接触 Linux 的用户来说,分区方案越简单越好,所以最好的选择就是为 Linux 装备两个分区:一个是用户保存系统和数据的根分区(/);另一个是交换分区。其中交换分区不用太大,与物理内存同样大小即可;根分区则需要根据 Linux 系统安装后占用资源的大小和所需要保存数据的多少来调整大小(一般情况下,划分 15~20GB 就足够了)。

当然,对于 Linux 熟手,或者要安装服务器的管理员来说,这种分区方案就不太适合了。此时,一般还会单独创建一个/boot 分区,用于保存系统启动时所需要的文件,再创建一个/usr 分区,操作系统基本都在这个分区中;还需要创建一个/home 分区,所有的用户信息都在这个分区下;还有/var 分区,服务器的登录文件、邮件、Web 服务器的数据文件都会放在这个分区中,如图 1-3 所示。

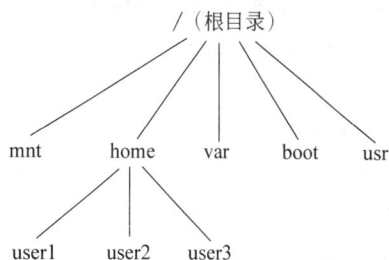

图 1-3　Linux 服务器常见分区方案

至于分区操作,由于 Windows 并不支持 Linux 下的 ext2、ext3 和 swap 分区,所以只有借助于 Linux 的安装程序进行分区了。当然,绝大多数第三方分区软件也支持 Linux 的分区,也可以用它们来完成这项工作。

1.2　安装 Red Hat Enterprise Linux 6

在安装前需要对虚拟机软件做一点介绍。启动 VMWare 软件,在 VMWare Workstation 主窗口中单击 New Virtual Machine,或者选择 File→New→Virtual Machine 命令,打开"新建虚拟机向导"对话框。继续单击"下一步"按钮,出现如图 1-4 所示对话框。从 VMWare 6.5 开始,在建立虚拟机时有一项 Easy Install,类似 Windows 的无人值守安

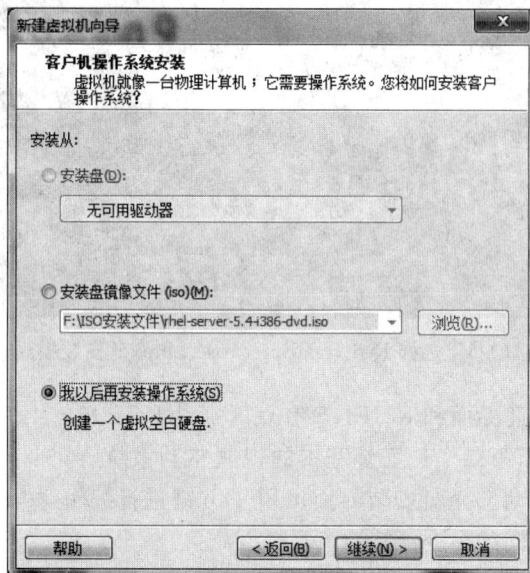

图 1-4　在虚拟机中选择安装方式

5

装,如果不希望执行 Easy Install,请选择第 3 项"我以后再安装操作系统"单选按钮(推荐选择本项)。其他内容请参照网上资料。

1. 设置启动顺序

决定了要采用的启动方式后,就要到 BIOS 中进行设置,将相关的启动设备设置为高优先级。因为现在所有的 Linux 版本都支持从光盘启动,所以就进入 Advanced BIOS Feature 选项,设置第 1 个引导设备为 CD-ROM。

一般情况下,计算机的硬盘是启动计算机的第一选择,也就是说计算机在开机自检后,将首先读取硬盘上引导扇区中的程序来启动计算机。要安装 RHEL 6,首先要确认计算机将光盘设置为第 1 启动设备。开启计算机电源后,屏幕会出现计算机硬件的检测信息,此时根据屏幕提示按下相应的按键就进入 BIOS 的设置画面,如屏幕出现 Press DEL to enter SETUP 字样,那么按 Delete 键就进入 BIOS 设置画面。不同的计算机提示信息有所不同,不同主板的计算机 BIOS 设置画面也有所差别。

在 BIOS 设置画面中将系统启动顺序中的第 1 启动设备设置为 CD-ROM 选项,并保存设置,退出 BIOS。

2. 选择安装方式

现在把 Red Hat Enterprise Linux 6 的 CD-ROM/DVD 放入光驱,重新启动计算机,稍等片刻,就看到了经典的 Red Hat Linux 安装界面,如图 1-5 所示。

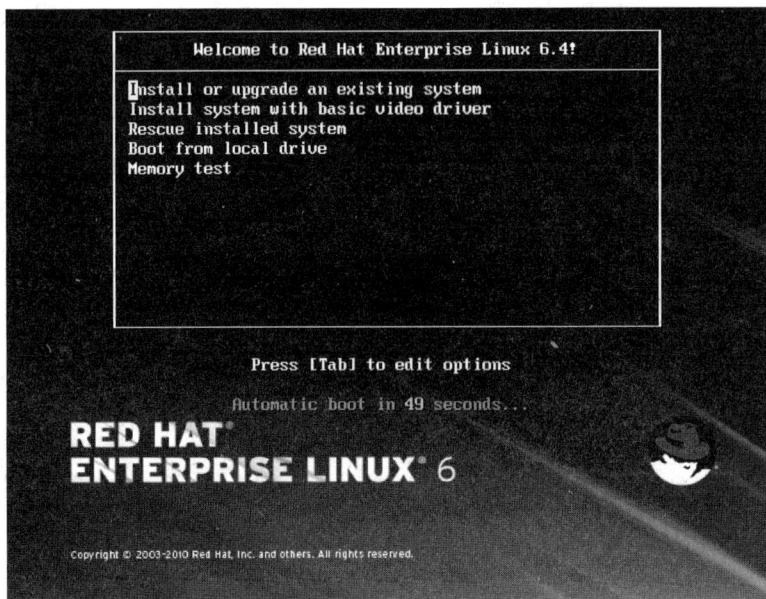

图 1-5 选择 Red Hat Enterprise Linux 6 安装模式

RHEL 6 的安装欢迎界面和 RHEL 5 有点区别,RHEL 6 分 4 个选项,第一个是安装或者升级一个存在的系统,第二个是安装基本的视频驱动系统,第三个是救援模式安装系统,第四个是从本地磁盘启动。光盘安装界面可用 Tab 键进行编辑,按 Enter 键执行安装操作,使用上下方向键选择不同的命令。

3. 检测光盘和硬件

选中第一项，直接按 Enter 键，安装程序就会自动检测硬件，并且会在屏幕上提示相关的信息，如光盘、硬盘、CPU、串行设备等，如图 1-6 所示。

图 1-6　Red Hat Enterprise Linux 6 安装程序正在检测硬件

检测完毕后，还会出现一个光盘检测窗口，如图 1-7 所示。这是因为大家使用的 Linux 很多都是从网上下载的，为了防止下载错误导致安装失败，Red Hat Enterprise Linux 特意设置了光盘正确性检查程序。如果确认自己的光盘没有问题，就单击 Skip 按钮跳过漫长的检测过程。

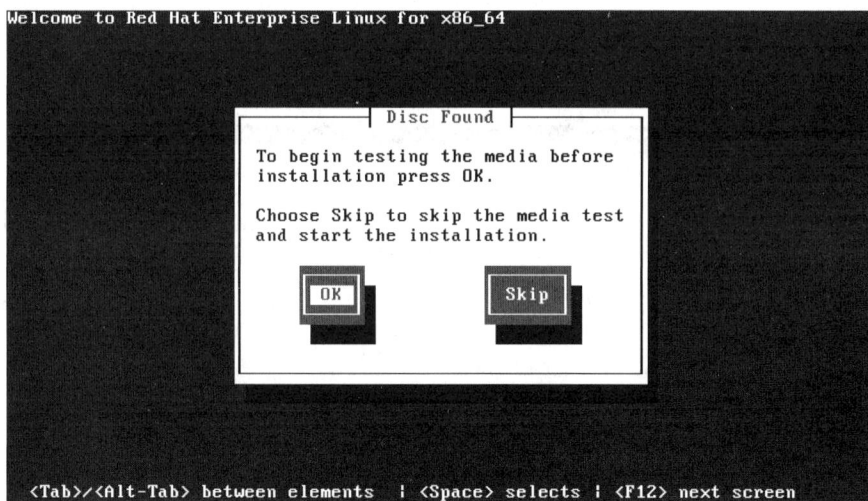

图 1-7　选择是否检测光盘介质

4. 选择安装语言并进行键盘设置

如果你的主机硬件都可以很好地被 Red Hat Enterprise Linux 6 支持，现在就进入了图形化安装阶段。首先打开的是欢迎界面，Red Hat Enterprise Linux 6 的安装可以靠简单地进行选择来一步一步地完成，如图 1-8 所示。

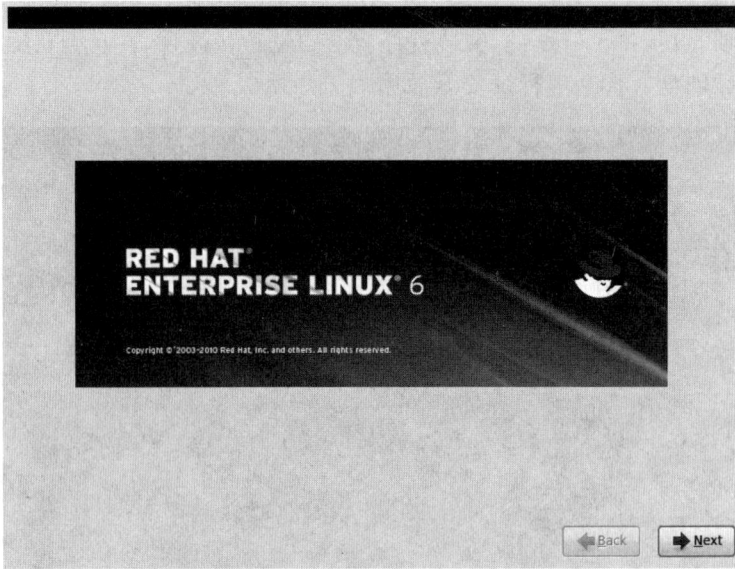

图 1-8　Red Hat Enterprise Linux 6 的欢迎界面

　　Red Hat Enterprise Linux 6 的国际化做得相当好,它的安装界面内置了数十种语言支持。根据自己的需求选择语言种类,这里选择"中文(简体)",单击 Next 按钮后,整个安装界面就变成简体中文显示了,如图 1-9 所示。

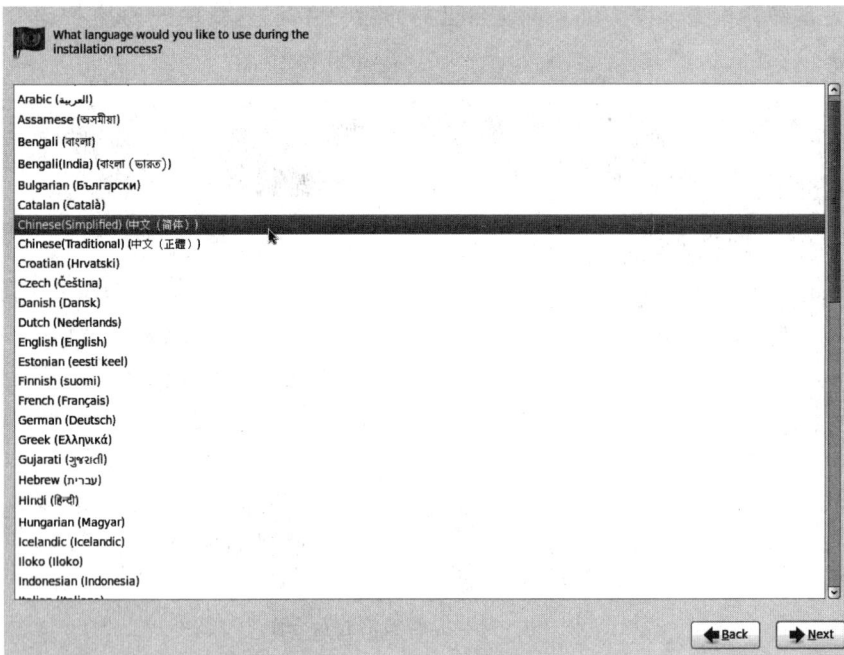

图 1-9　选择所采用的语言

　　接下来是键盘布局选择窗口,对于选择了"中文(简体)"界面的用户来说,这里最好选择"美国英语式",如图 1-10 所示。

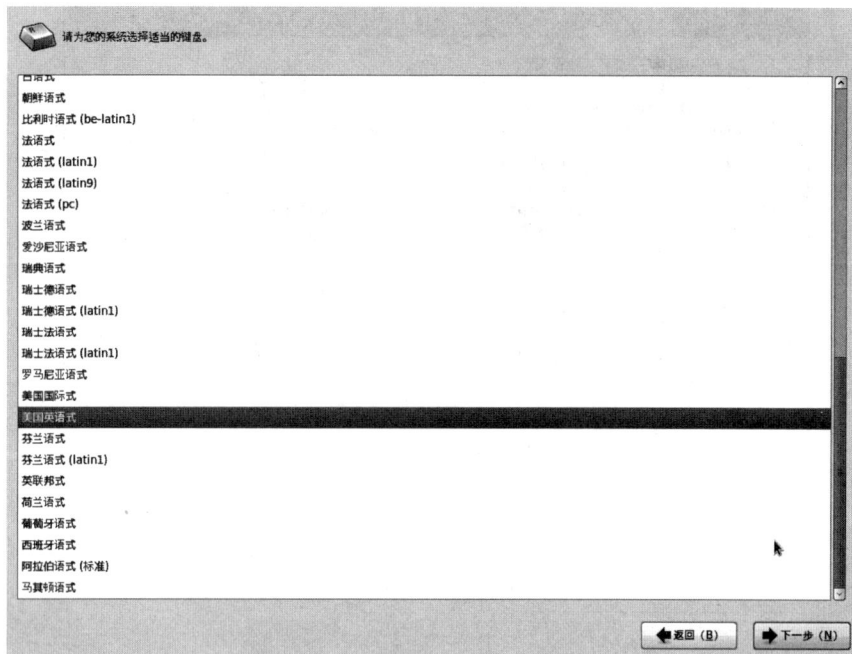

图 1-10　选择适合自己的键盘布局

5．选择系统使用的存储设备

一般情况，默认选择"基本存储设备"，再单击"下一步"按钮，如图 1-11 所示。

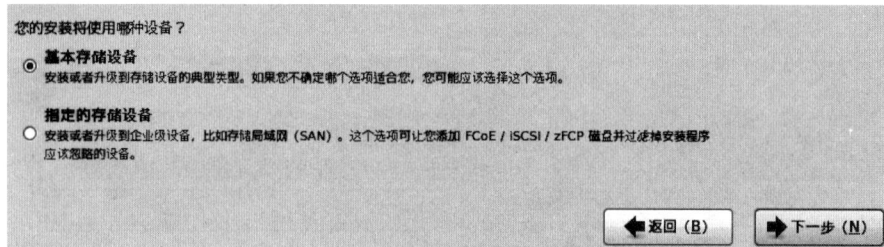

图 1-11　选择系统使用的存储设备

出现如图 1-12 所示的提示信息时，单击"是，忽略所有数据"按钮。

6．设置计算机名

可根据实际情况，对计算机主机名进行命名，如 RHEL 6.4-1，如图 1-13 所示。

7．配置网络

单击界面左下角的"配置网络"按钮，进入配置服务器网络界面，选中"System eth0"，然后单击"编辑"按钮，可以给 eth0 配置静态 IP 地址，如图 1-14 所示。

8．选择系统时区

单击"关闭"按钮，回到图 1-13，单击"下一步"按钮，出现如图 1-15 所示的时区选择界面。时区默认为"亚洲/上海"，注意需要取消选中"系统时钟使用 UTC 时间"选项，然后单击"下一步"按钮。

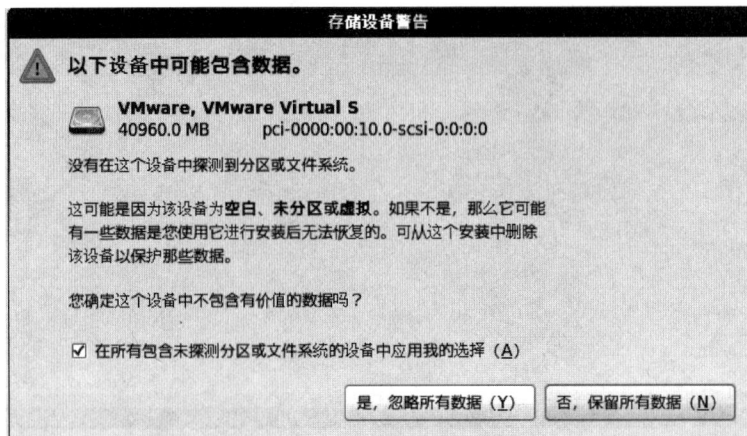

图 1-12　存储设备警告

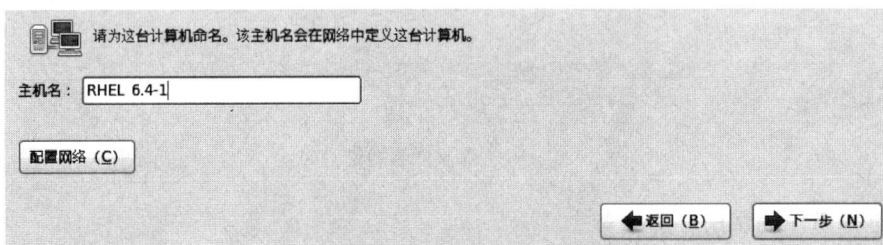

图 1-13　为计算机命名

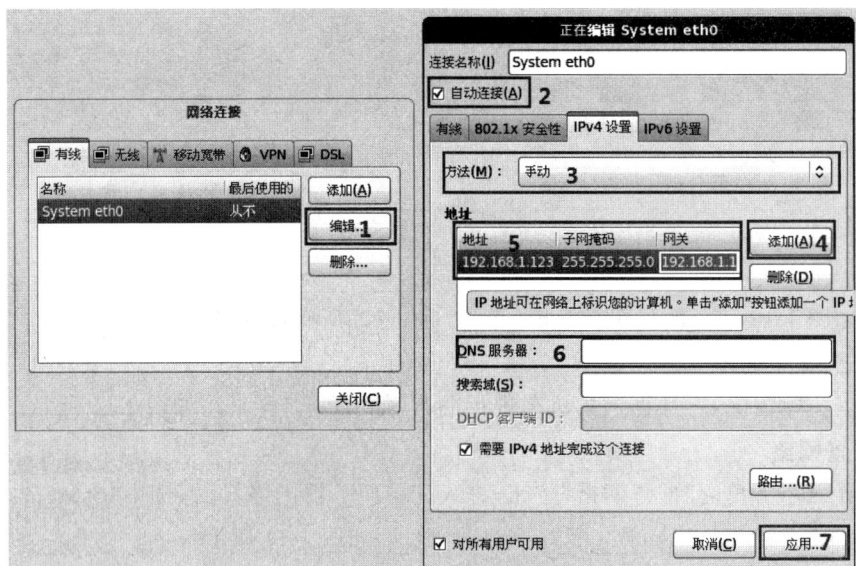

图 1-14　配置网络

9. 设置 root 账户密码

设置根用户口令是 Red Hat Enterprise Linux 6 安装过程中最重要的一步。根用户类

图 1-15　设置时区

似于 Windows 中的 Administrator(管理员)账号,对于系统来说具有最大的管理权,如图 1-16所示。建议输入一个复杂组合的密码,密码包含:大写、小写、数字、符号。

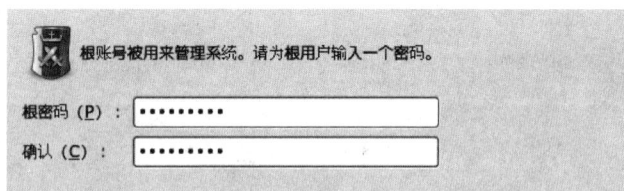

图 1-16　为根用户设置一个强壮的口令

提示:如果想在安装好 Red Hat Enterprise Linux 6 之后重新设置根用户口令,就需要在命令行控制台下输入 system-config-rootpassword 指令。

10. 为硬盘分区

磁盘分区允许用户将一个磁盘划分成几个单独的部分,每一部分有自己的盘符。在分区之前,首先规划分区:以 40GB 硬盘为例,做如下规划。

- /boot 分区大小为 300MB;
- swap 分区大小为 4GB;
- /分区大小为 10GB;
- /usr 分区大小为 8GB;
- /home 分区大小为 8GB;
- /var 分区大小为 8GB;
- /tmp 分区大小为 1GB。

下面进行具体的分区操作。

Red Hat Enterprise Linux 6 在安装向导中提供了一个简单易用的分区程序(Disk Druid)来帮助用户完成分区操作。在此选择"创建自定义布局"单选按钮,使用分区工具手动在所选设备中创建自定义布局,如图 1-17 所示。

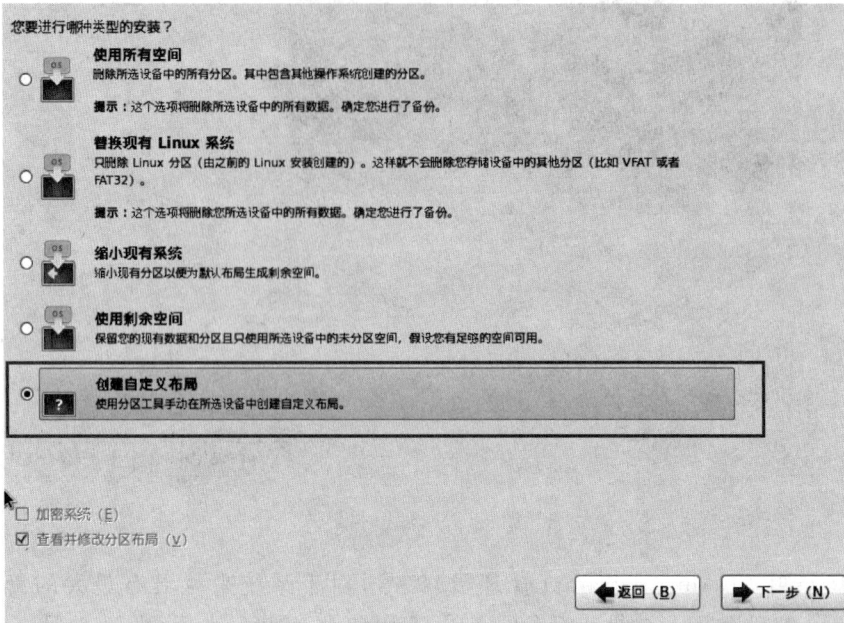

图 1-17　选择安装类型

单击"下一步"按钮,出现如图 1-18 所示的"请选择源驱动器"对话框。

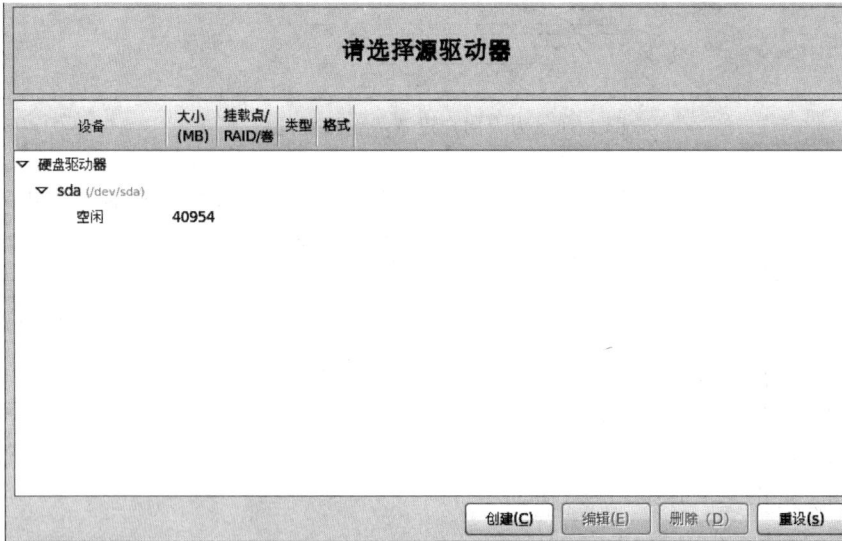

图 1-18　请选择源驱动器

(1) 先创建 boot 分区(启动分区)

单击"创建"按钮,会出现如图 1-19 所示的"生成存储"对话框,在该对话框中单击"创建"按钮,出现如图 1-20 所示的"添加分区"对话框。在"挂载点"中选择"/boot",磁盘文件系统类型就选择标准的 ext4,大小设置为 300MB(在"大小"选项框中输入 300,单位是MB),其他的按照默认设置即可。

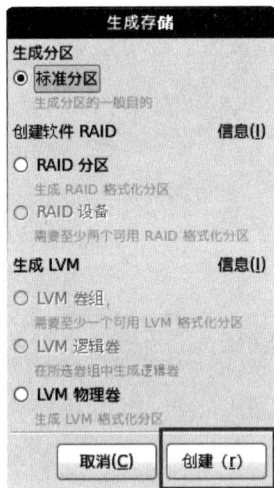

图 1-19　"生成存储"对话框　　　　　　图 1-20　"添加分区"对话框

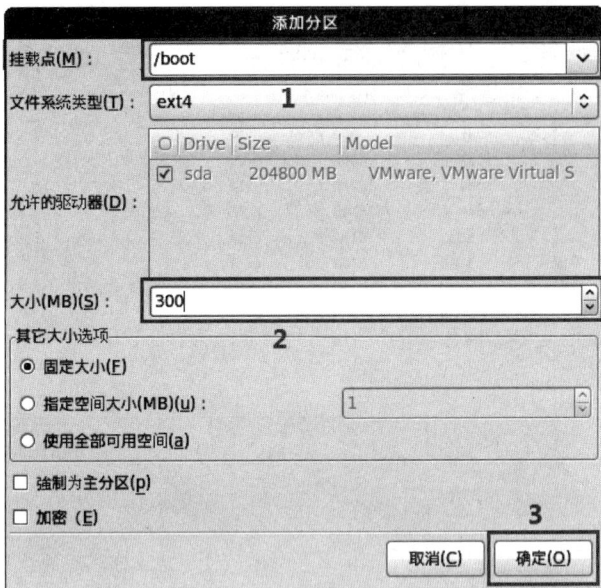

　　(2) 再创建交换分区。同样的,单击"创建"按钮,此时会出现相同窗口,只需要在"文件系统类型"中选择 swap,其大小一般设置为物理内存的两倍即可。比如,若计算机物理内存大小为 2GB,设置的 swap 分区大小就是 4096MB(4GB)。

　　说明:什么是 swap 分区? 简单地说,swap 就是虚拟内存分区,它类似于 Windows 的PageFile.sys 页面交换文件。就是当计算机的物理内存不够时,作为"后备军"利用硬盘上的指定空间来动态扩充内存的大小。

　　(3) 同样,创建"/"分区大小为 10GB,"/usr"分区大小为 8GB,"/home"分区大小为8GB,"/var"分区大小为 8GB,"/tmp"分区大小为 1GB。

　　注意:

　　① 不可与 root 分区分开的目录是:/dev、/etc、/sbin、/bin 和/lib。系统启动时,核心只载入一个分区,那就是"/",核心启动要加载/dev、/etc、/sbin、/bin 和/lib 五个目录的程序,所以以上几个目录必须和"/"根目录在一起。

　　② 最好单独分区的目录是:/home、/usr、/var 和/tmp。出于安全和管理的目的,以上四个目录最好要独立出来,比如在 Samba 服务中,/home 目录可以配置磁盘配额 quota;在sendmail 服务中,/var 目录可以配置磁盘配额 quota。

　　(4) 在创建分区时,/boot、、swap 分区都选中"强制为主分区"选项,以便建立独立主分区(/dev/sda1~3)。/home、/usr、/var 和/tmp 四个目录分别挂载到/dev/sda5~8 四个独立逻辑分区中(扩展分区/dev/sda4 被分成若干逻辑分区)。分区完成后的结果如图 1-21 所示。

　　(5) 单击"下一步"按钮继续。出现如图 1-22 所示的"格式化警告"对话框,单击"格式化"按钮,出现如图 1-23 所示的"将存储配置写入磁盘"对话框。

图 1-21　完成分区后的结果

图 1-22　"格式化警告"对话框

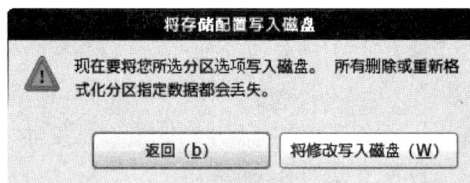

图 1-23　"将存储配置写入磁盘"对话框

　　(6) 确认分区无误后,单击"将修改写入磁盘"按钮。这里只有一个硬盘,保持默认值即可,如图 1-24 所示。直接单击"下一步"按钮继续。

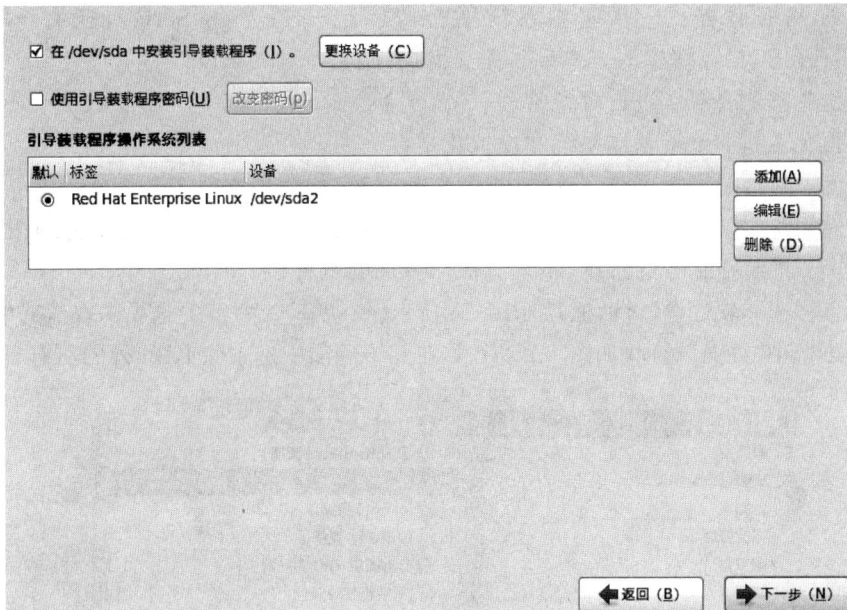

图 1-24　选择写入磁盘的存储设备

11．开始安装软件

（1）接下来出现选择安装软件组的对话框，如图 1-25 所示。这里选择"基本服务器"，并单击"现在自定义"按钮，然后单击"下一步"按钮。

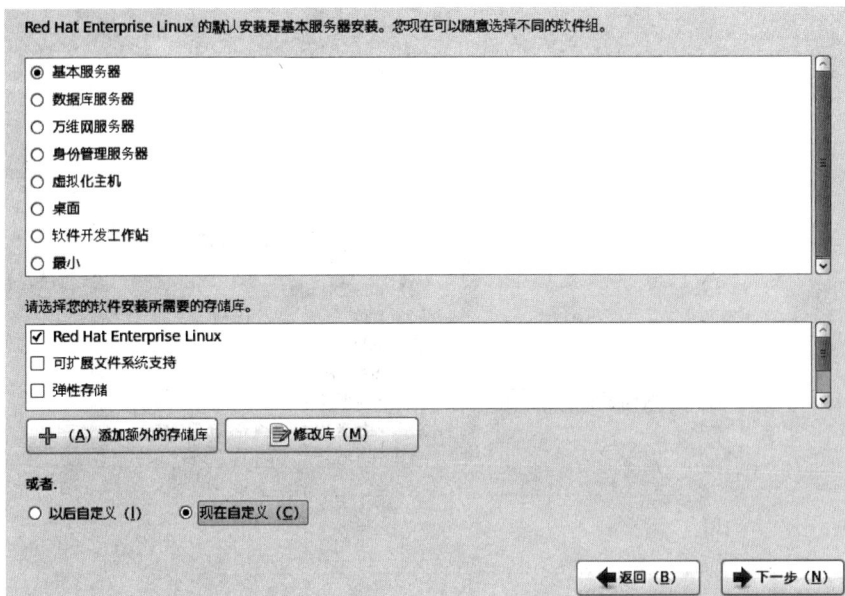

图 1-25　选择安装软件组

各选项包含的软件如下。

- 基本服务器：对安装的基本系统进行支持。不包括桌面。
- 数据库服务器：包括基本系统平台，以及 MySQL 和 PostgreSQL 数据库。无桌面。

- 万维网服务器：包括基本系统平台，以及 PHP、Web Server，还有 MySQL 和 PostgreSQL 数据库的客户端。无桌面。
- 身份管理服务器：进行身份管理。
- 虚拟化主机：包括基本系统和虚拟化平台。
- 桌面：基本的桌面系统，包括常用的桌面软件，如文档查看工具等。
- 软件开发工作站：包含的软件包较多，有基本系统、虚拟化平台、桌面环境、开发工具。
- 最小：只包括基本的系统，不含有任何可选的软件包。

（2）出现"选择软件包"对话框，如图 1-26 所示。在"基本系统"的选项中取消选中"Java 平台"选项。再选中"桌面"选项，如图 1-27 所示，在其子选项中选中除 KDE 外的所有桌面选项。

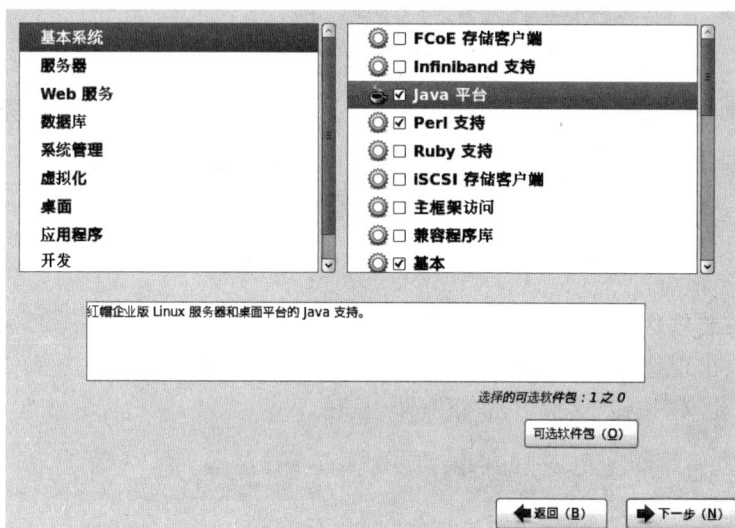

图 1-26　基本系统

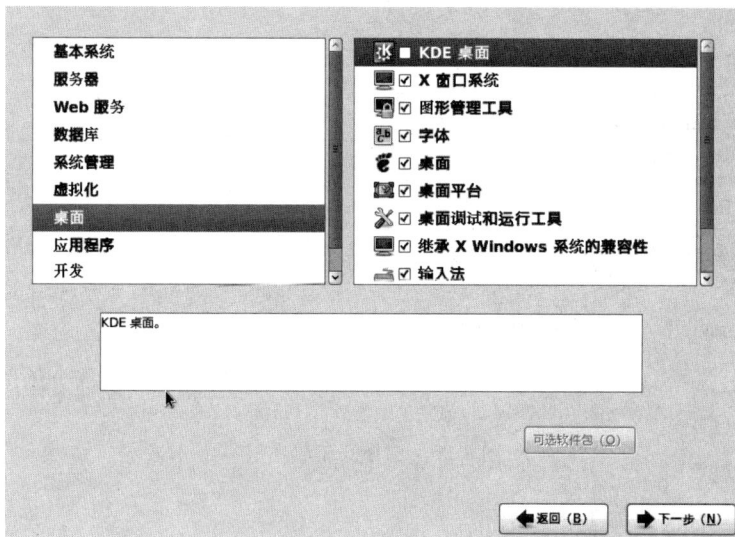

图 1-27　桌面

注意：如果不选择"桌面"中的选项，安装完成后，不会出现图形界面，只会出现命令终端。这一点要特别注意。

12. 安装完成

进入安装软件阶段，等所选软件全部安装完成后，出现安装完成的祝贺界面，如图 1-28 所示。单击"重新引导"按钮，则重新引导计算机，并启动新安装的 Linux。

至此，Red Hat 6.4 安装完成。

图 1-28　安装完成的祝贺界面

1.3　基本配置安装后的 Red Hat Enterprise Linux 6

Red Hat Enterprise Linux 6 和 Windows XP 类似，安装好重启之后，并不能立刻就投入使用，还必须进行必要的安全设置，以及日期和时间设置，并进行创建用户和声卡等的安装。

1. 许可协议

Red Hat Enteprise Linux 6 在开始设置之前会显示一个许可协议，只有选中"是，我同意这个许可协议"选项，才能继续配置。

2. 设置软件更新

注册成为 Red Hat 用户，才能享受它的更新服务。不过遗憾的是，目前 Red Hat 公司并不接收免费注册用户，你首先必须是 Red Hat 的付费订阅用户才行。当然，如果你是 Red Hat 的订阅用户，那么完全可以注册一个用户并进行设置，以后你就可以自动从 Red Hat 网站获取更新了，如图 1-29 所示。

3. 创建用户

Red Hat Enterprise Linux 6 是一个多用户操作系统，安装系统之后为每个用户创建账号并设置相应的权限操作的过程必不可少。也许有的用户会说，我已经有了 root 账号，并

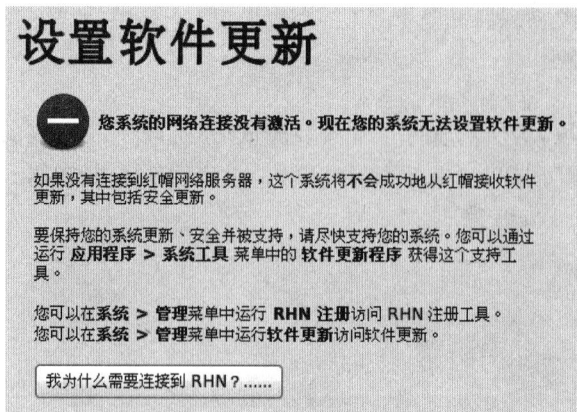

图 1-29　注册了 Red Hat 账号才能进行自动更新

且设置了密码,为什么还要创建其他账号呢? 这是因为在 Red Hat Enterprise Linux 6 中 root 账号的权限过大,为了防止用户一时操作不慎损坏系统,最好创建其他账号,如图 1-30 所示。

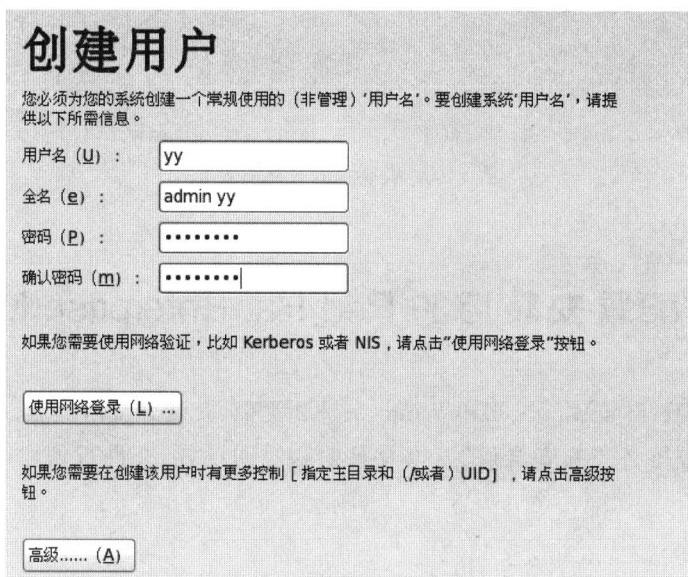

图 1-30　创建用户并设置密码

4. 时间和日期设置

Red Hat Enterprise Linux 6 与 Windows 一样,也在安装之后提供了日期和时间设置界面,如图 1-31 所示,我们可以手动来为计算机设置正确的日期和时间。

如果计算机此时连接到了网络上,还可以通过时间服务器来自动校准时间。只要选择图 1-31 中的"在网络上同步日期和时间(y)"复选框,重新启动计算机后,它会自动与内置的时间服务器进行校准。

5. Kdump

Kdump 提供了一个新的崩溃转储功能,用于在系统发生故障时提供分析数据。在默认

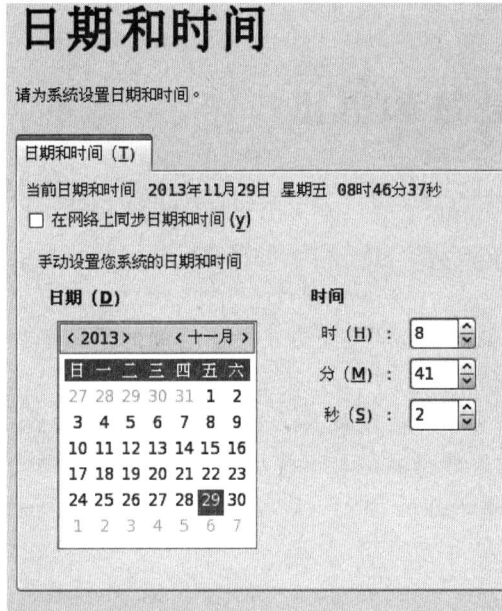

图 1-31 设置日期和时间

配置下该选项是启用的,如图 1-32 所示。

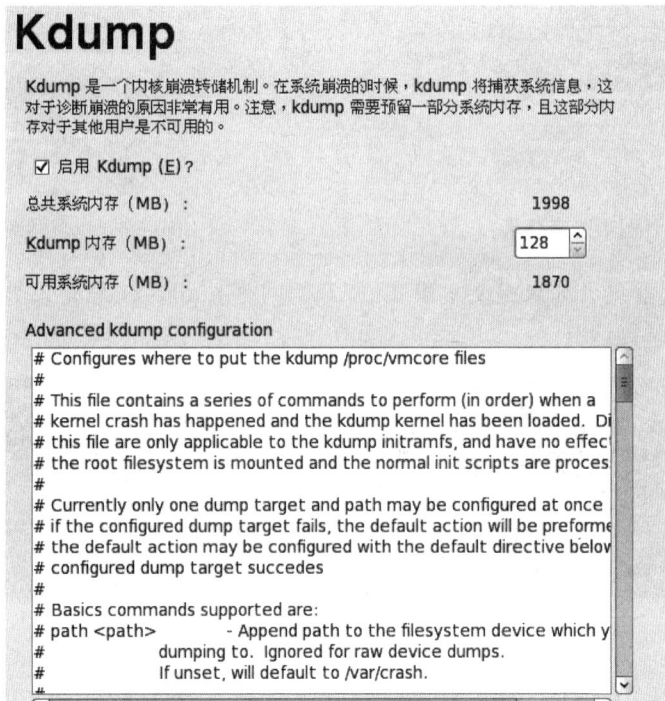

图 1-32 启用 Kdump

　　需要说明的是,Kdump 会占用宝贵的系统内存,所以在确保你的系统已经可以长时间稳定运行时,请关闭它。

19

至此,Red Hat Enterprise Linux 6 安装、配置成功,我们终于可以感受到 Linux 的风采了。

1.4 Linux 的登录和退出

Red Hat Enterprise Linux 6 是一个多用户操作系统,所以,系统启动之后用户若要使用还需要登录。

1. 登录

Red Hat Enterprise Linux 6 的登录方式根据启动的是图形界面还是文本模式而有所不同。

(1) 图形界面登录。对于默认设置 Red Hat Enterprise Linux 6 来说,就是启动到图形界面,如图 1-33 所示。如果登录的账户不是目前所选的账户,单击"其他"选项则打开其他用户输入对话框,让用户输入账号和密码后再登录,如图 1-34 所示。后面以其他用户 root 登录系统为例说明。

图 1-33　图形界面登录

图 1-34　以其他用户登录

(2) 文本方式登录。如果是文本模式,打开的则是 mingetty 的登录界面。你会看到如图 1-35 所示的登录提示。

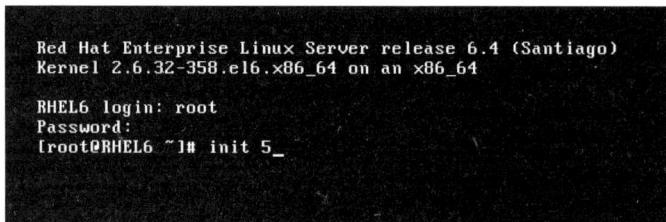

图 1-35　以文本方式登录 Red Hat Enterprise Linux 6

注意:现在的 Red Hat Enterprise Linux 6 操作系统默认采用的都是图形界面的 GNOME 或者 KDE 操作方式,要想使用文本方式登录,一般用户可以执行"开始"→"应用程序"→"系统工具"→"终端"命令来打开终端窗口(或者直接右击桌面并选择"终端"命令),然后输入"init 3"命令,即可进入文本登录模式;如果在命令行窗口下输入"init 5"或"start x"命令,可进入图形界面。

2. 退出

至于退出方式,同样要根据所采用的是图形模式还是文本模式来进行相应的选择。

(1) 图形模式。图形模式很简单,只要执行"系统"→"注销"命令就可以退出了。

(2) 文本模式。Red Hat Enterprise Linux 6 文本模式的退出也十分简单,只要同时按下 Ctrl+D 组合键就注销了当前用户;也可以在命令行窗口输入 logout 命令来退出。

1.5　认识 Linux 的启动过程和运行级别

本节将重点介绍 Linux 启动过程、INIT 进程及系统运行级别。

1.5.1　启动过程

Red Hat Enterprise Linux 6.0 的启动过程包括以下几个阶段。

- 主机启动并进行硬件自检后,读取硬盘 MBR 中的启动引导器程序,并进行加载。
- 启动引导器程序负责引导硬盘中的操作系统,根据用户在启动菜单中选择的启动项不同,可以引导不同的操作系统启动。对于 Linux 操作系统,启动引导器直接加载 Linux 内核程序。
- Linux 的内核程序负责操作系统启动的前期工作,并进一步加载系统的 INIT 进程。
- INIT 进程是 Linux 系统中运行的第一个进程,该进程将根据其配置文件执行相应的启动程序,并进入指定的系统运行级别。
- 在不同的运行级别中,根据系统的设置将启动相应的服务程序。
- 在启动过程的最后,将运行控制台程序,提示并允许用户输入账号和口令进行登录。

1.5.2　INIT 进程

INIT 进程是由 Linux 内核引导运行的,是系统中运行的第一个进程,其进程号(PID)永远为 1。INIT 进程运行后将作为这些进程的父进程按照其配置文件,引导运行系统所需的其他进程。INIT 配置文件的全路径名为"/etc/inittab",INIT 进程运行后将按照该文件中的配置内容运行系统的启动程序。

inittab 文件作为 INIT 进程的配置文件,用于描述系统启动时和正常运行中所运行的那些进程。文件内容如图 1-36 所示。

1.5.3　系统的运行级别

运行级别就是操作系统当前正在运行的功能级别。在 Linux 系统中,这个级别从 0~6 共 7 个级别,各自具有不同的功能。这些级别在/etc/inittab 文件里指定。各运行级别的含义如下。

- 0:停机。不要把系统的默认运行级别设置为 0,否则系统不能正常启动。
- 1:单用户模式。root 用户在该模式下对系统进行维护,不允许其他用户使用主机。
- 2:字符界面的多用户模式,在该模式下不能使用 NFS。

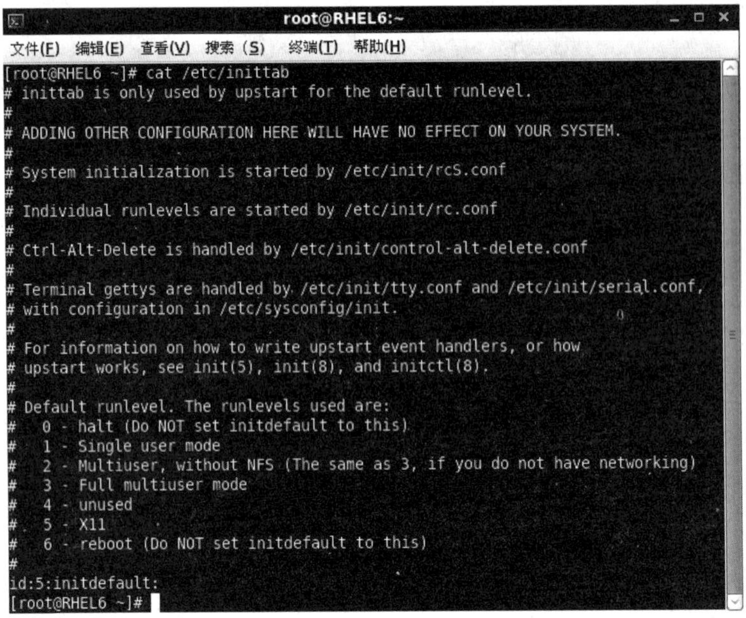

图 1-36　inittab 文件的内容

- 3：字符界面的完全多用户模式，主机作为服务器时通常在该模式下。
- 4：未分配。
- 5：图形界面的多用户模式，用户在该模式下可以进入图形登录界面。
- 6：重新启动，不要把系统的默认运行级别设置为 6，否则系统不能正常启动。

（1）查看系统的运行级别

runlevel 命令用于显示系统当前和上一次的运行级别。例如：

```
[root@RHEL 6 ~]#runlevel
N 3
```

（2）改变系统的运行级别

使用 init 命令，后跟相应的运行级别作为参数，可以从当前的运行级别转换为其他的运行级别。例如：

```
[root@RHEL 6 ~]#init 2
[root@RHEL 6 ~]#runlevel
5  2
```

1.6　启动 Shell

操作系统的核心功能就是管理和控制计算机的硬件和软件资源，以尽量合理、有效的方法组织多个用户共享多种资源，而 Shell 则是介于使用者和操作系统核心程序（Kernel）间的一个接口。在各种 Linux 发行套件中,目前虽然已经提供了丰富的图形化接口,但是 Shell 仍旧是一种非常方便、灵活的途径。

Linux 中的 Shell 又被称为命令行,在这个命令行窗口中,用户输入指令,操作系统执行指令并将结果回显在屏幕上。

1.6.1　使用 Linux 系统的终端窗口

现在的 Red Hat Enterprise Linux 6 操作系统默认采用的都是图形界面的 GNOME 或者 KDE 操作方式。要想使用 Shell 功能,就必须像在 Windows 中那样打开一个命令行窗口。一般用户可以执行"开始"→"应用程序"→"系统工具"→"终端"命令来打开终端窗口(或者直接右击桌面,选择"在终端中打开"命令),如图 1-37 所示。

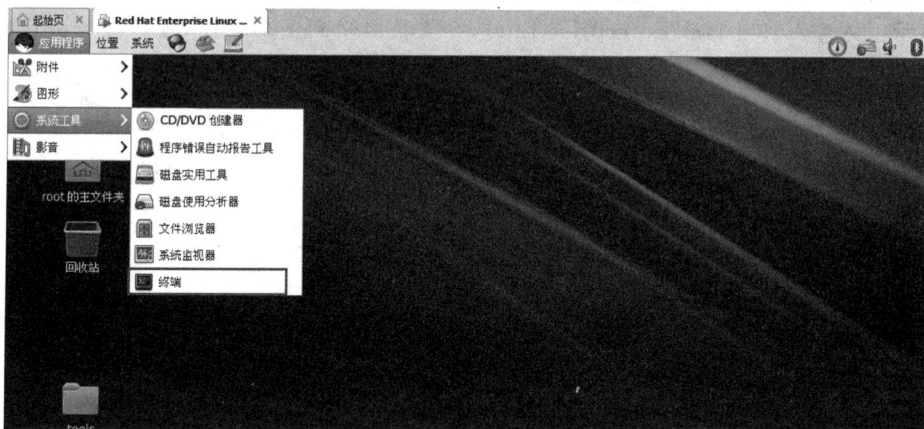

图 1-37　从这里打开终端

执行以上命令后,就打开了一个白底黑字的命令行窗口,在这里可以使用 Red Hat Enterprise Linux 6 支持的所有命令行指令。

1.6.2　使用 Shell 提示符

在 Red Hat Enterprise Linux 6 中,还可以更方便地直接打开纯命令行窗口。应该怎么操作呢? Linux 启动过程的最后,它定义了 6 个虚拟终端,可以供用户随时切换,切换时用 Ctrl+Alt+F1~Ctrl+Alt+F6 组合键可以打开其中任意一个。不过,此时就需要重新登录了。

提示:进入纯命令行窗口之后,还可以使用 Alt+F1~Alt+F6 组合键在 6 个终端之间切换,每个终端可以执行不同的指令,实现不一样的操作。

登录之后,普通用户的命令行提示符以"$"结尾,超级用户的命令以"#"结尾。

```
[yy@localhost ~]$                    ;一般用户以"$"结尾
[yy@localhost ~]$ su root            ;切换到 root 账号
Password:
[root@localhost ~]#                  ;命令行提示符变成以"#"结尾了
```

当用户需要返回图形桌面环境时,也只需要按下 Ctrl+Alt+F7 组合键,就可以返回到

23

刚才切换出来的桌面环境。

也许有的用户想让 Red Hat Enterprise Linux 6 启动后就直接进入纯命令行窗口,而不是打开图形界面,这也很简单,使用任何文本编辑器打开/etc/inittab 文件,找到如下所示的行。

```
id:5:initdeafault:
```

将它修改为:

```
id:3:initdeafault:
```

重新启动系统你就会发现,它登录的是命令行而不是图形界面。

提示:要想让 Red Hat Enterprise Linux 6 直接启动到图形界面,可以按照上述操作将"id:3"中的 3 修改为 5;也可以在纯命令行模式直接执行 startx 命令打开图形模式。

1.7 配置常规网络

1. 配置主机名

确保主机名在网络中是唯一的,否则通信会受到影响,建议设置主机名时要有规则地进行设置(比如按照主机功能进行划分)。

(1)打开 Linux 的虚拟终端,使用 vim 编辑/etc/hosts 文件,修改主机名 localhost 为 RHEL 6.4-1。

修改后的效果如图 1-38 所示。

图 1-38   修改主机名后的效果

(2)通过编辑/etc/sysconfig/network 文件中的 HOSTNAME 字段修改主机名。

```
NETWORKING=yes
NETWORKING_ipv6=no
HOSTNAME=RHEL 6.4-1
GATEWAY=192.168.1.254
```

修改主机名为 RHEL 6.4-1。

设置完主机名生效后,可以使用 hostname 查看当前主机的名称。

```
[root@RHEL 6 ~]#hostname
RHEL 6.4-1
```

（3）可以使用两个简单的命令临时设置主机名。

① 最常用的是使用 hostname 来设置。格式如下：

```
hostname 主机名
```

② 使用 sysctl 命令修改内核参数。格式如下：

```
sysctl kernel.hostname=主机名
```

这样两个设置是临时的，重启系统后设置失效。

2. 使用 ifconfig 配置 IP 地址及辅助 IP 地址

大多数 Linux 发行版都会内置一些命令来配置网络，而 ifconfig 是最常用的命令之一。它通常用来设置 IP 地址和子网掩码以及查看网卡的相关配置。

（1）配置 IP 地址。

命令格式如下：

```
ifconfig  网卡名  ip 地址  netmask  子网掩码
```

下面使用 ifconfig 命令来设置 IP 地址，修改 IP 地址为 192.168.1.123。

```
[root@RHEL 6 ~]#ifconfig eth0 192.168.1.123 netmask 255.255.255.0
```

直接使用 ifconfig 命令可以查看网卡的配置信息，如 IP 地址、MAC 地址，以及收发数据包的情况等，以此可以查看修改是否成功，如图 1-39 所示。

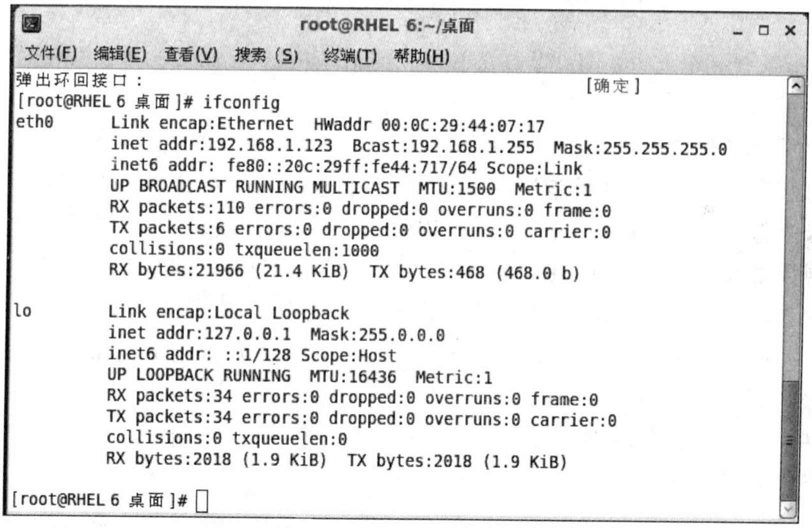

图 1-39　使用 ifconfig 命令可以查看网卡的配置信息

执行命令后，ifconfig 命令会显示所有激活网卡的信息，其中 eth0 为物理网卡，lo 为回环测试接口。每块网卡的详细情况通过标志位表示。

（2）配置虚拟网卡的 IP 地址。在实际工作中，可能会出现一块网卡需要拥有多个 IP

地址的情况,可以通过设置虚拟网卡来实现。

命令格式如下:

> **ifconfig** 网卡名:虚拟网卡 ID　IP 地址　netmask　子网掩码

为第一块网卡 eth0 设置一个虚拟网卡,IP 地址为 192.168.1.208,子网掩码为 255.255.255.0。如果不设置 netmask,则使用默认的子网掩码。

```
[root@RHEL 6 ~]#ifconfig eth0:1 192.168.1.208 netmask 255.255.255.0
```

3. 禁用和启用网卡

(1) 对于网卡的禁用和启用,依然可以使用 ifconfig 命令。

命令格式如下:

> **ifconfig** 网卡名称 **down**　　　　　　　　#禁用网卡
> **ifconfig** 网卡名称 **up**　　　　　　　　　#启用网卡

使用 ifconfig eth0 down 命令后,在 Linux 主机还可以 ping 通 eth0 的 IP 地址,但是在其他主机上就 ping 不通 eth0 地址了。

使用 ifconfig eth0 up 命令后启用 eth0 网卡。

(2) 使用 ifdown eth0 和 ifup 命令也可以实现禁用和启用网卡的效果。

命令格式如下:

> **ifdown** 网卡名称　　　　　　　　　　　#禁用网卡
> **ifup** 网卡名称　　　　　　　　　　　　#启用网卡

注意:如果使用 ifdown eth0 禁用 eth0 网卡,在 Linux 主机上也不能 ping 通 eth0 的 IP 地址。

4. 更改网卡 MAC 地址

MAC 地址也叫物理地址或者硬件地址,它是全球唯一的地址,由网络设备制造商生产时写在网卡内部。MAC 地址的长度为 48 位(6 字节),通常表示为 12 个十六进制数,每两个十六进制数之间用冒号隔开,比如:00:0C:29:EC:FD:83 就是一个 MAC 地址。其中前 6 位十六进制数 00:0C:29 代表网络硬件制造商的编号,它由 IEEE(电气与电子工程师协会)分配,而后 3 位十六进制数 EC:FD:83 代表该制造商所制造的某个网络产品(如网卡)的系列号。

更改网卡 MAC 地址时,需要先禁用该网卡,然后使用 ifconfig 命令进行修改。

命令格式如下:

> **ifconfig**　网卡名　**hw**　**ether**　MAC 地址

我们来修改 eth0 网卡的 MAC 地址为 00:11:22:33:44:55。

```
[root@RHEL 6 ~]#ifdown eth0
[root@RHEL 6 ~]#ifconfig eth0 hw ether 00:11:22:33:44:55
```

通过 ifconfig 命令可以看到 eth0 的 MAC 地址已经被修改成 00∶11∶22∶33∶44∶55 了。

注意：①如果不先禁用网卡会发现提示错误,修改不生效。②ifconfig 命令修改 IP 地址和 MAC 地址都是临时生效的,重新启动系统后设置失效。我们可以通过修改网卡配置文件使其永久生效。具体可以参看后面的网卡配置文件。

5. route 命令

route 命令可以说是 ifconfig 命令的黄金搭档,也像 ifconfig 命令一样,几乎所有的 Linux 发行版都可以使用该命令。route 通常用来进行路由设置。比如添加或者删除路由条目以及查看路由信息,当然也可以设置默认网关。

（1）用 route 命令设置网关

route 命令格式如下：

```
route add default gw ip 地址          #添加默认网关
route del default gw ip 地址          #删除默认网关
```

我们把 Linux 主机的默认网关设置为 192.168.1.254,设置好后可以使用 route 命令查看网关及路由的情况,如图 1-40 所示。

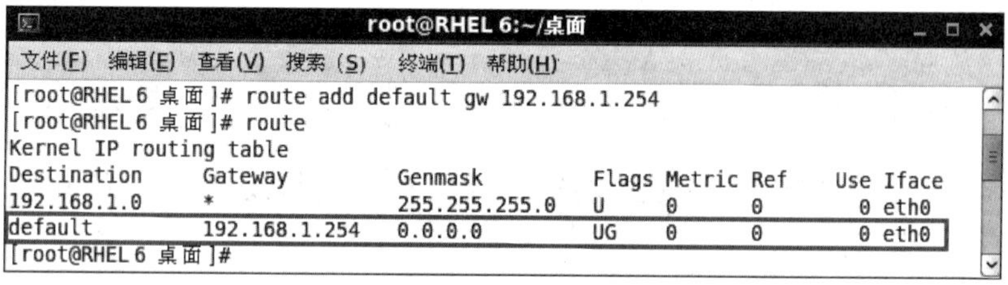

图 1-40　设置网关

在图 1-40 中,Flags 用来描述该条路由条目的相关信息,如是否活跃,是否为网关等,U 表示该条路由条目为活跃,G 表示该条路由条目要涉及网关。

注意：route 命令设置网关也是临时生效的,重启系统后失效。

（2）查看本机路由表信息

```
[root@RHEL 6 ~]#route
Kernel IP routing table
Destination     Gateway         Genmask         Flags  Metric  Ref  Use  Iface
192.168.1.0     *               255.255.255.0   U      0       0    0    eth0
169.254.0.0     *               255.255.0.0     U      0       0    0    eth0
default         192.168.1.254   0.0.0.0         UG     0       0    0    eth0
```

上面的输出路由表中,各项信息的含义如下。

- Destination：目标网络的 IP 地址,可以是一个网络地址,也可以是一个主机地址。
- Gateway：网关地址,即该路由条目中下一跳的路由器 IP 地址。
- Genmask：路由项的子网掩码,与 Destination 信息进行"与"运算,得出目标地址。
- Flags：路由标志。其中 U 表示路由项是活动的,H 表示目标是单个主机,G 表示使

27

用网关,R 表示对动态路由进行复位,D 表示路由项是动态安装的,M 表示动态修改路由,"!"表示拒绝路由。

- Metric:路由开销值,用以衡量路径的代价。
- Ref:依赖于本路由的其他路由条目。
- Use:该路由项被使用的次数。
- Iface:该路由项发送数据包使用的网络接口。

(3) 添加/删除路由条目

在路由表中添加路由条目,其命令语法格式为:

```
route add -net/host 网络/主机地址 netmask 子网掩码 [dev 网络设备名] [gw 网关]
```

在路由表中删除路由条目,其命令语法格式为:

```
route del -net/host 网络/主机地址 netmask
```

下面是几个配置实例。

(1) 添加到达目标网络 192.168.1.0/24 的网络路由,经由 eth1 网络接口,并由路由器 192.168.2.254 转发。(命令一行写不下,可以使用转义符。)

```
[root@RHEL 6 ~]# route add -net 192.168.1.0 netmask 255.255.255.0\>gw 192.168.2.254 dev eth1
```

(2) 添加到达 192.168.1.10 的主机路由,经由 eth1 网络接口,并由路由器 192.168.2.254 转发。

```
[root@RHEL 6 ~]#route add -host 192.168.1.10 gw 192.168.2.254 dev eth1
```

(3) 删除到达目标网络 192.168.1.0/24 的路由条目。

```
[root@RHEL 6 ~]#route del -net 192.168.1.0 netmask 255.255.255.0
```

(4) 删除到达主机 192.168.1.10 的路由条目。

```
[root@RHEL 6 ~]#route del -host 192.168.1.10
```

注意:如果添加/删除的是主机路由,不需要子网掩码 netmask。

6. 网卡配置文件

在更改网卡 MAC 地址时我们说过,ifconfig 设置 IP 地址和修改网卡的 MAC 地址以及后面的 route 设置路由和网关时,配置都是临时生效的。也就是说,在我们重启系统后配置都会失效。怎么样才能让配置永久生效呢?这里就要直接编辑网卡的配置文件,通过参数来配置网卡,让设置永久生效。网卡配置文件位于/etc/sysconfig/network-scripts/目录下。

每块网卡都有一个单独的配置文件,可以通过文件名来找到每块网卡对应的配置文件。例如:ifcfg-eth0 就是 eth0 这块网卡的配置文件。可以通过编辑/etc/sysconfig/network-scripts/ifcfg-eth0 文件来进行配置并查看效果,如图 1-41 所示。

```
[root@RHEL 6 ~]#vim /etc/sysconfig/network-scripts/ifcfg-eth0
```

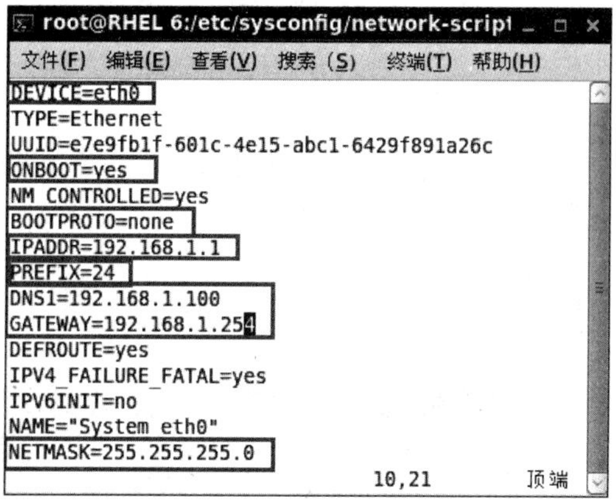

图 1-41　网卡 eht0 的配置效果

　　每个网卡配置文件都存储了网卡的状态，每一行代表一个参数值。系统启动时通过读取该文件所记录的情况来配置网卡。常见的参数解释如表 1-1 所示。（注意字母要大写。）

表 1-1　网卡配置文件常用参数

参　　数	注　　释	默　认　值	是否可省略
DEVICE	指定网卡名称	无	不能
BOOTPROTO	指定启动方式。 none 表示使用静态 IP 地址。 boot/dhcp 表示通过 BOOTP 或 DHCP 自动获得 IP 地址	none	可以
HWADDR	指定网卡的 MAC 地址	无	可以
BROADCAST	指定广播地址	通过 IP 地址和子网掩码自动计算得到	可以
IPADDR	指定 IP 地址	无	可以。当 BOOTPROTO＝none 时不能省略
NETMASK	指定子网掩码	无	可以。当 BOOTPROTO＝static 时不能省略
NETWORK	指定网络地址	通过 IP 地址和子网掩码自动计算得到	可以
ONBOOT	指定在启动 network 服务时是否启用该网卡	yes	可以
GATEWAY	指定网关	无	可以

　　修改过网卡配置文件后，需要重新启动 network 服务或重新启用设置过的网卡，使配置生效。

注意：重启网卡时，如果出现"正在关闭接口 eth0：错误：断开设备'eth0'(/org/freedesktop/NetworkManager/Devices/0)失败：This device isnot active"。说明网卡没法工作，未被激活，检查网卡配置文件，一定保证 ONBOOT 的值是 yes。然后再使用 service network start 命令启动网卡即可。

7. setup 命令

RHEL 6 支持以文本窗口的方式对网络进行配置，CLI 命令行模式下使用 setup 命令就可以进入文本窗口，如图 1-42 所示。（替代命令：system-config-network。）

```
[root@RHEL 6 ~]#setup
```

图 1-42　文本窗口模式下对网络进行配置

用 Tab 键或 Alt＋Tab 组合键在选项间进行切换，选择"网络配置"选项，按 Enter 键确认进入配置界面。可以对主机上的网卡 eth0 进行配置，界面简易明了，不再详述。

8. 图形界面配置工具

在 Red Hat Enterprise Linux 6 中图形化的网络配置，是在桌面环境下的主菜单中选择"系统"→"首选项"→"网络连接"命令，打开"网络配置"对话框，选中 System eth0，然后单击"编辑"按钮，可以给 eth0 配置静态 IP 地址、子网掩码、网关、DNS 等，如图 1-43 所示。

9. 修改 resolv.conf 并设置 DNS

Linux 中设置 DNS 客户端时可以直接编辑/etc/resolv.conf 文件，然后使用 nameserver 参数来指定 DNS 服务器的 IP 地址。

```
[root@RHEL 6 ~]#vim /etc/resolv.conf
search RHEL 6-1
nameserver 192.168.0.1
```

192.168.0.1 是首选 DNS 服务器地址。如果下面还有 nameserver 字段为备用 DNS 地

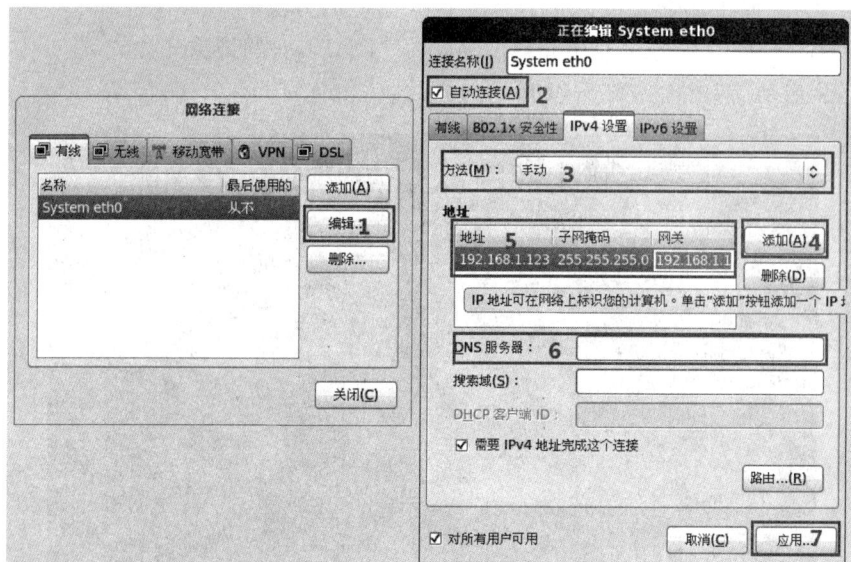

图 1-43　配置网络

址,也可以指定更多的 DNS 服务器地址在下面。当指定的 DNS 服务器超过 3 台时,只有前 3 台 DNS 服务器地址是有效的。客户端在向服务器发送查询请求时,会按照文件中的顺序依次发送,当第一台 DNS 服务器没有响应时,就会去尝试向下一台 DNS 服务器查询,直到发送到最后一台 DNS 服务器为止。所以建议将速度最快、稳定性最高的 DNS 服务器设置在最前面,以确保查询不会超时。

10. service

/etc/service 是一个脚本文件,利用 service 命令可以检查指定网络服务的状态,是否启动、停止或者重新启动指定的网络服务。/etc/service 通过检查/etc/init.d 目录中的一系列脚本文件来识别服务名称,否则会显示该服务未被认可。service 命令的语法格式如下:

```
service  服务名  start/stop/status/restart/reload
```

例如,要重新启动 network 服务,则命令及运行结果如下所示。

```
[root@RHEL 6 ~]#service network restart
```

注意:利用 service 命令中的"服务名"只能是独立守护进程,不能是被动守护进程。

1.8　忘记 root 密码的修复方法

在以前的版本中,比如 RHEL 5 等,root 密码丢失,则登录单用户以后直接用 passwd root 命令修改就可以了。但是在 RHEL 6 中进入单用户以后执行 passwd 命令却没有反应,没法直接修改 root 密码。既然在单用户下无法直接修改,还有一个办法,那就是救援模式下修改密码,下面讲述在救援模式下修改 root 密码的方法。

（1）在 BIOS 中设置开机使用光盘启动,放入 RHEL 6 的镜像光盘。

（2）光盘启动后,进入如图 1-44 所示的界面。

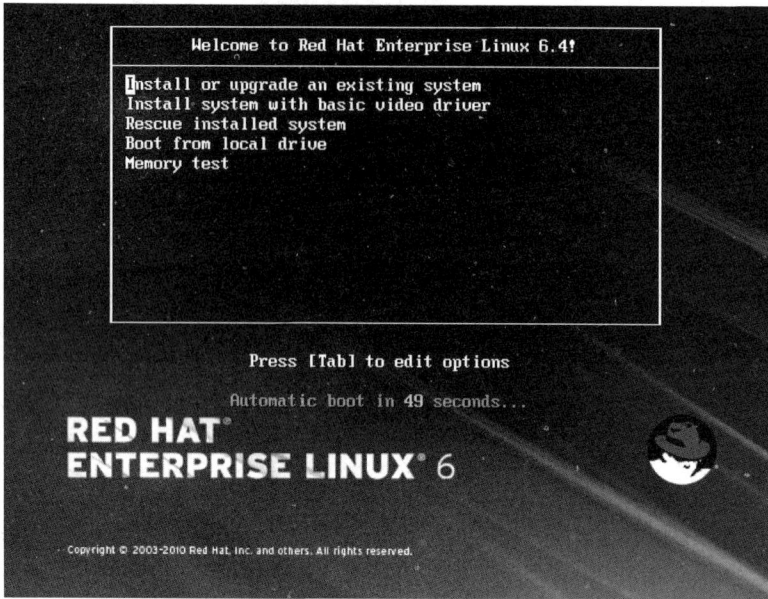

图 1-44　使用光盘引导 RHEL 6

RHEL 6 的安装欢迎界面和 RHEL 5 的有点区别,RHEL 6 分 4 个选项,第一个是安装或者升级一个存在的系统,第二个是安装基本的视频驱动系统,第三个是救援模式安装系统,第四个是从本地磁盘启动。

（3）进入救援模式的方法:选中第一行安装或者升级一个存在的系统,按 Tab 键,输入空格后再输入 rescue,然后按 Enter 键执行。或者直接选择第三行命令 Rescue installed system,然后按 Enter 键,进入救援模式。

（4）进入救援模式后,选择语言(简体中文或者英语)、键盘类型(US)。

（5）选择救援方式类型。可以有四种方式:本地光盘、硬盘、NFS 设备、提供一个 URL 等。

（6）设置网络。如果是本地救援模式,可以不设置。如果是网络救援模式,必须设置网络。

（7）进入救援模式,按下 Continue 按钮,如图 1-45 所示。

（8）接着提示挂载系统检测硬盘,直接按 Enter 键,如图 1-46 所示。提示系统被挂载到了/mnt/sysimage 上,直接按 Enter 键。

（9）接下来是急救箱快速启动菜单,选择默认的 shell Start shell 后按 Enter 键,进入救援系统(见图 1-47)。

（10）进入系统后修改 root 密码。输入 passwd root,以允许为根用户输入一个新口令。这时可以输入 shutdown-r now 来使用新的根口令重新引导系统。

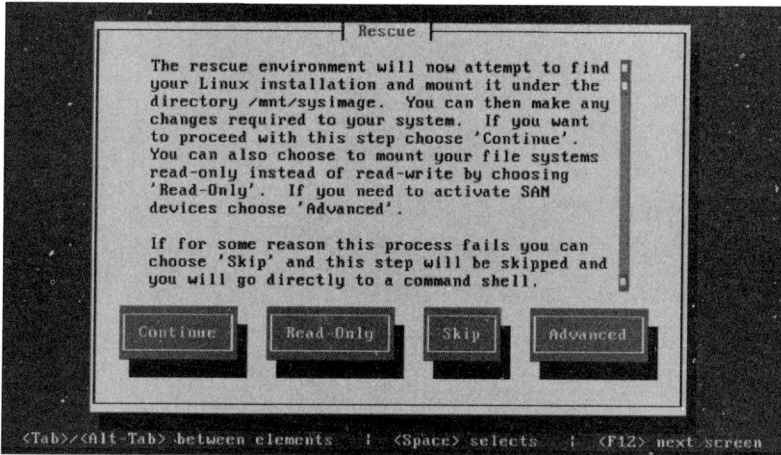

图 1-45　救援模式

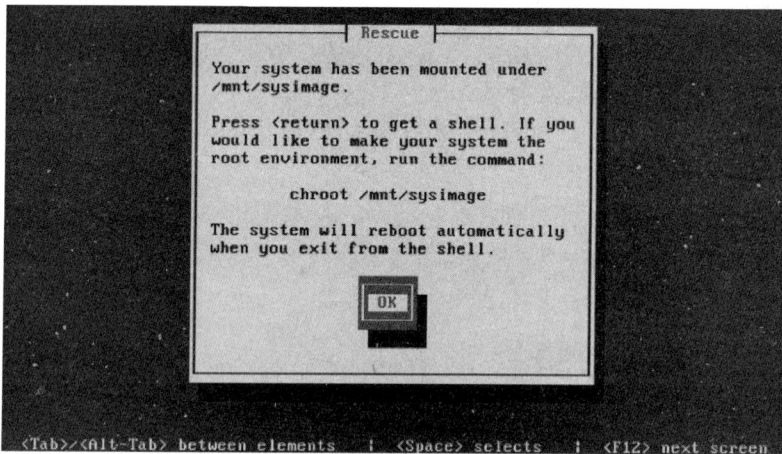

图 1-46　挂载系统检测硬盘

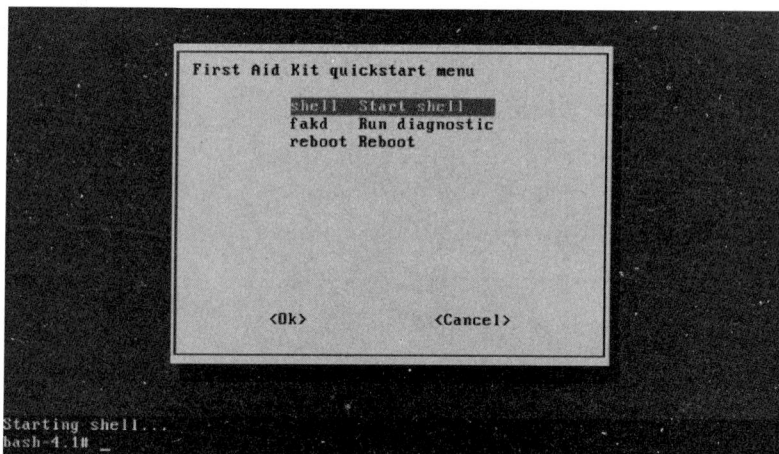

图 1-47　急救箱快速启动菜单

1.9 练习题

1. 选择题

(1) Linux 最早是由计算机爱好者(　　　)开发的。

　　A. Richard Petersen　　　　　　　　B. Linus Torvalds

　　C. Rob Pick　　　　　　　　　　　　D. Linux Sarwar

(2) 下列(　　　)是自由软件。

　　A. Windows XP　　　　　　　　　　B. UNIX

　　C. Linux　　　　　　　　　　　　　D. Windows 2000

(3) 下列(　　　)不是 Linux 的特点。

　　A. 多任务　　　　B. 单用户　　　　C. 设备独立性　　　D. 开放性

(4) Linux 的内核版本 2.3.20 是(　　　)的版本。

　　A. 不稳定　　　　B. 稳定的　　　　C. 第三次修订　　　D. 第二次修订

(5) Linux 安装过程中的硬盘分区工具是(　　　)。

　　A. PQmagic　　　B. FDISK　　　　C. FIPS　　　　　D. Disk Druid

(6) Linux 的根分区系统类型是(　　　)。

　　A. FAT16　　　　B. FAT32　　　　C. ext4　　　　　D. NTFS

2. 填空题

(1) GUN 的含义是_____。

(2) Linux 一般有 3 个主要部分：_____、_____、_____。

(3) 安装 Linux 最少需要两个分区,分别是_____。

(4) Linux 默认的系统管理员账号是_____。

3. 简答题

(1) 简述 Red Hat Linux 系统的特点,简述一些较为知名的 Linux 发行版本。

(2) Linux 有哪些安装方式? 安装 Red Hat Linux 系统要做哪些准备工作?

(3) 安装 Red Hat Linux 系统的基本磁盘分区有哪些?

(4) Red Hat Linux 系统支持的文件类型有哪些?

4. 实践习题

(1) 使用虚拟机和安装光盘安装 Red Hat Enterprise Linux 6,并进行基本配置。

(2) 删除 Red Hat Enterprise Linux 6。

(3) 为 Red Hat Enterprise Linux 6 配置常规网络。

(4) 测试 Red Hat Enterprise Linux 6 网络环境。

5. 超级链接

输入 http://linux.sdp.edu.com.cn/kcweb 和 http://www.icourses.cn/coursestatic/course_2843.html 超链接来访问国家精品课程网站和国家精品资源共享课程网站的相关内容。

1.10　项目实录

1. 录像位置

随书光盘中为"实训项目"目录下的文件：安装与基本配置 Linux 操作系统.flv。

2. 项目背景

假设某计算机已经安装 Windows 2003，其磁盘分区情况如图 1-48 所示，要求增加安装 RHEL 6.4，并保证原来的 Windows 2003 仍可使用。

从图 1-48 可知，此硬盘约有 20GB，分为 C、D、E 3 个分区。对于此类硬盘比较简便的操作方法是将 E 盘上的数据转移到 C 盘或者 D 盘，而利用 E 盘的硬盘空间来安装 Linux。

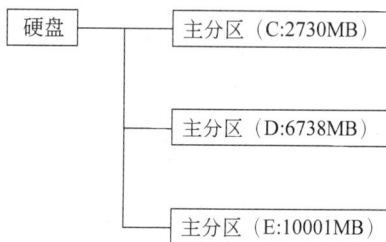

```
硬盘 ─┬─ 主分区（C:2730MB）
      │
      ├─ 主分区（D:6738MB）
      │
      └─ 主分区（E:10001MB）
```

图 1-48　Linux 安装硬盘分区

3. 深度思考

在观看录像时思考以下几个问题。

（1）如何进行双启动安装？

（2）分区规划为什么必须要慎之又慎？

（3）第一个系统的虚拟内存设置至少多大？为什么？

4. 做一做

根据项目要求及录像内容，将项目完整地做一遍。

第 2 章　使用常用的 Linux 命令

在文本模式和终端模式下,经常使用 Linux 命令来查看系统的状态和监视系统的操作,如对文件和目录进行浏览、操作等。在 Linux 较早的版本中,由于不支持图形化操作,用户基本上都是使用命令行方式对系统进行操作,所以掌握常用的 Linux 命令是必要的,本章将对 Linux 的常用命令进行分类介绍。

本章学习要点:
- Linux 系统的终端窗口和命令基础。
- 文件目录类命令。
- 系统信息类命令。
- 进程管理类命令及其他常用命令。

2.1　Linux 命令基础

掌握 Linux 命令对于管理 Linux 网络操作系统是非常必要的。

2.1.1　Linux 命令特点

在 Linux 系统中,命令区分大小写。在命令行中,可以使用 Tab 键来自动补齐命令,即可以只输入命令的前几个字母,然后按 Tab 键,系统将自动补齐该命令。若命令不止一个,则显示出所有和输入字符相匹配的命令。

按 Tab 键时,如果系统只找到一个和输入字符相匹配的目录或文件,则自动补齐;如果没有匹配的内容或有多个相匹配的名字,系统将发出警鸣声,再按一下 Tab 键将列出所有相匹配的内容(如果有的话),以供用户选择。例如,在命令提示符后输入 mou,然后按 Tab 键,系统将自动补全该命令为 mount;如果在命令提示符后只输入 mo,然后按 Tab 键,此时将警鸣一声,再次按 Tab 键,系统将显示所有以 mo 开头的命令。

另外,利用向上或向下的光标键,可以翻查曾经执行过的历史命令,并可以再次执行。

如果要在一个命令行上输入和执行多条命令,可以使用分号来分隔命令。例如:

```
cd/;ls
```

断开一个长命令行,可以使用反斜杠"\",以将一个较长的命令分成多行表达,增强命令的可读性。执行后,Shell 自动显示提示符">",表示正在输入一个长命令,此时可继续在新行上输入命令的后续部分。

2.1.2　后台运行程序

　　一个文本控制台或一个仿真终端在同一时刻只能运行一个程序或命令,在未执行结束前,一般不能进行其他操作,此时可采用将程序在后台执行,以释放控制台或终端,使其仍能进行其他操作。要使程序以后台方式执行,只需在要执行的命令后跟上一个"&"符号即可,例如:

```
find /-name httpd.conf &
```

2.2　文件目录类命令

　　文件目录类命令是对文件和目录进行各种操作的命令。

2.2.1　浏览目录类命令

1. pwd 命令

　　pwd 命令用于显示用户当前所在的目录。如果用户不知道自己当前所处的目录,就必须使用它。例如:

```
[root@Server etc]#pwd
/etc
```

2. cd 命令

　　cd 命令用来在不同的目录中进行切换。用户在登录系统后,会处于用户的家目录($ HOME)中,该目录一般以/home 开始,后跟用户名,这个目录就是用户的初始登录目录(root 用户的家目录为/root)。如果用户想切换到其他的目录中,就可以使用 cd 命令,后跟想要切换的目录名。例如:

```
[root@Server etc]#cd             //改变目录位置至用户登录时的工作目录
[root@Server etc]#cd dir1        //改变目录位置至当前目录下的 dir1 子目录下
[root@Server etc]#cd ~           //改变目录位置至用户登录时的工作目录(用户的 home 目录)
[root@Server etc]#cd ..          //改变目录位置至当前目录的父目录
[root@Server etc]#cd ../user     //改变目录位置至当前目录的父目录下的 user 子目录下
[root@Server etc]#cd /dir1/subdir1  //利用绝对路径表示改变目录到 /dir1/subdir1 目录下
```

　　说明:在 Linux 系统中,用"."代表当前目录;用".."代表当前目录的父目录;用"～"代表用户的个人 home 目录(主目录)。例如,root 用户的个人主目录是/root,则不带任何参数的 cd 命令相当于"cd ～",即将目录切换到用户的 home 目录。

3. ls 命令

　　ls 命令用来列出文件或目录信息。该命令的语法为:

37

```
ls [参数] [目录或文件]
```

ls 命令的常用参数选项如下。

- -a：显示所有文件,包括以"."开头的隐藏文件。
- -A：显示指定目录下所有的子目录及文件,包括隐藏文件,但不显示"."和".."。
- -c：按文件的修改时间排序。
- -C：分成多列显示各行。
- -d：如果参数是目录,只显示其名称而不显示其下的各个文件。往往与"-l"选项一起使用,以得到目录的详细信息。
- -l：以长格形式显示文件的详细信息。
- -i：在输出的第一列显示文件的 i 节点号。

例如:

```
[root@Server ~]#ls        //列出当前目录下的文件及目录
[root@Server ~]#ls -a     //列出包括以"."开始的隐藏文件在内的所有文件
[root@Server ~]#ls -t     //依照文件最后修改时间的顺序列出文件
[root@Server ~]#ls -F     //列出当前目录下的文件名及其类型。以/结尾表示为目录名,以 * 结
                            尾表示为可执行文件,以@结尾表示为符号连接
[root@Server ~]#ls -l     //列出当前目录下所有文件的权限、所有者、文件大小、修改时间及名称
[root@Server ~]#ls -lg    //同上,并显示出文件的所有者工作组名
[root@Server ~]#ls -R     //显示出目录下以及其所有子目录的文件名
```

2.2.2　浏览文件类命令

1. cat 命令

cat 命令主要用于滚屏显示文件内容或是将多个文件合并成一个文件。该命令的语法为:

```
cat  [参数]  文件名
```

cat 命令的常用参数选项如下。

- -b：对输出内容中的非空行标注行号。
- -n：对输出内容中的所有行标注行号。

通常使用 cat 命令查看文件内容,但是 cat 命令的输出内容不能够分页显示,要查看超过一屏的文件内容,需要使用 more 或 less 等其他命令。如果在 cat 命令中没有指定参数,则 cat 会从标准输入(键盘)获取内容。

例如,要查看/soft/file1 文件的内容的命令为:

```
[root@Server ~]#cat /soft/file1
```

利用 cat 命令还可以合并多个文件。例如要把 file1 和 file2 文件的内容合并为 file3,且 file2 文件的内容在 file1 文件的内容前面,则命令为:

```
[root@Server ~]#cat file2 file1>file3
```
//如果 file3 文件存在,此命令的执行结果会覆盖 file3 文件中原有内容
```
[root@Server ~]#cat file2 file1>>file3
```
//如果 file3 文件存在,此命令的执行结果将把 file2 和 file1 文件的内容附加到 file3 文件
中原有内容的后面

2. more 命令

在使用 cat 命令时,如果文件太长,用户只能看到文件的最后一部分。这时可以使用
more 命令,一页一页地分屏显示文件的内容。more 命令通常用于分屏显示文件内容。大
部分情况下,可以不加任何参数选项执行 more 命令查看文件内容,执行 more 命令后,进入
more 状态,按 Enter 键可以向下移动一行,按 Space 键可以向下移动一页;按 Q 键可以退出
more 命令。该命令的语法为:

```
more  [参数]  文件名
```

more 命令的常用参数选项如下。
- －num:这里的 num 是一个数字,用来指定分页显示时每页的行数。
- ＋num:指定从文件的第 num 行开始显示。

例如:

```
[root@Server ~]#more file1        //以分页方式查看 file1 文件的内容
[root@Server ~]#cat file1|more    //以分页方式查看 file1 文件的内容
```

more 命令经常在管道中被调用用以实现各种命令输出内容的分屏显示。上面的第二
个命令就是利用 shell 的管道功能分屏显示 file1 文件的内容。

3. less 命令

less 命令是 more 命令的改进版,比 more 命令的功能强大。more 命令只能向下翻页,
而 less 命令可以向下、向上翻页,甚至可以前后左右的移动。执行 less 命令后,进入了 less
状态,按 Enter 键可以向下移动一行,按 Space 键可以向下移动一页;按 B 键可以向上移动
一页;也可以用光标键向前、后、左、右移动;按 Q 键可以退出 less 命令。

less 命令还支持在一个文本文件中进行快速查找。先按斜杠键"/",再输入要查找的单
词或字符。less 命令会在文本文件中进行快速查找,并把找到的第一个搜索目标高亮度显
示。如果希望继续查找,就再次按斜杠键"/",再按 Enter 键即可。

less 命令的用法与 more 基本相同,例如:

```
[root@Server ~]#less /etc/httpd/conf/httpd.conf   //以分页方式查看 httpd.conf
                                                  文件的内容
```

4. head 命令

head 命令用于显示文件的开头部分,默认情况下只显示文件的前 10 行内容。该命令
的语法为:

```
head  [参数]  文件名
```

head 命令的常用参数选项如下。

- -n num：显示指定文件的前 num 行。
- -c num：显示指定文件的前 num 个字符。

例如：

```
[root@Server ~]#head -n 20 /etc/httpd/conf/httpd.conf    //显示 httpd.conf 文件的
                                                          前 20 行
```

5. tail 命令

tail 命令用于显示文件的末尾部分,默认情况下只显示文件的末尾 10 行内容。该命令的语法为：

```
tail  [参数]  文件名
```

tail 命令的常用参数选项如下。

- -n num：显示指定文件的末尾 num 行。
- -c num：显示指定文件的末尾 num 个字符。
- ＋num：从第 num 行开始显示指定文件的内容。

例如：

```
[root@Server ~]#tail -n 20 /etc/httpd/conf/httpd.conf    //显示 httpd.conf 文件
                                                         的末尾 20 行
```

2.2.3 目录操作类命令

1. mkdir 命令

mkdir 命令用于创建一个目录。该命令的语法为：

```
mkdir  [参数]  目录名
```

上述目录名可以为相对路径,也可以为绝对路径。

mkdir 命令的常用参数选项如下。

-p：在创建目录时,如果父目录不存在,则同时创建该目录及该目录的父目录。

例如：

```
[root@Server ~]#mkdir dir1    //在当前目录下创建 dir1 子目录
[root@Server ~]#mkdir -p dir2/subdir2
//在当前目录的 dir2 目录中创建 subdir2 子目录,如果 dir2 目录不存在则同时创建
```

2. rmdir 命令

rmdir 命令用于删除空目录。该命令的语法为：

```
rmdir  [参数]  目录名
```

上述目录名可以为相对路径,也可以为绝对路径。但所删除的目录必须为空目录。

rmdir 命令的常用参数选项如下。

-p:在删除目录时,一起删除父目录,但父目录中必须没有其他目录及文件。

例如:

```
[root@Server ~]#rmdir dir1      //在当前目录下删除 dir1 空子目录
[root@Server ~]#rmdir -p dir2/subdir2
//删除当前目录中 dir2/subdir2 子目录,删除 subdir2 目录时,如果 dir2 目录无其他目录,
  则一起删除
```

2.2.4　文件操作类命令

1. cp 命令

cp 命令主要用于文件或目录的复制。该命令的语法为:

```
cp  [参数]  源文件  目标文件
```

cp 命令的常用参数选项如下。

- -f:如果目标文件或目录存在,先删除它们再进行复制(即覆盖),并且不提示用户。
- -i:如果目标文件或目录存在,提示是否覆盖已有的文件。
- -R:递归复制目录,即包含目录下的各级子目录。

例如:

```
//将/etc/inittab 文件复制到用户的 home 目录下,复制后的文件名为 inittab.bak
[root@Server ~]#cp /etc/inittab ~/inittab.bak
//将/etc/init.d 目录(包含 rc.d 目录的文件及子目录)复制到/initbak 目录下
[root@Server ~]#cp -R /etc/init.d/  /initbak
```

2. mv 命令

mv 命令主要用于文件或目录的移动或改名。该命令的语法为:

```
mv  [参数]  源文件或目录  目标文件或目录
```

mv 命令的常用参数选项如下。

- -i:如果目标文件或目录存在时,提示是否覆盖目标文件或目录。
- -f:无论目标文件或目录是否存在,直接覆盖目标文件或目录,不提示。

例如:

```
//将当前目录下的 testa 文件移动到/usr/目录下,文件名不变
[root@Server /]#mv testa /usr/
//将/usr/testa 文件移动到根目录下,移动后的文件名为 tt
[root@Server /]#mv /usr/testa /tt
```

3. rm 命令

rm 命令主要用于文件或目录的删除。该命令的语法为:

rm　[参数]　文件名或目录名

rm 命令的常用参数选项如下。

- -i：删除文件或目录时提示用户。
- -f：删除文件或目录时不提示用户。
- -R：递归删除目录，即包含目录下的文件和各级子目录。

例如：

```
//删除当前目录下的所有文件,但不删除子目录和隐藏文件
[root@Server test]#rm *
//删除当前目录下的子目录 dir,包含其下的所有文件和子目录,并且提示用户确认
[root@Server /]#rm -iR dir
```

4. touch 命令

touch 命令用于建立文件或更新文件的修改日期。该命令的语法为：

touch　[参数]　文件名或目录名

touch 命令的常用参数选项如下。

- -d yyyymmdd：把文件的存取或修改时间改为 yyyy 年 mm 月 dd 日。
- -a：只把文件的存取时间改为当前时间。
- -m：只把文件的修改时间改为当前时间。

例如：

```
[root@Server test]#touch aa　//如果当前目录下存在 aa 文件,则把 aa 文件的存取和修改
                              时间改为当前时间,如果不存在 aa 文件,则新建 aa 文件
[root@Server /]#touch -d 20080808 aa　//将 aa 文件的存取和修改时间改为 2008 年 8 月 8 日
```

5. diff 命令

diff 命令用于比较两个文件内容的不同。该命令的语法为：

diff　[参数]　源文件　目标文件

diff 命令的常用参数选项如下。

- -a：将所有的文件当作文本文件处理。
- -b：忽略空格造成的不同。
- -B：忽略空行造成的不同。
- -q：只报告什么地方不同，不报告具体的不同信息。
- -i：忽略大小写的变化。

例如：

```
[root@Server test]#diff aa.txt bb.txt　//比较 aa.txt 文件和 bb.txt 文件的不同
```

6. ln 命令

ln 命令用于建立两个文件之间的链接关系。该命令的语法为：

```
ln  [参数]  源文件或目录  链接名
```

ln 命令的常用参数选项如下。

-s：建立符号链接(软链接)，不加该参数时建立的链接为硬链接。

两个文件之间的链接关系有两种：一种称为硬链接；另一种称为符号链接(软链接)。

(1) 硬链接。这时两个文件名指向的是硬盘上的同一块存储空间，对两个文件中的任何一个文件的内容进行修改都会影响到另一文件，这种链接关系称为硬链接。它可以由 ln 命令不加任何参数建立。

利用 ll 命令查看/aa.txt 文件情况。

```
[root@Server /]#ll aa
-rw-r--r--   1 root root 0   1月 31 15:06 aa
[root@Server /]#cat aa
this is aa
```

由上面命令的执行结果可以看出 aa 文件的链接数为 1，文件内容为 this is aa。

使用 ln 命令建立 aa 文件的硬链接 bb。

```
[root@Server /]#ln aa bb
```

上述命令产生了 bb 新文件，它和 aa 文件建立起了硬链接关系。

```
[root@Server /]#ll aa bb
-rw-r--r--   2 root root 11   1月 31 15:44 aa
-rw-r--r--   2 root root 11   1月 31 15:44 bb
[root@Server /]#cat bb
this is aa
```

可以看出，aa 和 bb 的大小相同，内容相同。再看详细信息的第 2 列，原来 aa 文件的链接数为 1，说明这块硬盘空间只有 aa 文件指向，而建立起 aa 和 bb 的硬链接关系后，这块硬盘空间就有 aa 和 bb 两个文件同时指向它，所以 aa 和 bb 的链接数都变为 2。

此时，如果修改 aa 或 bb 任意一个文件的内容，另外一个文件的内容也将随之变化。如果删除其中一个文件(不管是哪一个)，就是删除了该文件和硬盘空间的指向关系，该硬盘空间不会释放，另外一个文件的内容也不会发生改变，但是该文件的链接数会减少一个。

说明：只能对文件建立硬链接，不能对目录建立硬链接。

(2) 符号链接(软链接)。这是指一个文件指向另外一个文件的文件名。软链接类似于 Windows 系统中的快捷方式。软链接由 ln -s 命令建立。

首先查看一下 aa 文件的信息。

```
[root@Server /]#ll aa
-rw-r--r--   1 root root 11   1月 31 15:44 aa
```

创建 aa 文件的符号链接 cc,创建完成后查看 aa 和 cc 文件的链接数的变化。

```
[root@Server /]#ln -s aa cc
[root@Server /]#ll aa cc
-rw-r--r--  1 root root 11  1月 31 15:44 aa
lrwxrwxrwx  1 root root 2  1月 31 16:02 cc ->aa
```

可以看出 cc 文件是指向 aa 文件的一个符号链接。而指向存储 aa 文件内容的那块硬盘空间的文件仍然只有 aa 一个文件,cc 文件只不过是指向了 aa 文件名而已。所以 aa 文件的链接数仍为 1。

在利用 cat 命令查看 cc 文件的内容时,cat 命令在寻找 cc 的内容时,发现 cc 是一个符号链接文件,就根据 cc 记录的文件名找到 aa 文件,然后将 aa 文件的内容显示出来。

此时如果删除了 cc 文件,对 aa 文件无任何影响,但如果删除了 aa 文件,那么 cc 文件就因无法找到 aa 文件而毫无用处了。

说明:可以对文件或目录建立软链接。

7. gzip 和 gunzip 命令

gzip 命令用于对文件进行压缩,生成的压缩文件以".gz"结尾,而 gunzip 命令是对以".gz"结尾的文件进行解压缩。两个命令的语法为:

```
gzip -v  文件名       //压缩文件
gunzip -v  文件名     //解压缩文件
```

参考说明如下。

-v:显示被压缩文件的压缩比或解压时的信息。

例如:

```
[root@Server /]#gzip -v httpd.conf
httpd.conf: 65.0%--replaced with httpd.conf.gz
[root@Server /]#gunzip -v httpd.conf.gz
httpd.conf.gz: 65.0%--replaced with httpd.conf
```

8. tar 命令

tar 是用于文件打包的命令行工具,tar 命令可以把一系列的文件归档到一个大文件中,也可以把档案文件解开以恢复数据。总的来说,tar 命令主要用于打包和解包。tar 命令是 Linux 系统中常用的备份工具之一。该对命令的语法为:

```
tar [参数]  档案文件  文件列表
```

tar 命令的常用参数选项如下。

- -c:生成档案文件。
- -v:列出归档解档的详细过程。
- -f:指定档案文件名称。
- -r:将文件追加到档案文件末尾。
- -z:以 gzip 格式压缩或解压缩文件。

- -j：以 bzip2 格式压缩或解压缩文件。
- -d：比较档案与当前目录中的文件。
- -x：解开档案文件。

例如：

```
[root@Server /]#tar -cvf yy.tar aa tt   //将当前目录下的 aa 和 tt 文件归档为 yy.tar
[root@Server /]#tar -xvf yy.tar          //从 yy.tar 档案文件中恢复数据
[root@Server /]#tar -czvf yy.tar.gz aa tt   //将当前目录下的 aa 和 tt 文件归档并压
                                             缩为 yy.tar.gz
[root@Server /]#tar -xzvf yy.tar.gz          //将 yy.tar.gz 文件解压缩并恢复数据
```

9. rpm 命令

rpm 命令主要用于对 RPM 软件包进行管理。RPM 包是 Linux 的各种发行版本中应用最为广泛的软件包格式之一。学会使用 rpm 命令对 RPM 软件包进行管理至关重要。该命令的语法为：

```
rpm   [参数]   软件包名
```

rpm 命令的常用参数选项如下。
- -qa：查询系统中安装的所有软件包。
- -q：查询指定的软件包在系统中是否安装。
- -qi：查询系统中已安装软件包的描述信息。
- -ql：查询系统中已安装软件包里所包含的文件列表。
- -qf：查询系统中指定文件所属的软件包。
- -qp：查询 RPM 包文件中的信息，通常用于在未安装软件包之前了解软件包中的信息。
- -i：用于安装指定的 RPM 软件包。
- -v：显示较详细的信息。
- -h：以"＃"显示进度。
- -e：删除已安装的 RPM 软件包。
- -U：升级指定的 RPM 软件包。软件包的版本必须比当前系统中安装的软件包的版本高才能正确升级。如果当前系统中并未安装指定的软件包，则直接安装。
- -F：更新软件包。

例如：

```
[root@Server /]#rpm -qa|more       //显示系统安装的所有软件包列表
[root@Server /]#rpm -q httpd       //查询系统是否安装了 httpd 软件包
[root@Server /]#rpm -qi httpd       //查询系统已安装的 httpd 软件包的描述信息
[root@Server /]#rpm -ql httpd       //查询系统已安装的 httpd 软件包里所包含的文件列表
[root@Server /]#rpm -qf /etc/passwd   //查询 passwd 文件所属的软件包
[root@Server RPMS]#rpm -ivh httpd-2.0.52-9.ent.i386.rpm
                                    //安装软件包,并以"#"显示安装进度和安装的详细信息
[root@Server RPMS]#rpm -Uvh httpd-2.0.52-9.ent.i386.rpm   //升级软件包
[root@Server RPMS]#rpm -e httpd                          //卸载 httpd 软件包
```

10. whereis 命令

whereis 命令用来寻找命令的可执行文件所在的位置。该命令的语法为：

```
whereis  [参数]  命令名称
```

whereis 命令的常用参数选项如下。

- -b：只查找二进制文件。
- -m：只查找命令的联机帮助手册部分。
- -s：只查找源代码文件。

例如：

```
//查找命令 rpm 的位置
[root@Server ~]#whereis rpm
rpm: /bin/rpm /etc/rpm /usr/lib/rpm /usr/include/rpm /usr/share/man/man8/rpm.
8.gz
```

11. whatis 命令

whatis 命令用于获取命令简介。它从某个程序的使用手册中抽出一行简单的介绍性文件，帮助用户迅速了解这个程序的具体功能。该命令的语法为：

```
whatis  命令名称
```

例如：

```
[root@Server ~]#whatis ls
ls              (1) -list directory contents
```

12. find 命令

find 命令用于文件的查找。它的功能非常强大。该命令的语法为：

```
find  [路径]  [匹配表达式]
```

find 命令的匹配表达式主要有如下几种类型。

- -name filename：查找指定名称的文件。
- -user username：查找属于指定用户的文件。
- -group grpname：查找属于指定组的文件。
- -print：显示查找结果。
- -size n：查找大小为 n 块的文件，一块为 512B。符号"＋n"表示查找大小大于 n 块的文件；符号"－n"表示查找大小小于 n 块的文件；符号 nc 表示查找大小为 n 个字符的文件。
- -inum n：查找索引节点号为 n 的文件。
- -type：查找指定类型的文件。文件类型有：b(块设备文件)、c(字符设备文件)、d(目录)、p(管道文件)、l(符号链接文件)、f(普通文件)。
- -atime n：查找 n 天前被访问过的文件。"＋n"表示超过 n 天前被访问的文件；

　　"−n"表示未超过 n 天前被访问的文件。

- -mtime n：类似于 atime,但检查的是文件内容被修改的时间。
- -ctime n：类似于 atime,但检查的是文件索引节点被改变的时间。
- -perm mode：查找与给定权限匹配的文件,必须以八进制的形式给出访问权限。
- -newer file：查找比指定文件新的文件,即最后修改时间离现在较近。
- "-exec command {} \;"：对匹配指定条件的文件执行 command 命令。
- "-ok command {} \;"：与 exec 相同,但执行 command 命令时请求用户确认。

　　例如：

```
[root@Server ~]#find . -type f -exec ls -l {} \;
//在当前目录下查找普通文件,并以长格形式显示
[root@Server ~]#find /logs -type f -mtime 5 -exec rm {} \;
//在/logs目录中查找修改时间为 5 天以前的普通文件,并删除
[root@Server ~]#find /etc -name "*.conf"
//在/etc/目录下查找文件名以".conf"结尾的文件
[root@Server ~]#find . -type f -perm 755 -exec ls {} \;
//在当前目录下查找权限为 755 的普通文件,并显示
```

　　注意：由于 find 命令在执行过程中将消耗大量资源,建议以后台方式运行。

13. grep 命令

grep 命令用于查找文件中包含有指定字符串的行。该命令的语法为：

```
grep [参数] 要查找的字符串 文件名
```

grep 命令的常用参数选项如下。

- -v：列出不匹配的行。
- -c：对匹配的行计数。
- -l：只显示包含匹配模式的文件名。
- -h：抑制包含匹配模式的文件名的显示。
- -n：每个匹配行只按照相对的行号显示。
- -i：对匹配模式不区分大小写。

　　在 grep 命令中,字符"^"表示行的开始,字符"$"表示行的结尾。如果要查找的字符串中带有空格,可以用单引号或双引号括起来。

　　例如：

```
[root@Server ~]#grep -2 user1 /etc/passwd
//在文件 passwd 中查找包含字符串 user1 的行,如果找到,显示该行及该行前后各 2 行的内容
[root@Server ~]#grep "^user1$" /etc/passwdd
//在 passwd 文件中搜索只包含 user1 五个字符的行
```

　　提示：grep 和 find 命令的差别在于 grep 是在文件中搜索满足条件的行,而 find 是在指定目录下根据文件的相关信息查找满足指定条件的文件。

2.3 系统信息类命令

系统信息类命令是对系统的各种信息进行显示和设置的命令。

1. dmesg 命令

dmesg 命令用实例名和物理名称来标识连到系统上的设备。dmesg 命令也显示系统诊断信息、操作系统版本号、物理内存大小以及其他信息。例如：

```
[root@Server ~]#dmesg|more
```

提示：系统启动时，屏幕上会显示系统 CPU、内存、网卡等硬件信息。但通常显示得比较快，如果用户没有来得及看清，可以在系统启动后用 dmesg 命令查看。

2. df 命令

df 命令主要用来查看文件系统的各个分区的占用情况。例如：

```
[root@Server ~]#df
Filesystem      1KB-块        已用        可用      已用%    挂载点
/dev/sda3       5842664    2778608    2767256      51%     /
/dev/sda1         93307       8564      79926      10%     /boot
none              63104          0      63104       0%     /dev/shm
/dev/hdc         641798     641798          0     100%     /media/cdrom
```

该命令列出了系统上所有已挂载的分区的大小、已占用的空间、可用空间以及占用率。空间大小的单位为 KB。使用选项-h，将使输出的结果具有更好的可读性，例如：

```
[root@Server ~]#df -h
Filesystem      容量       已用       可用      已用%    挂载点
/dev/sda3       5.6G      3.7GB     3.7GB      51%     /
/dev/sda1        92M      8.4MB      79MB      10%     /boot
none             62M          0      62MB       0%     /dev/shm
/dev/hdc        627M       627M         0     100%     /media/cdrom
```

3. du 命令

du 命令主要用来查看某个目录中的各级子目录所使用的硬盘空间数。基本用法是在命令后跟目录名，如果不跟目录名，则默认为当前目录。例如：

```
[root@Server dir1]#du /dir1
/dir1/test/subdir2
4       /dir1/test/subdir1
20      /dir1/test
24      /dir1
```

该命令显示出当前目录下各级子目录所占用的硬盘空间数。

有些情况下，用户可能只想查看某个目录总的已使用空间，则可以使用-s 选项。

4. free 命令

free 命令主要用来查看系统内存、虚拟内存的大小及占用情况。例如：

```
[root@Server dir1]#free
                  total      used      free    shared    buffers    cached
Mem:             126212    124960      1252         0      16408     34028
-/+buffers/cache:  74524     51688
Swap:            257032     25796    231236
```

5. date 命令

date 命令可以用来查看系统当前的日期和时间。例如：

```
[root@Server dir1]#date
四  1月 31 18:55:16 CST 2011
```

date 命令还可以用来设置当前日期和时间，例如：

```
[root@Server dir1]#date -d 08/08/2011
五  8月  8 00:00:00 CST 2011
```

注意：只有 root 用户才可以改变系统的日期和时间。

6. cal 命令

cal 命令用于显示指定月份或年份的日历，可以带两个参数，其中年、月份用数字表示；只有一个参数时表示年份，年份的范围为 1～9999；不带任何参数的 cal 命令显示当前月份的日历。例如：

```
[root@Server dir1]#cal 7 2011
        七月 2011
日  一  二  三  四  五  六
                    1   2
 3   4   5   6   7   8   9
10  11  12  13  14  15  16
17  18  19  20  21  22  23
24  25  26  27  28  29  30
31
```

7. clock 命令

clock 命令用于从计算机的硬件获得日期和时间。例如：

```
[root@Server dir1]#clock
2011年 01月 31日 星期四 18时 51分 34秒 -0.272325 seconds
```

2.4　进程管理类命令

进程管理类命令是对进程进行各种显示和设置的命令。

1. ps 命令

ps 命令主要用于查看系统的进程。该命令的语法为：

```
ps  [参数]
```

ps 命令的常用参数选项如下。

- -a：显示当前控制终端的进程(包含其他用户的)。
- -u：显示进程的用户名和启动时间等信息。
- -w：宽行输出,不截取输出中的命令行。
- -l：按长格形式显示输出的信息。
- -x：显示没有控制终端的进程。
- -e：显示所有的进程。
- -t n：显示第 n 个终端的进程。

例如：

```
[root@Server dir1]#ps -au
USER   PID  %CPU %MEM  VSZ   RSS  TTY   STAT START  TIME  COMMAND
root   2459  0.0  0.2  1956  348  tty2  Ss+  09:00  0:00  /sbin/mingetty tty2
root   2460  0.0  0.2  2260  348  tty3  Ss+  09:00  0:00  /sbin/mingetty tty3
root   2461  0.0  0.2  3420  348  tty4  Ss+  09:00  0:00  /sbin/mingetty tty4
root   2462  0.0  0.2  3428  348  tty5  Ss+  09:00  0:00  /sbin/mingetty tty5
root   2463  0.0  0.2  2028  348  tty6  Ss+  09:00  0:00  /sbin/mingetty tty6
root   2895  0.0  0.9  6472 1180  tty1  Ss   09:09  0:00  bash
```

提示：ps 通常和重定向、管道等命令一起使用,用于查找出所需的进程。

2. kill 命令

前台进程在运行时,可以按 Ctrl＋C 组合键来终止它,但后台进程无法使用这种方法终止,此时可以使用 kill 命令向进程发送强制终止信号,以达到目的。例如：

```
[root@Server dir1]#kill -l
 1) SIGHUP      2) SIGINT      3) SIGQUIT     4) SIGILL
 5) SIGTRAP     6) SIGABRT     7) SIGBUS      8) SIGFPE
 9) SIGKILL    10) SIGUSR1    11) SIGSEGV    12) SIGUSR2
13) SIGPIPE    14) SIGALRM    15) SIGTERM    16) SIGCHLD
17) SIGCONT    18) SIGSTOP    19) SIGTSTP    20) S1GTTIN
21) SIGTTOU    22) S1GURG     23) SIGXCPU    24) SIGXFSZ
25) SIGVTALRM  26) SIGPROF    27) SIGWINCH   28) SIGIO
29) SIGPWR     30) SIGSYS     31) SIGRTMIN   32) SIGRTMIN+1
...(略)
```

上述命令用于显示 kill 命令所能够发送的信号种类。每个信号都有一个数值对应,例如 SIGKILL 信号的值为 9。

kill 命令的格式为：

```
kill  [参数]  进程1  进程2  ...
```

参数选项-s 一般跟信号的类型。

例如：

```
[root@Server dir1]#ps
 PID   TTY      TIME    CMD
1448  pts/1  00:00:00  bash
2394  pts/1  00:00:00  ps
[root@Server dir1]#kill -s SIGKILL 2394   //或者 kill -9 2394
//上述命令用于结束 ps 进程
```

3. killall 命令

与 kill 命令相似，killall 命令可以根据进程名发送信号。例如：

```
[root@Server dir1]#killall -9 httpd
```

4. nice 命令

Linux 系统有两个和进程有关的优先级。用"ps -l"命令可以看到两个域：PRI 和 NI。PRI 是进程实际的优先级，它是由操作系统动态计算的，这个优先级的计算和 NI 值有关。NI 值可以被用户更改，NI 值越高，优先级越低。一般用户只能加大 NI 值，只有超级用户才可以减小 NI 值。NI 值被改变后，会影响 PRI。优先级高的进程被优先运行，默认时进程的 NI 值为 0。nice 命令的用法如下：

```
nice  -n  程序名   以指定的优先级运行程序
```

其中，n 表示 NI 值，正值代表 NI 值增加，负值代表 NI 值减小。

例如：

```
[root@Server dir1]#nice --1 ps -l
```

5. renice 命令

renice 命令是根据进程的进程号来改变进程的优先级的。renice 的用法如下：

```
renice  n   进程号
```

其中，n 为修改后的 NI 值。

例如：

```
[root@Server dir1]#ps -l
F S  UID   PID  PPID  C  PRI  NI  ADDR    SZ  WCHAN  TTY      TIME    CMD
4 S   0   1448  1446  0   75   0    -    1501  wait   pts/1  00:00:01  bash
4 R   0   2451  1448  0   76   0    -     715    -    pts/1  00:00:00  ps
[root@Server dir1]#renice -6 2451
```

6. top 命令

与 ps 命令不同，top 命令可以实时监控进程的状况。top 屏幕自动每 5s 刷新一次，也可以用"top -d 20",使得 top 屏幕每 20s 刷新一次。top 屏幕的部分内容如下：

```
top -19:47:03 up 10:50, 3 users, load average: 0.10, 0.07, 0.02
Tasks: 90 total, 1 running, 89 sleeping, 0 stopped, 0 zombie
Cpu(s): 1.0%us, 3.1%sy, 0.0%ni, 95.8%id, 0.0%wa, 0.0%hi, 1.0%si
Mem:  126212k total, 124520k used,   1692k free, 10116k buffers
Swap: 257032k total, 25796k used,  231236k free, 34312k cached
 PID USER   PR  NI  VIRT  RES   SHR  S  %CPU %MEM  TIME+    COMMAND
2946 root   14  -1  39812 12m  3504  S  1.3  9.8   14:25.46  X
3067 root   25  10  39744 14m  9172  S  1.0  11.8  10:58.34  rhn-applet-gui
2449 root   16   0  6156  3328 1460  S  0.3  3.6   0:20.26   hald
3086 root   15   0  23412 7576 6252  S  0.3  6.0   0:18.88   mixer_applet2
1446 root   16   0  8728  2508 2064  S  0.3  2.0   0:10.04   sshd
2455 root   16   0  2908  948  756   R  0.3  0.8   0:00.06   top
   1 root   16   0  2004  560  480   S  0.0  0.4   0:02.01   init
```

top 命令前五行的含义如下。

第一行：正常运行时间行。显示系统当前时间，系统已经正常运行的时间，系统当前用户数等。

第二行：进程统计数。显示当前的进程总数、睡眠的进程数、正在运行的进程数、暂停的进程数、僵死的进程数。

第三行：CPU 统计行。包括用户进程、系统进程、修改过 NI 值的进程、空闲进程各自使用 CPU 的百分比。

第四行：内存统计行。包括内存总量，已用内存、空闲内存、共享内存、缓冲区的内存总量。

第五行：交换分区和缓冲分区统计行。包括交换分区总量、已使用的交换分区、空闲交换分区、高速缓冲区总量。

在 top 屏幕下，按 Q 键可以退出，按 H 键可以显示 top 下的帮助信息。

7. bg、jobs、fg 命令

bg 命令用于把进程放到后台运行，例如：

```
[root@Server dir1]#bg find
```

jobs 命令用于查看在后台运行的进程，例如：

```
[root@Server dir1]#find / -name aaa &
[1] 2469
[root@Server dir1]#jobs
[1]+Running           find / -name aaa &
```

fg 命令用于把从后台运行的进程调到前台，例如：

```
[root@Server dir1]#fg find
```

2.5　其他常用命令

除了上面介绍的命令外,还有一些命令也经常用到。

1. clear 命令

clear 命令用于清除字符终端屏幕内容。

2. uname 命令

uname 命令用于显示系统信息。例如:

```
root@Server dir1]#uname -a
Linux Server 3.6.9-5.EL #1 Wed Jan 5 19:22:18 EST 2005 i686 i686 i386 GNU/Linux
```

3. man 命令

man 命令用于列出命令的帮助手册。例如:

```
[root@Server dir1]#man ls
```

典型的 man 手册包含以下几部分。

- NAME:命令的名字。
- SYNOPSIS:名字的概要,简单说明命令的使用方法。
- DESCRIPTION:详细描述命令的使用方法,如各种参数选项的作用。
- SEE ALSO:列出可能要查看的其他相关的手册页条目。
- AUTHOR、COPYRIGHT:作者和版权等信息。

4. shutdown 命令

shutdown 命令用于在指定时间关闭系统。该命令的语法为:

```
shutdown   [参数]   时间   [警告信息]
```

shutdown 命令常用的参数选项如下。

- -r:系统关闭后重新启动。
- -h:关闭系统。

时间可以是以下几种形式。

- now:表示立即。
- hh:mm:指定绝对时间,hh 表示小时,mm 表示分钟。
- +m:表示 m 分钟以后。

例如:

```
[root@Server dir1]#shutdown -h now        //关闭系统
```

5. halt 命令

halt 命令表示立即停止系统,但该命令不自动关闭电源,需要人工关闭电源。

6. reboot 命令

reboot 命令用于重新启动系统,相当于"shutdown -r now"。

7. poweroff 命令

poweroff 命令用于立即停止系统,并关闭电源,相当于"shutdown -h now"。

8. alias 命令

alias 命令用于创建命令的别名。该命令的语法为:

```
alias  命令别名="命令行"
```

例如:

```
[root@Server dir1]#alias httpd="vi /etc/httpd/conf/httpd.conf"
//定义 httpd 为命令 vi /etc/httpd/conf/httpd.conf 的别名
```

alias 命令不带任何参数时,将列出系统已定义的别名。

9. unalias 命令

unalias 命令用于取消别名的定义。例如:

```
[root@Server dir1]#unalias httpd
```

10. history 命令

history 命令用于显示用户最近执行的命令。可以保留的历史命令数与环境变量 HISTSIZE 有关。只要在编号前加"!",就可以重新运行 history 中显示出的命令行。例如:

```
[root@Server dir1]#!1239
```

表示重新运行第 1239 个历史命令。

2.6 练习题

1. 选择题

(1)(   )命令能用来查找在文件 TESTFILE 中包含四个字符的行。

　　A. grep'????' TESTFILE　　　　　　　B. grep '...' TESTFILE

　　C. grep '^????$' TESTFILE　　　　　　D. grep '^...$' TESTFILE

(2)(   )命令用来显示/home 及其子目录下的文件名。

　　A. ls -a /home　　B. ls -R /home　　C. ls -l /home　　D. ls -d /home

(3)如果忘记了 ls 命令的用法,可以采用(   )命令获得帮助。

　　A. ? ls　　　　B. help ls　　　　C. man ls　　　　D. get ls

(4)查看系统当中所有进程的命令是(   )。

　　A. ps all　　　B. ps aix　　　C. ps auf　　　D. ps aux

(5)Linux 中有多个查看文件的命令,如果希望在查看文件内容过程中用光标可以上下移动来查看文件内容,则符合要求的那一个命令是(　　)。

  A. cat   B. more   C. less   D. head

(6) (　　)命令可以了解您在当前目录下还有多大空间。

  A. Use df   B. Use du /   C. Use du .   D. Use df .

(7) 假如需要找出 /etc/my.conf 文件属于哪个包(package),可以执行(　　)命令。

  A. rpm -q /etc/my.conf   B. rpm -requires /etc/my.conf

  C. rpm -qf /etc/my.conf   D. rpm -q | grep /etc/my.conf

(8) 在应用程序启动时,(　　)命令设置进程的优先级。

  A. priority   B. nice   C. top   D. setpri

(9) (　　)命令可以把 f1.txt 复制为 f2.txt。

  A. cp f1.txt|f2.txt   B. cat f1.txt|f2.txt

  C. cat f1.txt>f2.txt   D. copy f1.txt|f2.txt

(10) 使用(　　)命令可以查看 Linux 的启动信息。

  A. mesg -d   B. dmesg

  C. cat /etc/mesg   D. cat /var/mesg

2. 填空题

(1) 在 Linux 系统中命令_____大小写。在命令行中,可以使用_____键来自动补齐命令。

(2) 如果要在一个命令行上输入和执行多条命令,可以使用_____来分隔命令。

(3) 断开一个长命令行,可以使用_____,以将一个较长的命令分成多行表达,增强命令的可读性。执行后,Shell 自动显示提示符_____,表示正在输入一个长命令。

(4) 要使程序以后台方式执行,只需在要执行的命令后跟上一个_____符号。

3. 简答题

(1) more 和 less 命令有何区别?

(2) Linux 系统下对磁盘的命名原则是什么?

(3) 在网上下载一个 Linux 下的应用软件,介绍其用途和基本使用方法。

2.7　项目实录

1. 录像位置

随书光盘。

2. 项目实训目的

- 掌握 Linux 各类命令的使用方法。
- 熟悉 Linux 操作环境。

3. 项目背景

现在有一台已经安装好 Linux 操作系统的主机,并且已经配置好基本的 TCP/IP 参数,能够通过网络连接局域网中或远程的主机。一台 Linux 服务器,能够提供 FTP、Telnet 和 SSH 连接。

4. 项目实训内容

练习使用 Linux 常用命令,达到熟练应用的目的。

5. 做一做

根据项目实录录像进行项目的实训,检查学习效果。

实训　Linux 常用命令

1. 实训目的

(1) 掌握 Linux 各类命令的使用方法。

(2) 熟悉 Linux 操作环境。

2. 实训环境

(1) 一台已经安装好 Linux 操作系统的主机,并且已经配置好基本的 TCP/IP 参数,能够通过网络连接局域网中或远程的主机。

(2) 一台 Linux 服务器,能够提供 FTP、Telnet 和 SSH 连接。

3. 实训内容

练习使用 Linux 常用命令,达到熟练应用的目的。

4. 实训练习

(1) 文件和目录类命令

- 启动计算机,利用 root 用户登录到系统,进入字符提示界面。
- 用 pwd 命令查看当前所在的目录。
- 用 ls 命令列出此目录下的文件和目录。
- 用-a 选项列出此目录下包括隐藏文件在内的所有文件和目录。
- 用 man 命令查看 ls 命令的使用手册。
- 在当前目录下,创建测试目录 test。
- 利用 ls 命令列出文件和目录,确认 test 目录创建成功。
- 进入 test 目录,利用 pwd 查看当前工作目录。
- 利用 touch 命令,在当前目录创建一个新的空文件 newfile。
- 利用 cp 命令复制系统文件/etc/profile 到当前目录下。
- 复制文件 profile 到一个新文件 profile. bak,作为备份。
- 用 ll 命令以长格形式列出当前目录下的所有文件,注意比较每个文件的长度和创建时间的不同。
- 用 less 命令分屏查看文件 profile 的内容,注意练习 less 命令的各个子命令,例如 b、p,q 等并对 then 关键字查找。
- 用 grep 命令在 profile 文件中对关键字 then 进行查询,并与上面的结果比较。
- 给文件 profile 创建一个软链接 lnsprofile 和一个硬链接 lnhprofile。
- 长格形式显示文件 profile、lnsprofile 和 lnhprofile 的详细信息。注意比较 3 个文件链接数的不同。
- 删除文件 profile,用长格形式显示文件 lnsprofile 和 lnhprofile 的详细信息,比较文件 lnhprofile 的链接数的变化。

- 用 less 命令查看文件 lnsprofile 的内容,看看有什么结果。
- 用 less 命令查看文件 lnhprofile 的内容,看看有什么结果。
- 删除文件 lnsprofile,显示当前目录下的文件列表,回到上层目录。
- 用 tar 命令把目录 test 打包。
- 用 gzip 命令把打好的包进行压缩。
- 把文件 test.tar.gz 改名为 backup.tar.gz。
- 显示当前目录下的文件和目录列表,确认重命名成功。
- 把文件 backup.tar.gz 移动到 test 目录下。
- 显示当前目录下的文件和目录列表,确认移动成功。
- 进入 test 目录,显示目录中的文件列表。
- 把文件 test.tar.gz 解包。
- 显示当前目录下的文件和目录列表,复制 test 目录为 testbak 目录作为备份。
- 查找 root 用户自己的主目录下的所有名为 newfile 的文件。
- 删除 test 子目录下的所有文件。
- 利用 rmdir 命令删除空子目录 test。
- 回到上层目录,利用 rm 命令删除目录 test 和其下所有文件。

（2）系统信息类命令

- 利用 date 命令显示系统当前时间,并修改系统的当前时间。
- 显示当前登录到系统的用户状态。
- 利用 free 命令显示内存的使用情况。
- 利用 df 命令显示系统的硬盘分区及使用状况。
- 显示当前目录下的各级子目录的硬盘占用情况。

（3）进程管理类命令

- 使用 ps 命令查看和控制进程。
  - ➢ 显示本用户的进程。
  - ➢ 显示所有用户的进程。
  - ➢ 在后台运行 cat 命令。
  - ➢ 查看进程 cat。
  - ➢ 杀死进程 cat。
  - ➢ 再次查看进程 cat,看看是否被杀死。
- 使用 top 命令查看和控制进程。
  - ➢ 用 top 命令动态显示当前的进程。
  - ➢ 只显示用户 user01 的进程（利用 U 键）。
  - ➢ 利用 K 键,杀死指定进程号的进程。
- 挂起和恢复进程。
  - ➢ 执行命令 cat。
  - ➢ 按 Ctrl＋Z 组合键,挂起进程 cat。
  - ➢ 输入 jobs 命令,查看作业。

> ➢ 输入 bg,把 cat 切换到后台执行。
> ➢ 输入 fg,把 cat 切换到前台执行。
> ➢ 按 Ctrl+C 组合键,结束进程 cat。

- find 命令的使用。
  > ➢ 在/var/lib 目录下查找所有文件中所有者是 games 用户的文件。
  > ➢ 在/var 目录下查找所有文件其所有者是 root 用户的文件。
  > ➢ 查找所有文件其所有者不是 root,bin 和 student 用户并用长格式显示。
  > ➢ 查找/usr/bin 目录下所有大小超过 100 万字节的文件并用长格式显示。
  > ➢ 查找/tmp 目录下属于 student 的所有普通文件,这些文件的修改时间为 120min
  >   以前,查询结果用长格式显示。
  > ➢ 对于查到的上述文件,用-ok 选项删除。

(4) rpm 软件包的管理

- 查询系统是否安装了软件包 squid。
- 如果没有安装,则挂载 Linux 安装光盘,安装 squid 软件包。
- 卸载刚刚安装的软件包。
- 软件包的升级。
- 软件包的更新。

(5) tar 命令的使用

系统上的主硬盘在使用的时候有可怕的噪声,但是它上面有有价值的数据。该系统在两年半以前备份过,现在你决定手动备份少数几个最紧要的文件。/tmp 目录可以存储不同磁盘分区的数据,可以将文件临时备份到这个目录。

- 在/home 目录里,用 find 命令定位文件所有者是 student 的文件,然后将其压缩。
- 保存/etc 目录下的文件到/tmp 目录下。
- 列出两个文件的大小。
- 使用 gzip 压缩文档。

5. 实训报告

根据相关要求完成实训报告。

第 3 章 Shell 与 Vim 编辑器

Shell 是允许用户输入命令的界面,Linux 中最常用的交互式 Shell 是 Bash。本章主要介绍 Shell 的功能和 Vim 编辑器的使用方法。

本章学习要点:
- 了解 Shell 的强大功能和 Shell 的命令解释过程。
- 学会使用重定向和管道。
- 掌握正则表达式的使用方法。
- 学会使用 Vim 编辑器。

3.1 Shell

Shell 就是用户与操作系统内核之间的接口,起着协调用户与系统的一致性和在用户与系统之间进行交互的作用。

3.1.1 Shell 的基本概念

1. Shell 的地位

Shell 在 Linux 系统中具有极其重要的地位,如图 3-1 所示。

2. Shell 的功能

Shell 最重要的功能是命令解释,从这个意义上来说,Shell 是一个命令解释器。Linux 系统中的所有可执行文件都可以作为 Shell 命令来执行。将可执行文件作一个分类,如表 3-1 所示。

当用户提交了一个命令后,Shell 首先判断它是否为内置命令,如果是,就通过 Shell 内部的解释器将其解释为系统功能调用并转交给内核执行;若是外部命令或实用程序,就试图在硬盘中查找该命令并将其调入内存,再将其解释为系统功能调用并转交给内核执行。在查找该命令时分为两种情况。

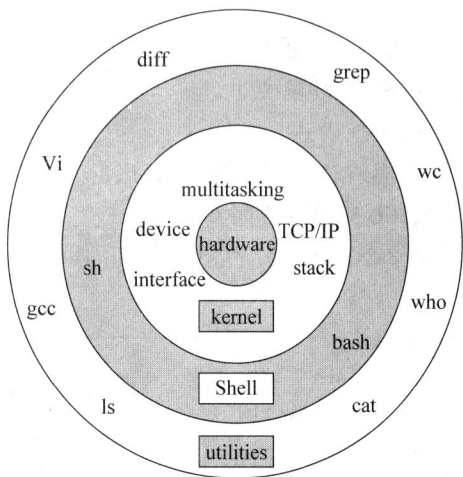

图 3-1 Linux 系统结构组成

表 3-1　可执行文件的分类

类　　别	说　　明
Linux 命令	存放在/bin、/sbin 目录下
内置命令	出于效率的考虑,将一些常用命令的解释程序构造在 Shell 内部
实用程序	存放在/usr/bin、/usr/sbin、/usr/local/bin 等目录下的实用程序
用户程序	用户程序经过编译生成可执行文件后,也可作为 Shell 命令运行
Shell 脚本	由 Shell 语言编写的批处理文件

（1）用户给出了命令路径,Shell 就沿着用户给出的路径查找,若找到则调入内存,若没有则输出提示信息。

（2）用户没有给出命令的路径,Shell 就在环境变量 PATH 所制定的路径中依次进行查找,若找到则调入内存,若没找到则输出提示信息。

图 3-2 描述了 Shell 是如何完成命令解释的。

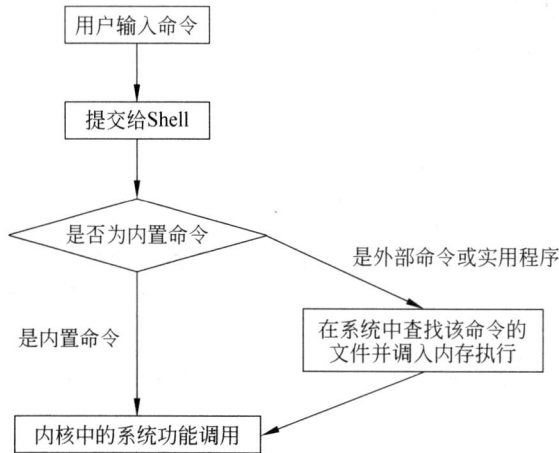

图 3-2　Shell 执行命令解释的过程

此外,Shell 还具有如下的一些功能。

- Shell 环境变量。
- 正则表达式。
- 输入/输出重定向与管道。

3. Shell 的主要版本

表 3-2 列出了几种常见的 Shell 版本。

表 3-2　Shell 的不同版本

版　　本	说　　明
Bourne Again Shell（bash. bsh 的扩展）	bash 是大多数 Linux 系统的默认 Shell。bash 与 bsh 完全向后兼容,并且在 bsh 的基础上增加和增强了很多特性。bash 也包含了很多 C Shell 和 Korn Shell 中的优点。bash 有很灵活和强大的编程接口,同时又有很好的用户界面

续表

版　　本	说　　明
Korn Shell(ksh)	Korn Shell(ksh)由 Dave Korn 所写。它是 UNIX 系统上的标准 Shell。另外,在 Linux 环境下有一个专门为 Linux 系统编写的 Korn Shell 的扩展版本,即 Public Domain. Korn Shell(pdksh)
tcsh(csh 的扩展)	tcsh 是 C Shell 的扩展。tcsh 与 csh 完全向后兼容,但它包含了更多的使用户感觉方便的新特性,其最大的提高是在命令行编辑和历史浏览方面

3.1.2　Shell 环境变量

Shell 支持具有字符串值的变量。Shell 变量不需要专门的说明语句,通过赋值语句完成变量说明并予以赋值。在命令行或 Shell 脚本文件中使用 $ name 的形式引用变量 name 的值。

1. 变量的定义和引用

在 Shell 中,变量的赋值格式如下:

```
name=string
```

其中,name 是变量名,它的值就是 string,“=”是赋值符号。变量名是以字母或下划线开头的字母、数字和下划线字符序列。

通过在变量名(name)前加 $ 字符(如 $ name)引用变量的值,引用的结果就是用字符串 string 代替 $ name。此过程也称为变量替换。

在定义变量时,若 string 中包含空格、制表符和换行符,则 string 必须用'string'或者"string" 的形式,即用单(双)引号将其括起来。双引号内允许变量替换,而单引号内则不可以。

下面给出一个定义和使用 Shell 变量的例子。

```
//显示字符常量
$echo who are you
who are you
$echo 'who are you'
who are you
$echo "who are you"
who are you
$
//由于要输出的字符串中没有特殊字符,所以' '和" "的效果是一样的
$echo Je t'aime
>
//由于要使用特殊字符('),由于'不匹配,Shell 认为命令行没有结束,按 Enter 键后会出现系统
   第二提示符,让用户继续输入命令行,按 Ctrl+C 组合键结束
$
//为了解决这个问题,可以使用下面的两种方法
$echo "Je t'aime"
Je t'aime
$echo Je t\'aime
Je t'aime
```

2. Shell 变量的作用域

与程序设计语言中的变量一样,Shell 变量有其规定的作用范围。Shell 变量分为局部变量和全局变量。

- 局部变量的作用范围仅仅限制在其命令行所在的 Shell 或 Shell 脚本文件中。
- 全局变量的作用范围则包括本 Shell 进程及其所有子进程。
- 可以使用 export 内置命令将局部变量设置为全局变量。

下面给出一个 Shell 变量作用域的例子。

```
//在当前 Shell 中定义变量 var1
$var1=Linux
//在当前 Shell 中定义变量 var2 并将其输出
$var2=unix
$export var2
//引用变量的值
$echo $var1
Linux
$echo $var2
unix
//显示当前 Shell 的 PID
$echo $$
2670
$
//调用子 Shell
$Bash
//显示当前 Shell 的 PID
$echo $$
2709
//由于 var1 没有被 export,所以在子 Shell 中已无值
$echo $var1
//由于 var2 被 export,所以在子 Shell 中仍有值
$echo $var2
unix
//返回主 Shell,并显示变量的值
$exit
$echo $$
2670
$echo $var1
Linux
$echo $var2
unix
$
```

3. 环境变量

环境变量是指由 Shell 定义和赋初值的 Shell 变量。Shell 用环境变量来确定查找路径、注册目录、终端类型、终端名称、用户名等。所有环境变量都是全局变量,并可以由用户重新设置。表 3-3 列出了一些系统中常用的环境变量。

表 3-3　Shell 中的环境变量

环境变量名	说　　明	环境变量名	说　　明
EDITOR、FCEDIT	Bash fc 命令的默认编辑器	PATH	Bash 寻找可执行文件的搜索路径
HISTFILE	用于储存历史命令的文件	PS1	命令行的一级提示符
HISTSIZE	历史命令列表的大小	PS2	命令行的二级提示符
HOME	当前用户的用户目录	PWD	当前工作目录
OLDPWD	前一个工作目录	SECONDS	当前 Shell 开始后所流逝的秒数

不同类型的 Shell 的环境变量有不同的设置方法。在 Bash 中,设置环境变量用 set 命令,命令的格式是:

```
set 环境变量=变量的值
```

例如,设置用户的主目录为/home/johe,可以用以下命令。

```
$ set HOME=/home/john
```

不加任何参数地直接使用 set 命令可以显示出用户当前所有环境变量的设置,如下所示。

```
$ set
BASH=/bin/Bash
BASH_ENV=/root/.bashrc
(略)
PATH=/usr/local/sbin:/usr/local/bin:/usr/sbin:/usr/bin:/sbin:/bin:/usr/bin/X11
PS1='[\u@\h \W]\$'
PS2='>'
SHELL=/bin/Bash
```

可以看到其中路径 PATH 的设置为:

```
PATH=/usr/local/sbin:/usr/local/bin:/usr/sbin:/usr/bin:/sbin:/bin:/usr/bin/X11
```

总共有 7 个目录,Bash 会在这些目录中依次搜索用户输入的命令的可执行文件。

在环境变量前面加上 $ 符号,表示引用环境变量的值,例如:

```
# cd $HOME
```

将把目录切换到用户的主目录。

当修改 PATH 变量时,如将一个路径/tmp 加到 PATH 变量前,应设置为:

```
# PATH=/tmp:$PATH
```

此时,在保存原有 PATH 路径的基础上进行了添加。Shell 在执行命令前,会先查找这个目录。

63

要将环境变量重新设置为系统默认值,可以使用 unset 命令。例如,下面的命令用于将当前的语言环境重新设置为默认的英文状态。

```
#unset LANG
```

4. 工作环境设置文件

Shell 环境依赖于多个文件的设置。用户并不需要每次登录后都对各种环境变量进行手工设置,通过环境设置文件,用户的工作环境的设置可以在登录的时候自动由系统来完成。环境设置文件有两种:一种是系统环境设置文件;另一种是个人环境设置文件。

(1) 在系统中的用户工作环境设置文件。
- 登录环境设置文件:/etc/profile。
- 非登录环境设置文件:/etc/bashrc。

(2) 在用户设置的环境设置文件。
- 登录环境设置文件:$HOME/. Bash_profile。
- 非登录环境设置文件:$HOME/. bashrc。

注意:只有在特定的情况下才读取 profile 文件,确切地说是在用户登录的时候。当运行 Shell 脚本以后,就无须再读 profile。

系统中的用户环境文件设置对所有用户均生效,而用户设置的环境设置文件对用户自身生效。用户可以修改自己的用户环境设置文件来覆盖在系统环境设置文件中的全局设置。例如:

(1) 用户可以将自定义的环境变量存放在 $HOME/. Bash_profile 中。

(2) 用户可以将自定义的别名存放在 $HOME/. bashrc 中,以便在每次登录和调用子Shell 时生效。

3.1.3 正则表达式

1. grep 命令

grep 命令用来在文本文件中查找内容,它的名字源于 global regular expression print。指定给 grep 的文本模式叫作"正则表达式"。它可以是普通的字母或者数字,也可以使用特殊字符来匹配不同的文本模式。稍后将更详细地讨论正则表达式。grep 命令打印出所有符合指定规则的文本行。例如:

```
$grep 'match_string' file
```

即从指定文件中找到含有字符串的行。

2. 正则表达式字符

Linux 定义了一个使用正则表达式的模式识别机制。Linux 系统库包含了对正则表达式的支持,鼓励程序中使用这个机制。

遗憾的是 Shell 的特殊字符辨认系统没有利用正则表达式,因为它们比 Shell 自己的缩写更加难用。Shell 的特殊字符和正则表达式是很相似的,但是为了正确地利用正则表达式,用户必须了解两者之间的区别。

注意：由于正则表达式使用了一些特殊字符，所以所有的正则表达式都必须用单引号括起来。

正则表达式字符可以包含某些特殊的模式匹配字符。句点匹配任意一个字符，相当于 Shell 的问号。紧接句号之后的星号匹配零个或多个任意字符，相当于 Shell 的星号。方括号的用法跟 Shell 的一样，只是用^代替了!，表示匹配不在指定列表内的字符。

表 3-4 列出了正则表达式模式匹配字符。

表 3-4　正则表达式模式匹配字符

字符表达式	作　用
.	匹配单个任意字符
[list]	匹配字符串列表中的其中一个字符
[range]	匹配指定范围中的一个字符
[^]	匹配指定字符串或指定范围中以外的一个字符

表 3-5 列出了与上面配合使用的量词。

表 3-5　量词

量　词	作　用	量　词	作　用
*	匹配前一个字符零次或多次	\{n,\}	匹配前一个字符至少 n 次
\{n\}	匹配前一个字符 n 次	\{n,m\}	匹配前一个字符 n 次至 m 次

表 3-6 列出了控制字符。

表 3-6　控制字符

控制字符	作　用	控制字符	作　用
^	只在行头匹配正则表达式	\	引用特殊字符
$	只在行末匹配正则表达式		

控制字符是用来标记行头或者行尾的，支持统计字符串的出现次数。

非特殊字符代表它们自己，如果要表示特殊字符需要在前面加上反斜杠。

例如：

```
help                    匹配包含 help 的行
\..$                    匹配倒数第二个字符是句点的行
^...$                   匹配只有 3 个字符的行
^[0-9]\{3\}[^0-9]       匹配以 3 个数字开头跟着是一个非数字字符的行
^\([A-Z][A-Z]\)*$       匹配只包含偶数个大写字母的行
```

3.1.4　输入/输出重定向与管道

1. 重定向

所谓重定向，就是不使用系统的标准输入端口、标准输出端口或标准错误端口而进行重新指定，所以重定向分为输入重定向、输出重定向和错误重定向。通常情况下重定向到一个文件。在 Shell 中，要实现重定向主要依靠重定向符实现，即 Shell 是检查命令行中有无重定向符来决定是否需要实施重定向。表 3-7 列出了常用的重定向符。

表 3-7　常用的重定向符

重定向符	说　　明
<	实现输入重定向。输入重定向并不经常使用,因为大多数命令都以参数的形式在命令行上指定输入文件的文件名。尽管如此,当使用一个不接受文件名为输入多数的命令,而需要的输入又是在一个已存在的文件中时,就能用输入重定向解决问题
>或>>	实现输出重定向。输出重定向比输入重定向更常用。输出重定向使用户能把一个命令的输出重定向到一个文件中,而不是显示在屏幕上。很多情况下都可以使用这种功能。例如,如果某个命令的输出很多,在屏幕上不能完全显示,即可把它重定向到一个文件中,稍后再用文本编辑器来打开这个文件
2>或 2>>	实现错误重定向
&>	同时实现输出重定向和错误重定向

需要注意的是,在实际执行命令之前,命令解释程序会自动打开(如果文件不存在则自动创建)且清空该文件(文中已存在的数据将被删除)。当命令完成时,命令解释程序会正确地关闭该文件,而命令在执行时并不知道它的输出流已被重定向。

下面举几个使用重定向的例子。

(1) 将 ls 命令生成的/tmp 目录的一个清单存到当前目录中的 dir 文件中。

```
$ls -l /tmp >dir
```

(2) 将 ls 命令生成的/etc 目录的一个清单以追加的方式存到当前目录中的 dir 文件中。

```
$ls -l /tmp >>dir
```

(3) passwd 文件的内容作为 wc 命令的输入。

```
$wc< /etc/passwd
```

(4) 将命令 myprogram 的错误信息保存在当前目录下的 err_file 文件中。

```
$myprogram 2>err_file
```

(5) 将命令 myprogram 的输出信息和错误信息保存在当前目录下的 output_file 文件中。

```
$myprogram &>output_file
```

(6) 将命令 ls 的错误信息保存在当前目录下的 err_file 文件中。

```
$ls -l 2>err_file
```

注意:该命令并没有产生错误信息,但 err_file 文件中的原文件内容会被清空。

当我们输入重定向符时,命令解释程序会检查目标文件是否存在。如果不存在,命令解释程序将会根据给定的文件名创建一个空文件；如果文件已经存在，命令解释程序则会清除其内容并准备写入命令的输出到结果。这种操作方式表明：当重定向到一个已存在的文件时需要十分小心，数据很容易在用户还没有意识到之前就丢失了。

Bash 输入/输出重定向可以通过使用下面选项设置为不覆盖已存在文件。

```
$ set -o noclobber
```

这个选项仅用于对当前命令解释程序输入/输出进行重定向，而其他程序仍可能覆盖已存在的文件。

(7) /dev/null。

空设备的一个典型用法是丢弃从 find 或 grep 等命令送来的错误信息。

```
$ grep delegate /etc/* 2>/dev/null
```

上面的 grep 命令的含义是从/etc 目录下的所有文件中搜索包含字符串 delegate 的所有的行。由于我们是在普通用户的权限下执行该命令，grep 命令是无法打开某些文件的，系统会显示一大堆"未得到允许"的错误提示。通过将错误重定向到空设备，可以在屏幕上只得到有用的输出。

2. 管道

许多 Linux 命令具有过滤特性，即一条命令通过标准输入端口接收一个文件中的数据，命令执行后产生的结果数据又通过标准输出端口送给后一条命令，作为该命令的输入数据。后一条命令也是通过标准输入端口接收输入数据。

Shell 提供管道命令"|"将这些命令前后衔接在一起，形成一个管道线。格式为：

```
命令 1|命令 2|...|命令 n
```

管道线中的每一条命令都作为一个单独的进程运行，每一条命令的输出作为下一条命令的输入。由于管道线中的命令总是从左到右顺序执行的，因此管道线是单向的。

管道线的实现创建了 Linux 系统管道文件并进行重定向，但是管道不同于 I/O 重定向，输入重定向导致一个程序的标准输入来自某个文件，输出重定向是将一个程序的标准输出写到一个文件中，而管道是直接将一个程序的标准输出与另一个程序的标准输入相连接，不需要经过任何中间文件。

例如：

```
$ who > tmpfile
```

运行命令 who 来找出谁已经登录进入系统。该命令的输出结果是每个用户对应一行数据，其中包含了一些有用的信息，我们将这些信息保存在临时文件中。

现在运行下面的命令。

```
$ wc -l < tmpfile
```

该命令会统计临时文件的行数，最后的结果是登录入系统中的用户的人数。

可以将以上两个命令组合起来。

```
$ who|wc -l
```

管道符号告诉命令解释程序将左边的命令(在本例中为 who)的标准输出流连接到右边的命令(在本例中为 wc -l)的标准输入流。现在命令 who 的输出不经过临时文件就可以直接送到命令 wc 中了。

下面再举几个使用管道的例子。

(1) 以长格式递归的方式分屏显示/etc 目录下的文件和目录列表。

```
$ ls -Rl /etc | more
```

(2) 分屏显示文本文件/etc/passwd 的内容。

```
$ cat /etc/passwd | more
```

(3) 统计文本文件/etc/passwd 的行数、字数和字符数。

```
$ cat /etc/passwd | wc
```

(4) 查看是否存在 john 用户账号。

```
$ cat /etc/passwd | grep john
```

(5) 查看系统是否安装了 apache 软件包。

```
$ rpm -qa | grep apache
```

(6) 显示文本文件中的若干行。

```
$ tail +15 myfile | head -3
```

管道仅能操纵命令的标准输出流。如果标准错误输出未重定向,那么任何写入其中的信息都会在终端显示屏幕上显示。管道可用来连接两个以上的命令。由于使用了一种被称为过滤器的服务程序,多级管道在 Linux 中是很普遍的。过滤器只是一段程序,它从自己的标准输入流读入数据,然后写到自己的标准输出流中,这样就能沿着管道过滤数据。例如:

```
$ who|grep ttyp| wc -l
```

who 命令的输出结果由 grep 命令来处理,而 grep 命令则过滤掉(丢弃掉)所有不包含字符串"ttyp"的行。这个输出结果经过管道送到命令 wc,而该命令的功能是统计剩余的行数,这些行数与网络用户的人数相对应。

Linux 系统的一个最大的优势就是按照这种方式将一些简单的命令连接起来,形成更复杂的、功能更强的命令。那些标准的服务程序仅仅是一些管道应用的单元模块,在管道中它们的作用更加明显。

3.1.5　Shell 脚本

Shell 是一种功能强大的编程语言,用户可以在文件中存放一系列的命令,这被称为 Shell 脚本或 Shell 程序,将命令、变量和流程控制有机地结合起来将会得到一个功能强大的编程工具。Shell 脚本语言非常擅长处理文本类型的数据,由于 Linux 系统中的所有配置文件都是纯文本的,所以 Shell 脚本语言在管理 Linux 系统中发挥了巨大作用。

1. 脚本的内容

Shell 脚本是以行为单位的,在执行脚本的时候会分解成一行一行并依次执行。脚本中所包含的成分主要有注释、命令、Shell 变量和流程控制语句。

(1) 注释。用于对脚本进行解释和说明,在注释行的前面要加上符号"♯",这样在执行脚本的时候 Shell 就不会对该行进行解释。

(2) 命令。在 Shell 脚本中可以出现在交互方式下可以使用的任何命令。

(3) Shell 变量。Shell 支持具有字符串值的变量。Shell 变量不需要专门的说明语句,通过赋值语句完成变量说明并予以赋值。在命令行或 Shell 脚本文件中使用 $name 的形式引用变量 name 的值。

(4) 流程控制。主要为一些用于流程控制的内部命令。

表 3-8 列出了 Shell 中用于流程控制的内置命令。

表 3-8　Shell 中用于流程控制的内置命令

命　　令	说　　明
text expr 或[expr]	用于测试一个表达式 expr(如真、假)
if expr then command-table fi	用于实现单分支结构
if expr then command-table else command-talbe fi	用于实现双分支结构
case…case	用于实现多分支结构
for…do…done	用于实现 for 型循环
while…do…done	用于实现当型循环
until…do…done	用于实现直到型循环
break	用于跳出循环结构
continue	用于重新开始下一轮循环

2. 脚本的建立与执行

用户可以使用任何文本编辑器编辑 Shell 脚本文件,如 Vi、gedit 等。

Shell 对 Shell 脚本文件的调用可以采用 3 种方法。

(1) 将文件名作为 Shell 命令的参数,其调用格式为:

```
$ Bash script_file
```

当被执行脚本文件没有可执行权限时,只能使用这种调用方式。

(2) 先将脚本文件的访问权限改为可执行,以便该文件可以作为执行文件调用。具体方法是:

```
$ chmod +x script_file
$ PATH=$PATH:$PWD
$ script_file
```

（3）当执行一个脚本文件时，Shell 就产生一个子 Shell（即一个子进程）去执行文件中的命令。因此，脚本文件中的变量值不能传递给当前 Shell（即父进程）。为了使脚本文件中的变量值传递给当前 Shell，必须在命令文件名前面加"."命令。即：

```
$ ./script_file
```

"."命令的功能是在当前 Shell 中执行脚本文件中的命令，而不是产生一个子 Shell 来执行命令文件中的命令。

3. 编写第一个 Shell Script 程序

```
[root@Server ~]#mkdir scripts; cd scripts
[root@www scripts]#vim sh01.sh
#!/bin/bash
#Program:
#This program shows "Hello World!" in your screen.
#History:
#2012/08/23    Bobby    First release
PATH=/bin:/sbin:/usr/bin:/usr/sbin:/usr/local/bin:/usr/local/sbin:~/bin
export PATH
echo -e "Hello World! \a \n"
exit 0
```

在这个小题目中，请将所有撰写的 Script 放置到 home 目录的 ~/scripts 子目录内，以利于管理。下面分析一下上面的程序。

（1）第一行 #!/bin/bash 在宣告这个 Script 使用的 Shell 名称。

因为我们使用的是 bash，所以必须要以"#!/bin/bash"来宣告这个文件内的语法使用 bash 的语法。那么当这个程序被运行时，就能够加载 bash 的相关环境配置文件（一般来说就是非登录 Shell 的 ~/.bashrc），并且运行 bash 来使下面的命令能够运行。这很重要。在很多情况，如果没有设置好这一行，那么该程序很可能会无法运行，因为系统可能无法判断该程序需要使用什么 Shell 来运行。

（2）程序内容的说明。

整个 Script 当中，除了第一行的"#!"是用来声明 Shell 的之外，其他的 # 都是做"注释"用途。所以上面的程序当中，第二行以下就是用来说明整个程序的基本数据。

建议：一定要养成说明该 Script 的内容与功能、版本信息、作者与联络方式、建立日期、历史记录等。这将有助于未来程序的改写与调试。

（3）主要环境变量的声明。

建议务必要将一些重要的环境变量设置好，PATH 与 LANG（如果使用与输出相关的信息时）是当中最重要的。如此一来，则可让这个程序在运行时可以直接执行一些外部命令，而不必写绝对路径。

（4）主要程序部分。

在这个例子当中，主要程序就是 echo 那一行。

（5）运行成果（定义回传值）。

一个命令的运行成功与否，可以使用＄?这个变量来查看。也可以利用 exit 这个命令来让程序中断，并且回传一个数值给系统。在这个例子当中，使用 exit 0，这代表离开 Script 并且回传一个 0 给系统，所以当运行完这个 Script 后，若接着执行 echo ＄?命令则可得到 0 的值。读者应该也知道了，利用这个 exit n（n 是数字）的功能，还可以自定义错误信息，让这个程序变得更加智能。

该程序的运行结果如下：

```
[root@Server scripts]#sh sh01.sh
Hello World!
```

而且应该还会听到"咚"的一声，为什么呢？这是 echo 加上-e 选项的原因。

另外，也可以利用"**chmod a＋x sh01.sh；./sh01.sh**"命令来运行这个 Script。

3.2　Vim 编辑器

Vi 是 Visual interface 的简称，Vim 在 Vi 的基础上改进和增加了很多特性，它是纯粹的自由软件。它可以执行输出、删除、查找、替换、块操作等众多文本操作，而且用户可以根据自己的需要对其进行定制，这是其他编辑程序所不具备的。Vim 不是一个排版程序，它不像 Word 或 WPS 那样可以对字体、格式、段落等其他属性进行编排，它只是一个文本编辑程序。Vim 是全屏幕文本编辑器，它没有菜单，只有命令。

3.2.1　Vim 的启动与退出

在系统提示符后输入 Vim 和想要编辑（或建立）的文件名，便可进入 Vim，例如：

```
$vim myfile
$vim
```

如果只输入 Vim，而不带文件名，也可以进入 Vim，如图 3-3 所示。

在命令模式下输入:q、:q!、:wq 或:x(注意:号)，就会退出 Vim。其中，:wq 和:x 是存盘退出，而:q 是直接退出。如果文件已有新的变化，Vim 会提示保存文件，:q 命令也会失效，这时可以用:w 命令保存文件后再:q 命令退出，或用:wq、:x 命令退出，如果不想保存改变后的文件，就需要用:q!命令，这个命令将不保存文件而直接退出 Vim。例如：

```
:w                     //保存
:w filename            //另存文件名为 filename
:wq!                   //保存退出
:wq! filename          //以 filename 为文件名保存后退出
:q!                    //不保存退出
:x                     //保存并退出,功能和:wq!相同
```

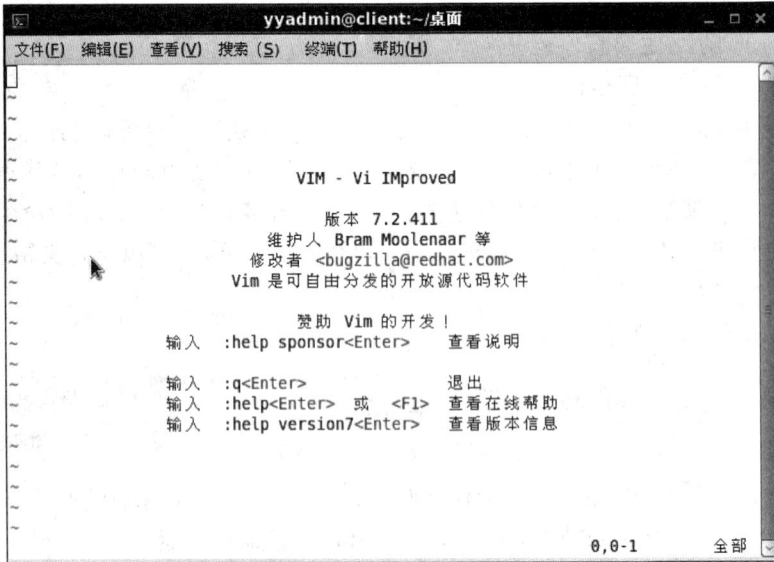

图 3-3　Vim 编辑环境

3.2.2　Vim 的工作模式

Vim 有 3 种基本工作模式：编辑模式、插入模式和命令模式。考虑到各种用户的需要，采用状态切换的方法实现工作模式的转换。切换只是习惯性的问题，一旦能够熟练使用 Vim，就会觉得它其实也很好用。

进入 Vim 之后，首先进入的是编辑模式。进入编辑模式后 Vim 等待编辑命令输入而不是文本输入，也就是说这时输入的字母都将作为编辑命令来解释。

进入编辑模式后光标停在屏幕第一行首位，用"_"表示，其余各行的行首均有一个"～"符号，表示该行为空行。最后一行是状态行，显示出当前正在编辑的文件名及其状态。如果是[New File]，则表示该文件是一个新建的文件；如果输入 Vim 带文件名后，文件已在系统中存在，则在屏幕上显示出该文件的内容，并且光标停在第一行的首位，在状态行显示出该文件的文件名、行数和字符数。

在编辑模式下，用户按"："键即可进入命令模式，此时 Vim 会在显示窗口的最后一行（通常也是屏幕的最后一行）显示一个"："作为命令模式的提示符，等待用户输入命令。多数文件管理命令都是在此模式下执行的。末行命令执行完后，Vim 自动回到编辑模式。

若在命令模式下输入命令过程中改变了主意，可用退格健将输入的命令全部删除之后，再按一下退格键，即可使 Vim 回到编辑模式。

3.2.3　Vim 命令

在编辑模式下，输入如表 3-9 所示的命令，均可进入插入模式。

表 3-9　进入插入模式的说明

类　　型	命　令	说　　　　　明
进入及插入模式	i	从光标所在位置前开始插入文本
	I	将光标移到当前行的行首,然后在前面插入文本
	a	用于在光标当前所在位置之后追加新文本
	A	将光标移到所在行的行尾并开始插入新文本
	o	在光标所在行的下面新加一行,并将光标置于该行行首,等待输入
	O	在光标所在行的上面插入一行,并将光标置于该行行首,等待输入

表 3-10 列出了常用的命令模式。

表 3-10　常用的命令模式说明

类　　型	命　令	说　　　　　明
跳行	:n	直接输入要移动到的行号,即可实现跳行
退出	:q	退出 Vim
	:wq	保存内容并退出 Vim
	:q!	不保存并退出 Vim
文件相关	:w	在光标所在行的下面新插入一行,并将光标置于该行行首,等待输入
	:w file	在光标所在行的上面插入一行,并将光标置于该行行首,等待输入
	:n1,n2w file	将从 n1 开始到 n2 结束的行写到 file 文件中
	:nw file	将第 n 行写到 file 文件中
	:1,. w file	将从第 1 行起到光标当前位置的所有内容写到 file 文件中
	:.,$ w file	将从光标当前位置起到文件结尾的所有内容写到 file 文件中
	:r file	打开另一个文件 file
	:e file	新建 file 文件
	:f file	把当前文件改名为 file 文件
搜索、替换和删除字符串	:/str/	从当前光标开始往右移动到有 str 的地方
	:?str?	从当前光标开始往左移动到有 str 的地方
	:/str/w file	将包含有 str 的行写到 file 文件中
	:/str1/,/str2/w file	将从 str1 开始到 str2 结束的内容写入 file
	:s/str1/str2/	将第 1 个 str1 替换为 str2
	:s/str1/str2/g	将所有的 str1 替换为 str2
文本的复制、删除和移动	:n1,n2 co n3	将从 n1 开始到 n2 为止的所有内容复制到 n3 后面
	:n1,n2 m n3	将从 n1 开始到 n2 为止的所有内容移动到 n3 后面
	:d	删除当前行
	:nd	删除从当前行开始的 n 行
	:n1,n2 d	删除从 n1 开始到 n2 为止的所有内容
	:.,$ d	删除从当前行到结尾的所有内容
	:/str1/,/str2/d	删除从 str1 开始到 str2 为止的所有内容

续表

类　　型	命　　令	说　　明
执 行 Shell 命令	:!Cmd	运行 Shell 命令 Cmd
	:n1,n2 w !Cmd	将 n1 到 n2 行的内容作为 Cmd 命令的输入。如果不指定 n1 和 n2,则将整个文件的内容作为 Cmd 命令的输入
	:r !Cmd	将命令运行的结果写入当前行所在位置

这些命令看似复杂,其实使用时非常简单。例如删除也带有剪切的意思,当我们删除文字时,可以把光标移动到某处,然后按 Shift+P 组合键就把内容粘贴在原处。再移动光标到某处,然后按 P 键或 Shift+P 组合键又能粘贴上。

P:在光标之后粘贴。

Shift+P:在光标之前粘贴。

当进行查找和替换时,要按 Esc 键,进入命令模式;输入/或?命令可以进行查找。比如在一个文件中查找 swap 单词,首先按 Esc 键,进入命令模式,然后输入:

```
/swap
```

或

```
?swap
```

若把光标所在的行的所有单词 the 替换成 THE,则需用如下命令。

```
:s /the/THE/g
```

以下命令仅仅是把第 1 行到第 10 行中的 the 替换成 THE。

```
:1,10 s /the/THE/g
```

这些编辑指令非常有弹性,基本上可以说是由指令与范围所构成的。而且需要注意的是,以上采用 PC 键盘来说明 Vim 的操作,但在具体的环境中还要参考相应的资料。

3.3　练习题

(1) Vim 的 3 种运行模式是什么? 如何切换?

(2) 什么是重定向? 什么是管道? 什么是命令替换?

(3) Shell 变量有哪两种? 分别如何定义?

(4) 如何建立和执行 Shell 脚本文件? 如何使一个 Shell 脚本在当前 Shell 中运行?

(5) 如何设置用户自己的工作环境?

(6) 关于正则表达式的练习,首先要设置好环境,输入以下命令。

```
$cd
$cd /etc
$ls -a >~/data
$cd
```

这样,/etc 目录下的所有文件的列表就会保存在主目录下的 data 文件中。

写出可以在 data 文件中查找所有行的正则表达式。

① 以 P 开头。

② 以 y 结尾。

③ 以 m 开头、以 d 结尾。

④ 以 e、g 或 l 开头。

⑤ 包含 o,它后面跟着 u。

⑥ 包含 o,隔一个字母之后是 u。

⑦ 以小写字母开头。

⑧ 包含一个数字。

⑨ 以 s 开头,包含一个 n。

⑩ 只含有 4 个字母。

⑪ 只含有 4 个字母,但不包含 f。

3.4　项目实录

项目实录一:Shell 编程

1. 录像位置

随书光盘。

2. 项目实训目的

* 掌握 Shell 环境变量、管道、输入/输出重定向的使用方法。

* 熟悉 Shell 的程序设计。

3. 项目背景

某单位的系统管理员计划用 Shell 编写一个程序,实现 USB 设备的自动挂载。程序的功能如下:

* 运算程序时,提示用户输入 y 或 n,确定是不是挂载 USB 设备。

* 如果用户输入 y,则挂载这个 USB 设备。

* 提示用户输入 y 或 n,确定是不是复制文本。

* 如果用户输入 y,则显示文件列表,然后提示用户是否复制文件。

* 程序根据用户输入的文件名复制相应的文件,然后提示是否将计算机中的文件复制到 USB 中。

* 完成文件的复制以后,提示用户是否卸载 USB 设备。

4．项目实训内容

练习 Shell 程序设计方法及 Shell 环境变量、管道、输入/输出重定向的使用方法。

5．做一做

根据项目实录录像进行项目的实训,检查学习效果。

项目实录二:应用 Vim 编辑器

1．录像位置

随书光盘。

2．项目实训目的

- 掌握 Vim 编辑器的启动与退出方法。
- 掌握 Vim 编辑器的三种模式及使用方法。
- 熟悉 C/C++ 编译器 gcc 的使用方法。

3．项目背景

在 Linux 操作系统中设计一个 C 语言程序,当程序运行时显示如图 3-4 所示的运行效果。

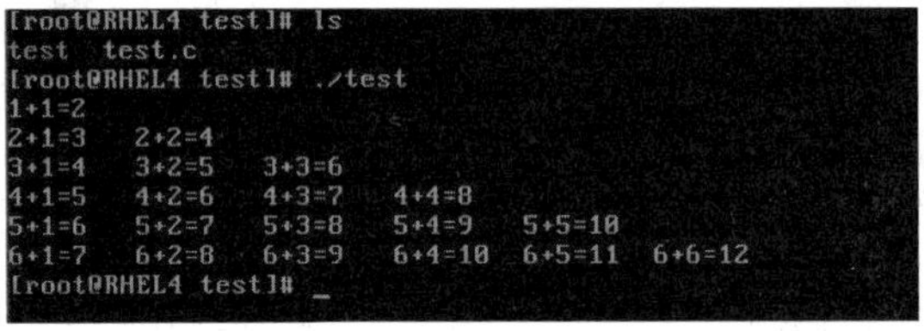

图 3-4　程序运行结果

4．项目实训内容

练习 Vim 编辑器的启动与退出;练习 Vim 编辑器的使用方法;练习 C/C++ 编译器 gcc 的使用方法。

5．做一做

根据项目实录录像进行项目的实训,检查学习效果。

实训一　Shell 的使用训练

1．实训目的

熟悉 Shell 的各项功能。

2．实训内容

练习使用 Shell 的各项功能。

3．实训练习

(1) 命令补齐功能

- 用 date 命令查看系统的当前时间,在输入 da 后,按 Tab 键,让 Shell 自动补齐命令的后半部分。

- 用 mkdir 命令创建新的目录。首先输入第一个字母 m,然后按 Tab 键,由于以 m 开头的命令太多,Shell 会提示是否显示全部的可能命令,输入 n。
- 再多输入一个字母 k,按 Tab 键,让 Shell 列出以 mk 开头的所有命令的列表。
- 在列表中查找 mkdir 命令,看看还需要多输入几个字母才能确定 mkdir 命令,然后输入需要的字母,再按 Tab 键,让 Shell 补齐剩下的命令。
- 最后输入要创建的目录名,按 Enter 键执行命令。
- 多试几个命令并利用 Tab 键补齐。

(2) 命令别名功能

- 输入 alias 命令,显示目前已经设置好的命令的别名。
- 设置别名 ls 为 ls -l,以长格形式显示文件列表。
- 显示别名 ls 代表的命令,确认设置生效。
- 使用别名 ls 显示当前目录中的文件列表。
- 在使定义的别名不失效的情况下,使用系统的 ls 命令显示当前目录中的命令列表。
- 删除别名。
- 显示别名 ls,确认删除别名已经生效。
- 用命令 ls 显示当前目录中的文件列表。

(3) 输出重定向

- 用 ls 命令显示当前目录中的文件列表。
- 使用输出重定向,把 ls 命令在终端上显示的当前目录中的文件列表重定向到 list 文件中。
- 查看 list 文件中的内容,注意在列表中会多出一个文件 list,其长度为 0。这说明 Shell 首先创建了一个空文件,然后再运行 ls 命令。
- 再次使用输出重定向,把 ls 命令在终端上显示的当前目录中的文件列表重定向到 list 文件中。这次使用管道符号>>进行重定向。
- 查看 list 文件的内容,可以看到用>>进行重定向是把新的输出内容附加在文件的末尾。注意文件大小的区别。

(4) 输入重定向

- 使用输入重定向,把上面生成的 list 文件用 mail 命令发送给自己。
- 查看新邮件,看看收到的新邮件中的内容是否为 list 文件中的内容。

(5) 管道

- 利用管道和 grep 命令,在上面建立的 list 文件中查找字符串 list。
- 利用管道和 wc 命令,计算 list 文件中的行数、单词数和字符数。

(6) 查看和修改 Shell 变量

- 用 echo 命令查看环境变量 PATH 的值。
- 设置环境变量 PATH 的值,把当前目录加入到命令搜索路径中去。
- 用 echo 命令查看环境变量 PATH 的值。
- 比较前后两次的变化。

4. 实训报告

按要求完成实训报告。

实训二　Vim 编辑器的使用训练

1. 实训目的

通过练习两个 C 程序,学习 Vim 的启动、存盘、文本输入、现有文件的打开、光标移动、复制/剪贴、查找/替换等命令。

2. 实训内容

熟练掌握 Vim 编辑器的使用方法。

3. 实训练习

(1) 在 Vim 中编写一个 abc.c 程序,对程序进行编译、连接、运行。具体如下:

```
[student@enjoy student]$cd abc
[student@enjoy abc]$vi abc.c
main()
  {
    int i,sum=0;
    for(i=0;i< =100;i++)
    {
      sum=sum+i;
    }
    printf("\n1+2+3+…+99+100=%d\n",sum);
  }
[student@enjoy abc]$gcc -o abc abc.c
[student@enjoy abc]$ls
    abc abc.c
[student@enjoy abc]$./abc
    1+2+3+…+99+100=5050
[student@enjoy abc]$
[student@enjoy abc]$
```

在如上内容的基础上总结 Vim 的启动、存盘、文本输入、现有文件的打开、光标移动、复制/剪贴、查找/替换等命令的用法。

(2) 编写一个程序来解决"鸡兔同笼"问题。

参考程序:

```
#include< stdio.h>
main()
{
    int h,f;
    int x,y;
    printf("请输入头数和脚数:");
    scanf("%d,%d",&h,&f);
```

```
    x=(4 * h-f)/2;
    y=(f-2 * h)/2;

    printf("鸡=%d 兔子=%d",x,y);
}
```

运行结果：

```
请输入头数和脚数:18,48
鸡=12 兔子=6
```

注意：

$$鸡 + 兔子 = 头$$
$$2\,鸡 + 4\,兔子 = 脚$$
$$x + y = h$$
$$2x + 4y = f$$

4. 实训思考题

(1) 输出重定向>和>>的区别是什么？

(2) 什么是 Shell？Shell 分为哪些种类？

(3) 某用户登录 Linux 系统后得到的 Shell 命令提示符为［root@long ～］♯，请根据此提示符给出登录的用户名、主机名、当前目录分别是什么。

5. 实训报告

按要求完成实训报告。

第4章 用户和组的管理

Linux 是多用户多任务的网络操作系统,作为网络管理员,掌握用户和组的创建与管理至关重要。本章将主要介绍利用命令行和图形工具对用户和组群进行创建与管理等内容。

本章学习要点:

- 了解用户和组群配置文件。
- 熟练掌握 Linux 下用户的创建与维护管理。
- 熟练掌握 Linux 下组群的创建与维护管理。
- 熟悉用户账户管理器的使用方法。

4.1 概述

Linux 系统下的用户账户分为两种:普通用户账户和超级用户账户(root)。普通用户账户在系统中只能进行普通工作,只能访问他们拥有的或者有权限执行的文件。超级用户账户也叫管理员账户,它的任务是对普通用户和整个系统进行管理。超级用户账户对系统具有绝对的控制权,能够对系统进行一切操作,如操作不当很容易对系统造成损坏。因此即使系统只有一个用户使用,也应该在超级用户账户之外再建立一个普通用户账户,在用户进行普通工作时应以普通用户账户登录系统。

在 Linux 系统中为了方便管理员的管理和用户工作的方便,产生了组群的概念。组群是具有相同特性的用户的逻辑集合,使用组群有利于系统管理员按照用户的特性组织和管理用户,提高工作效率。有了组群,在做资源授权时可以把权限赋予某个组群,组群中的成员即可自动获得这种权限。一个用户账户可以同时是多个组群的成员,其中某个组群是该用户的主组群(私有组群),其他组群为该用户的附属组群(标准组群)。表 4-1 列出了与用户和组群相关的一些基本概念。

表 4-1 用户和组群的基本概念

概　　　念	描　　　述
用户名	用来标识用户的名称,可以是字母、数字组成的字符串,区分大小写
密码	用于验证用户身份的特殊验证码
用户标识(UID)	用来表示用户的数字标识符

续表

概　念	描　述
用户主目录	用户的私人目录,也是用户登录系统后默认所在的目录
登录 Shell	用户登录后默认使用的 Shell 程序,默认为/bin/bash
组群	具有相同属性的用户属于同一个组群
组群标识(GID)	用来表示组群的数字标识符

root 用户的 UID 为 0,普通用户的 UID 可以在创建时由管理员指定,如果不指定,用户的 UID 默认从 500 开始顺序编号。在 Linux 系统中,创建用户账户的同时也会创建一个与用户同名的组群,该组群是用户的主组群。普通组群的 GID 默认也从 500 开始编号。

4.2　用户和组群文件

用户账户信息和组群信息分别存储在用户账户文件和组群文件中。

4.2.1　用户账户文件

1. /etc/passwd 文件

在 Linux 系统中,所创建的用户账户及其相关信息(密码除外)均放在/etc/passwd 配置文件中。用 Vi 编辑器打开 passwd 文件,内容格式如下:

```
root:x:0:0:root:/root:/bin/bash
bin:x:1:1:bin:/bin:/sbin/nologin
daemon:x:2:2:daemon:/sbin:/sbin/nologin
mlx:x:500:500:lixinma:/home/mlx:/bin/bash
```

文件中的每一行代表一个用户账户的资料,可以看到第一个用户是 root。然后是一些标准账户,此类账户的 Shell 为/sbin/nologin,代表无本地登录权限。最后一行是由系统管理员创建的普通账户 mlx。

passwd 文件的每一行用“:”分隔为 7 个域。每一行各域的内容如下:

用户名:加密口令:UID:GID:用户描述信息:主目录:命令解释器(登录 Shell)

passwd 文件中各字段的含义如表 4-2 所示,其中少数字段的内容是可以为空的,但仍需使用“:”进行占位来表示该字段。

表 4-2　passwd 文件字段说明

字　段	说　明
用户名	用户账号名称,用户登录时所使用的用户名
加密口令	用户口令,出于安全性考虑,现在已经不使用该字段保存口令,而用字母 x 来填充该字段,真正的密码保存在 shadow 文件中

字　　段	说　　明
UID	用户号,唯一表示某用户的数字标识
GID	用户所属的私有组号,该数字对应 group 文件中的 GID
用户描述信息	可选的关于用户全名、用户电话等描述性信息
主目录	用户的宿主目录,用户成功登录后的默认目录
命令解释器	用户所使用的 Shell,默认为"/bin/bash"

2. /etc/shadow 文件

由于所有用户对/etc/passwd 文件均有读取权限,为了增强系统的安全性,用户经过加密之后的口令都存放在/etc/shadow 文件中。/etc/shadow 文件只对 root 用户可读,因而大大提高了系统的安全性。shadow 文件的内容形式如下:

```
root:$6$saRLxHnNPa1kx7GB$PXiErarUI1NOvEEYVxZpAy8dOjkbnmlRr.bc/8ZHLhE/
X5mL9H7Ay77ZfVuaz3ccGjIcCrjo935bQDoieKNv10:16044:0:99999:7:::
bin:*:15615:0:99999:7:::
yyadmin:$6$zT/BXxIAT6mi/OLk$YGHkMWJAUGWCz9ZTH0RK1q5UvW0WXw783kAIgvRs21l7VJZT
nInlTKy4jTP5YqSe1uQjCnBXKxX67c7iDotAT0:16044:0:99999:7:::
```

shadow 文件保存投影加密之后的口令以及与口令相关的一系列信息,每个用户的信息在 shadow 文件中占用一行,并且用":"分隔为 9 个域,各域的含义如表 4-3 所示。

表 4-3　shadow 文件字段说明

字　　段	说　　明
1	用户登录名
2	加密后的用户口令
3	从 1970 年 1 月 1 日起,到用户最近一次口令被修改的天数
4	从 1970 年 1 月 1 日起,到用户可以更改密码的天数,即最短口令存活期
5	从 1970 年 1 月 1 日起,到用户必须更改密码的天数,即最长口令存活期
6	口令过期前几天提醒用户更改口令
7	口令过期后几天账户被禁用
8	口令被禁用的具体日期(相对日期,从 1970 年 1 月 1 日至禁用时的天数)
9	保留域,用于功能扩展

3. /etc/login. defs 文件

建立用户账户时会根据/etc/login. defs 文件的配置设置用户账户的某些选项。该配置文件的有效设置内容及中文注释如下所示。

```
//用户邮箱目录
MAIL_DIR                 /var/spool/mail
MAIL_FILE                .mail
//账户密码最长有效天数
PASS_MAX_DAYS            99999
```

```
//账户密码最短有效天数
PASS_MIN_DAYS          0
//账户密码的最小长度
PASS_MIN_LEN           5
//账户密码过期前提前警告的天数
PASS_WARN_AGE          7
//用 useradd 命令创建账户时自动产生的最小 UID 值
UID_MIN                500
//用 useradd 命令创建账户时自动产生的最大 UID 值
UID_MAX                60000
//用 groupadd 命令创建组群时自动产生的最小 GID 值
GID_MIN                500
//用 groupadd 命令创建组群时自动产生的最大 GID 值
GID_MAX                60000
//如果已定义,将在删除用户时执行,以删除相应用户的计划作业和打印作业等
USERDEL_CMD  /usr/sbin/userdel_local
//创建用户账户时是否为用户创建主目录
CREATE_HOME  yes
```

4.2.2　组群文件

组群账户的信息存放在/etc/group 文件中,而关于组群管理的信息(组群口令、组群管理员等)则存放在/etc/gshadow 文件中。

1. /etc/group 文件

group 文件位于"/etc"目录,用于存放用户的组账户信息,该文件的内容任何用户都可以读取。每个组群账户在 group 文件中占用一行,并且用":"分隔为 4 个域。每一行各域的内容如下:

组群名称:组群口令(一般为空):GID:组群成员列表

group 文件的内容形式如下:

```
root:x:0:root
bin:x:1:root,bin,daemon
daemon:x:2:root,bin,daemon
mlx:x:500:
```

group 文件的组群成员列表中如果有多个用户账户属于同一个组群,则各成员之间以","分隔。在/etc/group 文件中,用户的主组群并不把该用户作为成员列出,只有用户的附属组群才会把该用户作为成员列出。例如用户 mlx 的主组群是 mlx,但/etc/group 文件中组群 mlx 的成员列表中并没有用户 mlx。

2. /etc/gshadow 文件

/etc/gshadow 文件用于存放组群的加密口令、组管理员等信息,该文件只有 root 用户可以读取。每个组群账户在 gshadow 文件中占用一行,并以":"分隔为 4 个域。每一行中各域的内容如下:

> 组群名称:加密后的组群口令:组群的管理员:组群成员列表

gshadow 文件的内容形式如下:

```
root:::root
bin:::root,bin,daemon
daemon:::root,bin,daemon
yyadmin:!!::
```

4.3 用户账户管理

用户账户管理包括新建用户、设置用户账户口令和用户账户维护等内容。

4.3.1 用户切换

在某些情况下,已经登录的用户需要改变身份,即进行用户切换,以执行当前用户权限之外的操作。这时可以用下述方法实现。

(1) 注销并重新进入系统。在 GNOME 桌面环境中单击左上角的"系统"按钮,执行"注销"命令,如图 4-1 所示。这时屏幕上会出现"确认"对话框,单击"注销"按钮后出现新的登录界面,输入新的用户账号及密码,即可重新进入系统。

图 4-1　GNOME 桌面环境

(2) 运行 su 命令进行用户切换。Linux 操作系统提供了虚拟控制台功能,即在同一物理控制台实现多用户同时登录和同时使用该系统。使用者可以充分利用这种功能进行用户切换。su 命令可以使用户方便地进行切换,不需要用户进行注销操作就可以完成用户切换。要升级为超级用户(root),只需在提示符 $ 下输入 su,按屏幕提示输入超级用户(root)的密码,即可切换成超级用户。依次单击左上角的"桌面"→"应用程序"→"附件"→"终端"

命令,进入终端控制台,然后在终端控制台输入以下命令。

```
[root@RHEL 6 ~]#whoami
root
[root@RHEL 6 ~]#su user1        //root 用户转换为任何用户都不需要口令
[user1@RHEL 6 root]$whoami
User1
[user1@RHEL 6 root]$su root  //普通用户转换为任何用户都需要提供口令
Password:
[user1@RHEL 6 root]$exit       //使用 exit 命令可退回到上一次使用 su 命令时的用户
exit
[root@RHEL 6 ~]#whoami
root
```

su 命令不指定用户名时将从当前用户转换为 root 用户,但需要输入 root 用户的口令。

4.3.2　新建用户

在系统新建用户可以使用 useradd 或者 adduser 命令。useradd 命令的格式为:

```
useradd [选项] <username>
```

useradd 命令有很多选项,如表 4-4 所示。

表 4-4　useradd 命令选项

选　　项	说　　明
-c comment	用户的注释性信息
-d home_dir	指定用户的主目录
-e expire_date	禁用账号的日期,格式为:YYYY-MM-DD
-f inactive_days	设置账户过期多少天后,用户账户被禁用。如果为 0,账户过期将立即被禁用。如果为 −1,账户过期后,将不被禁用
-g initial_group	用户所属主组群的组群名称或者 GID
-G group-list	用户所属的附属组群列表,多个组群之间用逗号分隔
-m	若用户主目录不存在则创建它
-M	不要创建用户主目录
-n	不要为用户创建用户私人组群
-p passwd	加密的口令
-r	创建 UID 小于 500 的不带主目录的系统账号
-s shell	指定用户的登录 Shell,默认为/bin/bash
-u UID	指定用户的 UID,它必须是唯一的,且大于 499

【例 4-1】　新建用户 user1,UID 为 510,指定其所属的私有组为 mlx(mlx 组的标识符为 500),用户的主目录为/home/user1,用户的 Shell 为/bin/bash,用户的密码为 123456,账户永不过期。

85

```
[root@Server ~]#useradd -u 510 -g 500 -d /home/user1 -s /bin/bash -p 123456 -f -1 user1
[root@Server ~]#tail -1 /etc/passwd
user1:x:510:500::/home/user1:/bin/bash
```

如果新建用户已经存在,那么在执行 useradd 命令时,系统会提示该用户已经存在:

```
[root@Server ~]#useradd user1
useradd: user user1 exists
```

4.3.3 设置用户账户口令

1. passwd 命令

指定和修改用户账户口令的命令是 passwd。超级用户可以为自己和其他用户设置口令,而普通用户只能为自己设置口令。passwd 命令的格式:

```
passwd [选项] [username]
```

passwd 命令的常用选项如表 4-5 所示。

表 4-5 passwd 命令的常用选项

选 项	说 明
-l	锁定(停用)用户账户
-u	口令解锁
-d	将用户口令设置为空,这与未设置口令的账户不同。未设置口令的账户无法登录系统,而口令为空的账户可以登录
-f	强迫用户下次登录时必须修改口令
-n	指定口令的最短存活期
-x	指定口令的最长存活期
-w	口令要到期前提前警告的天数
-i	口令过期后多少天停用账户
-S	显示账户口令的简短状态信息

【例 4-2】 假设当前用户为 root,则下面的两个命令分别为:root 用户修改自己的口令和 root 用户修改 user1 用户的口令。

```
//root 用户修改自己的口令,直接用 passwd 命令并按 Enter 键即可
[root@Server ~]#passwd
Changing password for user root
New UNIX password:
Retype new UNIX password:
passwd: all authentication tokens updated successfully

//root 用户修改 user1 用户的口令
[root@Server ~]#passwd user1
Changing password for user user1
```

```
New UNIX password:
Retype new UNIX password:
passwd: all authentication tokens updated successfully
```

需要注意的是，普通用户修改口令时，passwd 命令会首先询问原来的口令，只有验证通过才可以修改。而 root 用户为用户指定口令时，不需要知道原来的口令。为了系统安全，用户应选择包含字母、数字和特殊符号相组合的复杂口令，且口令长度应至少为 6 个字符。

2. chage 命令

要修改用户账户口令，也可以用 chage 命令实现。chage 命令的常用选项如表 4-6 所示。

表 4-6　chage 命令的常用选项

选　项	说　　　明	选　项	说　　　明
-l	列出账户口令属性的各个数值	-I	口令过期后多少天停用账户
-m	指定口令最短存活期	-E	用户账户到期作废的日期
-M	指定口令最长存活期	-d	设置口令上一次修改的日期
-W	口令要到期前提前警告的天数		

【例 4-3】　设置 user1 用户的最短口令存活期为 6 天，最长口令存活期为 60 天，口令到期前 5 天提醒用户修改口令。设置完成后查看各属性值。

```
[root@Server ~]#chage -m 6 -M 60 -W 5 user1
[root@Server ~]#chage -l user1
Minimum:           6
Maximum:           60
Warning:           5
Inactive:          -1
Last Change:       9 月 01, 2007
Password Expires:  10 月 31, 2007
Password Inactive: Never
Account Expires:   Never
```

4.3.4　用户账户的维护

1. 修改用户账户

管理员用 useradd 命令创建好账户之后，可以用 usermod 命令来修改 useradd 的设置。两者的用法几乎相同。例如要修改用户 user1 的主目录为/var/user1，把启动 Shell 修改为/bin/tcsh，可以用如下操作。

```
[root@Server ~]#usermod -d /var/user1 -s /bin/tcsh user1
[root@Server ~]#tail -1 /etc/passwd
user1:x:510:500::/var/user1:/bin/tcsh
```

2. 禁用和恢复用户账户

有时需要临时禁用一个账户而不删除它。禁用用户账户可以用 passwd 或 usermod 命令实现,也可以直接修改/etc/passwd 或/etc/shadow 文件实现。

例如,暂时禁用和恢复 user1 账户,可以使用以下三种方法实现。

(1) 使用 passwd 命令

```
//使用 passwd 命令禁用 user1 账户
[root@Server ~]#passwd -l user1
[root@Server ~]#tail -1 /etc/shadow
user1:!!$1$mEK/kTgb$ZJI3cdfeSD/rsjOXC5sX.0:13757:6:60:5:::

//利用 passwd 命令的-u 选项解除账户锁定,重新启用 user1 账户
[root@Server ~]#passwd -u user1
Unlocking password for user user1
passwd: Success
```

(2) 使用 usermod 命令

```
//禁用 user1 账户
[root@Server ~]#usermod -L user1
//解除 user1 账户的锁定
[root@Server ~]#usermod -U user1
```

(3) 直接修改用户账户配置文件

可将/etc/passwd 文件或/etc/shadow 文件中关于 user1 账户的 passwd 域的第一个字符前面加上一个"*",达到禁用账户的目的,在需要恢复的时候只要删除字符"*"即可。

如果只是禁止用户账户登录系统,可以将其启动 Shell 设置为/bin/false 或者/dev/null。

3. 删除用户账户

要删除一个账户,可以直接编辑删除/etc/passwd 和/etc/shadow 文件中要删除的用户所对应的行,或者用 userdel 命令删除。userdel 命令的格式为:

```
userdel [-r] 用户名
```

如果不加-r 选项,userdel 命令会在系统中所有与账户有关的文件中(例如/etc/passwd、/etc/shadow、/etc/group)将用户的信息全部删除。

如果加-r 选项,则在删除用户账户的同时,还将用户主目录以及其下的所有文件和目录全部删除掉。另外,如果用户使用 E-mail,同时也将/var/spool/mail 目录下的用户文件删掉。

4.4   组群管理

组群管理包括新建组群、维护组群账户和为组群添加用户等内容。

4.4.1   维护组群账户

创建组群和删除组群的命令和创建、维护账户的命令相似。创建组群可以使用命令

groupadd 或者 addgroup。

例如,创建一个新的组群,组群的名称为 testgroup,可用如下命令。

```
[root@Server ~]#groupadd testgroup
```

要删除一个组可以用 groupdel 命令,例如删除刚创建的 testgroup 组,可用如下命令。

```
[root@Server ~]#groupdel testgroup
```

需要注意的是,如果要删除的组群是某个用户的主组群,则该组群不能被删除。

修改组群的命令是 groupmod,其命令格式为:

```
groupmod  [选项]  组名
```

groupmod 命令的常见选项如表 4-7 所示。

表 4-7　groupmod 命令的常见选项

选　　项	说　　明
-g gid	把组群的 GID 改成 gid
-n group-name	把组群的名称改为 group-name
-o	强制接受更改的组的 GID 为重复的号码

4.4.2　为组群添加用户

在 Red Hat Linux 中使用不带任何参数的 useradd 命令创建用户时,会同时创建一个和用户账户同名的组群,称为主组群。当一个组群中必须包含多个用户时,则需要使用附属组群。在附属组中增加、删除用户都用 gpasswd 命令。gpasswd 命令的格式为:

```
gpasswd [选项] [用户] [组]
```

只有 root 用户和组管理员才能够使用这个命令。gpasswd 命令的常见选项如表 4-8 所示。

表 4-8　gpasswd 命令的常见选项

选　　项	说　　明	选　　项	说　　明
-a	把用户加入组	-r	取消组的密码
-d	把用户从组中删除	-A	给组指派管理员

例如,要把 yyadmin 用户加入 testgroup 组,并指派 yyadmin 为管理员,可以执行下列命令。

```
[root@Server ~]#gpasswd -a yyadmin testgroup
Adding user mlx to group testgroup
[root@Server ~]#gpasswd -A yyadmin testgroup
```

4.5 使用用户管理器管理用户和组群

4.5.1 用户账号管理

在图形模式下管理用户账号。以 root 账号登录 GNOME 后,在 GNOME 桌面环境中单击左上角的主选按钮,单击"系统"→"管理"→"用户和组群",出现"用户管理器"界面,如图 4-2 所示。

图 4-2 "用户管理器"界面

在用户管理器中可以创建用户账号,修改用户账号和口令,删除账号,加入指定的组群等操作。

(1) 创建用户账号。在图 4-2 所示界面的用户管理器的工具栏中单击"添加用户"按钮,出现"创建新用户"界面。在界面中相应位置输入用户名、全称、口令、确认口令、主目录等,最后单击"确定"按钮,新用户即可建立。

(2) 修改用户账号和口令。在用户管理器的用户列表中选定要修改用户账号和口令的账号,单击"属性"按钮,出现"用户属性"界面,选择"用户数据"选项卡,修改该用户的账号(用户名)和密码,单击"确定"按钮即可,如图 4-3 所示。

图 4-3 "用户属性"界面

（3）将用户账号加入组群。在"用户属性"界面中单击"组群"选项卡,在组群列表中选定该账号要加入的组群,单击"确定"按钮。

（4）删除用户账号。在用户管理器中选定欲删除的用户名,单击"删除"按钮,即可删除用户账号。

（5）其他设置。在"用户属性"界面中,单击"账号信息"和"口令信息",可查看和设置账号与口令信息。

4.5.2　在图形模式下管理组群

在"用户管理器"对话框中选择"组群"选项卡,选择要修改的组,然后单击工具栏中的"属性"按钮,打开"组群属性"对话框,如图 4-4 所示,从中可以修改该组的属性。

单击"用户管理器"对话框中工具栏中的"添加组群"按钮,可以打开"创建新组群"对话框,在该对话框中输入组群名和 GID,然后单击"确定"按钮,即可创建新组群,如图 4-5 所示。组群的 GID 也可以采用系统的默认值。

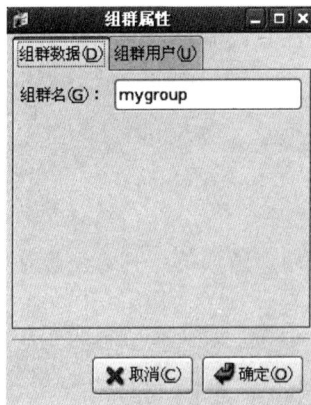

图 4-4　"组群属性"对话框　　　图 4-5　"创建新组群"对话框

要删除现有组群,只需选择要删除的组群,并单击工具栏中的"删除"按钮即可。

4.6　常用的账户管理命令

账户管理命令可以在非图形化操作中对账户进行有效管理。

1. vipw

vipw 命令用于直接对用户账户文件/etc/passwd 进行编辑,使用的默认编辑器是 Vi。在对/etc/passwd 文件进行编辑时将自动锁定该文件,编辑结束后对该文件进行解锁,保证了文件的一致性。vipw 命令在功能上等同于"vi /etc/passwd"命令,但是比直接使用 vi 命令更安全。命令格式如下:

```
[root@Server ~]#vipw
```

2. vigr

vigr 命令用于直接对组群文件/etc/group 进行编辑。在用 vigr 命令对/etc/group 文件进行编辑时将自动锁定该文件,编辑结束后对该文件进行解锁,保证了文件的一致性。vigr 命令在功能上等同于"vi /etc/group"命令,但是比直接使用 vi 命令更安全。命令格式如下:

```
[root@Server ~]#vigr
```

3. pwck

pwck 命令用于验证用户账户文件认证信息的完整性。该命令检测/etc/passwd 文件和/etc/shadow 文件的每行中字段的格式和值是否正确。命令格式如下:

```
[root@Server ~]#pwck
```

4. grpck

grpck 命令用于验证组群文件认证信息的完整性。该命令检测/etc/group 文件和/etc/gshadow 文件的每行中字段的格式和值是否正确。命令格式如下:

```
[root@Server ~]#grpck
```

5. id

id 命令用于显示一个用户的 UID 和 GID 以及用户所属的组列表。在命令行输入 id 直接回车将显示当前用户的 ID 信息。id 命令格式如下:

```
id [选项] 用户名
```

例如,显示 mlx 用户的 UID、GID 信息的实例如下所示。

```
[root@Server ~]#id mlx
uid=500(mlx) gid=500(mlx) groups=500(mlx)
```

6. finger、chfn、chsh

使用 finger 命令可以查看用户的相关信息,包括用户的主目录、启动 Shell、用户名、地址、电话等存放在/etc/passwd 文件中的记录信息。管理员和其他用户都可以用 finger 命令来了解用户。直接使用 finger 命令可以查看当前用户信息。finger 命令格式如下:

```
finger [选项] 用户名
```

finger 实例如下:

```
[root@Server ~]#finger
Login   Name   Tty    Idle  Login Time    Office    Office Phone
root    root   tty1    4    Sep 1 14:22
root    root   pts/0        Sep 1 14:39(192.168.1.101)
```

finger 命令常用的一些选项如表 4-9 所示。

表 4-9　finger 命令常用的选项

选　项	说　　　　明
-l	以长格式显示用户信息,是默认选项
-m	关闭以用户姓名查询账户的功能,如不加此选项,可以用一个用户的姓名来查询该用户的信息
-s	以短格式查看用户的信息
-p	不显示 plan(plan 信息是用户主目录下的.plan 等文件)

用户自己可以使用 chfn 和 chsh 命令来修改 finger 命令显示的内容。chfn 命令可以修改用户的办公地址、办公电话和住宅电话等。chsh 命令用来修改用户的启动 Shell。用户在用 chfn 和 chsh 修改个人账户信息时会提示输入密码。例如:

```
[yyadmin@Server ~]$chfn
Changing finger information for yyadmin
Password:
Name [lixinma]: lixinma
Office []: network
Office Phone []: 123
Home Phone []: 456
Finger information changed
```

用户可以直接输入 chsh 命令或使用-s 选项来指定要更改的启动 Shell。例如用户 yyadmin 想把自己的启动 Shell 从 bash 改为 tcsh。可以使用以下两种方法。

```
[mlx@Server ~]$chsh
Changing shell for yyadmin
Password:
New shell [/bin/bash]: /bin/tcsh
Shell changed
```

或

```
[mlx@Server ~]$chsh -s /bin/tcsh
Changing shell for yyadmin
```

7. whoami

whoami 命令用于显示当前用户的名称。whoami 与命令"id -un"作用相同。

```
[yyadmin@Server ~]$whoami
yyadmin
```

8. su

su 命令用于转换当前用户到指定的用户账户,root 用户可以转换到任何用户而不需要输入该用户口令,普通用户转换为其他用户时需要输入用户口令。例如:

```
[root@Server ~]#whoami
root
[root@Server ~]#su yyadmin          //root 用户转换为任何用户都不需要口令
[yyadmin@Server /root]$whoami
yyadmin
[yyadmin@Server /root]$su root       //普通用户转换为任何用户都需要提供口令
Password:
[yyadmin@Server /root]$exit          //使用 exit 命令可以退回到上一次使用 su 命令时的用户
exit
[root@Server ~]#whoami
Root
```

su 命令不指定用户名时将从当前用户转换为 root 用户,但需要输入 root 用户的口令。

9. newgrp

newgrp 命令用于转换用户的当前组到指定的主组群,对于没有设置组群口令的组群账户,只有组群的成员才可以使用 newgrp 命令改变主组群身份到该组群。如果组群设置了口令,其他组群的用户只要拥有组群口令也可以改变主组群身份到该组群。应用实例如下:

```
[root@Server ~]#id              //显示当前用户的 gid
uid=0(root) gid=0(root) groups=0(root),1(bin),2(daemon),3(sys),4(adm),6(disk),
10(wheel)
[root@Server ~]#newgrp mlx    //改变用户的主组群
[root@Server ~]#id
uid=0(root) gid=500(mlx) groups=0(root),1(bin),2(daemon),3(sys),4(adm),6
(disk),10(wheel)
[root@Server ~]#newgrp          //newgrp 命令不指定组群时转换为用户的私有组
[root@Server ~]#id

uid=0(root) gid=0(root) groups=0(root),1(bin),2(daemon),3(sys),4(adm),6(disk),
10(wheel)
```

使用 groups 命令可以列出指定用户的组群。例如:

```
[root@Server ~]#whoami
root
[root@Server ~]#groups
root bin daemon sys adm disk wheel
```

4.7　企业实战与应用——账号管理实例

1. 情境

假设需要的账号数据如表 4-10 所示,你该如何操作?

表 4-10   账号数据

账 号 名 称	账 号 全 名	支持次要群组	是否可登录主机	口 令
myuser1	1st user	mygroup1	可以	password
myuser2	2nd user	mygroup1	可以	password
myuser3	3rd user	无额外支持	不可以	password

2. 解决方案

```
#先处理账号相关属性的数据：
[root@www ~]#groupadd mygroup1
[root@www ~]#useradd -G mygroup1 -c "1st user" myuser1
[root@www ~]#useradd -G mygroup1 -c "2nd user" myuser2
[root@www ~]#useradd -c "3rd user" -s /sbin/nologin myuser3

#再处理账号的口令相关属性的数据：
[root@www ~]#echo "password" | passwd --stdin myuser1
[root@www ~]#echo "password" | passwd --stdin myuser2
[root@www ~]#echo "password" | passwd --stdin myuser3
```

注意：myuser1 与 myuser2 都支持次要群组，但该群组不一定存在，因此需要先手动创建。再者，myuser3 是"不可登录系统"的账号，因此需要使用/sbin/nologin 来设置，这样该账号就成为非登录账户了。

4.8   练习题

1. 选择题

（1）（   ）是存放用户密码信息。

    A. /etc   B. /var   C. /dev   D. /boot

（2）请选出创建用户 ID 是 200，组 ID 是 1000，用户主目录为/home/user01 的正确命令。（   ）

    A. useradd -u:200 -g:1000 -h:/home/user01 user01

    B. useradd -u＝200 -g＝1000 -d＝/home/user01 user01

    C. useradd -u 200 -g 1000 -d /home/user01 user01

    D. useradd -u 200 -g 1000 -h /home/user01 user01

（3）用户登录系统后首先进入（   ）。

    A. /home   B. /root 的主目录

    C. /usr   D. 用户自己的 home 目录

（4）在使用了 shadow 口令的系统中，/etc/passwd 和/etc/shadow 两个文件的权限正确的是（   ）。

    A. -rw-r----- , -r--------   B. -rw-r--r-- , -r--r--r--

    C. -rw-r--r-- , -r--------   D. -rw-r--rw- , -r-----r-

(5) 下面(　　)可以删除一个用户并同时删除用户的主目录。

A. rmuser -r 　　B. deluser -r 　　C. userdel -r 　　D. usermgr -r

(6) 系统管理员应该采用的安全措施是(　　)。

A. 把 root 密码告诉每一位用户

B. 设置 Telnet 服务来提供远程系统维护

C. 经常检测账户数量、内存信息和磁盘信息

D. 当员工辞职后,立即删除该用户账户

(7) 在/etc/group 中有一行 students::600:z3,14,w5,有(　　)用户在 student 组里。

A. 3 　　　　B. 4 　　　　C. 5 　　　　D. 不知道

(8) 下列的(　　)命令可以用来检测用户 lisa 的信息。

A. finger lisa 　　　　　　B. grep lisa /etc/passwd

C. find lisa /etc/passwd 　　D. who lisa

2. 填空题

(1) Linux 操作系统是_____的操作系统,它允许多个用户同时登录到系统,使用系统资源。

(2) Linux 系统下的用户账户分为两种:_____和_____。

(3) root 用户的 UID 为_____,普通用户的 UID 可以在创建时由管理员指定,如果不指定,用户的 UID 默认从_____开始顺序编号。

(4) 在 Linux 系统中,创建用户账户的同时也会创建一个与用户同名的组群,该组群是用户的_____。普通组群的 GID 默认也从_____开始编号。

(5) 一个用户账户可以同时是多个组群的成员,其中某个组群是该用户的_____(私有组群),其他组群为该用户的_____(标准组群)。

(6) 在 Linux 系统中,所创建的用户账户及其相关信息(密码除外)均放在_____配置文件中。

(7) 由于所有用户对/etc/passwd 文件均有_____权限,为了增强系统的安全性,用户经过加密之后的口令都存放在_____文件中。

(8) 组群账户的信息存放在_____文件中,而关于组群管理的信息(组群口令、组群管理员等)则存放在_____文件中。

4.9　项目实录

1. 录像位置

随书光盘。

2. 项目实训目的

• 熟悉 Linux 用户的访问权限。

• 掌握在 Linux 系统中增加、修改、删除用户或用户组的方法。

• 掌握用户账户管理及安全管理。

3. 项目背景

某公司有 60 个员工,分别在 5 个部门工作,每个人工作内容不同。需要在服务器上为每个人创建不同的账号,把相同部门的用户放在一个组中,每个用户都有自己的工作目录,并且需要根据工作性质给每个部门和每个用户在服务器上的可用空间进行限制。

4. 项目实训内容

- 用户的访问权限。
- 账号的创建、修改、删除。
- 自定义组的创建与删除。

5. 做一做

根据项目实录录像进行项目的实训,检查学习效果。

实训　用户和组的管理训练

1. 实训目的

(1) 掌握在 Linux 系统下利用命令方式实现用户和组的管理;

(2) 掌握利用图形配置界面进行用户和组的管理。

2. 实训内容

练习用户和组的管理。

3. 实训练习

(1) 用户的管理

- 创建一个新用户 user01,设置其主目录为/home/user01。
- 查看/etc/passwd 文件的最后一行,看看是如何记录的。
- 查看/etc/shadow 文件的最后一行,看看是如何记录的。
- 给用户 user01 设置密码。
- 再次查看/etc/shadow 文件的最后一行,看看有什么变化。
- 使用 user01 用户登录系统,看能否登录成功。
- 锁定用户 user01。
- 查看/etc/shadow 文件的最后一行,看看有什么变化。
- 再次使用 user01 用户登录系统,看能否登录成功。
- 解除对用户 user01 的锁定。
- 更改用户 user01 的账户名为 user02。
- 查看/etc/passwd 文件的最后一行,看看有什么变化。
- 删除用户 user02。

(2) 组的管理

- 创建一个新组 group1。
- 查看/etc/group 文件的最后一行,看看是如何设置的。
- 创建一个新账户 user02,并把其起始组和附属组都设为 group1。
- 查看/etc/group 文件中的最后一行,看看有什么变化。

- 给组 group1 设置组密码。
- 在组 group1 中删除用户 user02。
- 再次查看/etc/group 文件中的最后一行,看看有什么变化。
- 删除组 group1。

(3) 用图形界面管理用户和组

- 进入 X-Window 图形界面。
- 打开系统配置菜单中的用户和组的管理子菜单,练习用户和组的创建与管理。

4. 实训报告

按要求完成实训报告。

第5章　文件系统和磁盘管理

作为 Linux 系统的网络管理员,学习 Linux 文件系统和磁盘管理是至关重要的。本章将主要介绍 Linux 文件系统和磁盘管理的相关内容。

本章学习要点:

- Linux 文件系统结构和文件权限管理。
- Linux 下的磁盘和文件系统管理工具。
- Linux 下的软 RAID 和 LVM 逻辑卷管理器。
- 磁盘限额。

5.1　文件系统

文件系统(File System)是磁盘上有特定格式的一片区域,操作系统利用文件系统保存和管理文件。

5.1.1　文件系统基础

不同的操作系统需要使用不同的文件系统,为了与其他操作系统兼容,通常操作系统都支持很多种类型的文件系统。例如,Windows 2003 操作系统推荐使用的文件系统是 NTFS,但同时兼容 FAT 等其他文件系统。

Linux 系统使用 ext2/ext3 文件系统。在 Linux 系统中,存储数据的各种设备都属于块设备。对于磁盘设备,通常在 0 磁道第一个扇区上存放引导信息,称为主引导记录(MBR),该扇区不属于任何一个分区,每个分区包含许多数据块,可以认为是一系列块组的集合。在磁盘分区上建立 ext2/ext3 文件系统后,每个块组的结构如图 5-1 所示。

超级块	块组描述符	块位图	索引节点位图	索引节点表	数据块

图 5-1　ext 文件系统结构

ext 文件系统结构的核心组成部分是超级块、索引节点表和数据块。超级块和块组描述符中包含关于该块组的整体信息,例如索引节点的总数和使用情况、数据块的总数和使用情况以及文件系统状态等。每一个索引节点都有一个唯一编号,并且对应一个文件,它包含了针对某个具体文件的几乎全部信息,例如文件的存取权限、拥有者、建立时间以及对应的数据块地址等,但不包含文件名称。在目录文件中包含文件名称以及此文件的索引节点号。

索引节点指向特定的数据块,数据块是真正存储文件内容的地方。

Red Hat Linux 是一种兼容性很强的操作系统,它能够支持多种文件系统,要想了解其支持的文件系统类型,在 Red Hat Enterprise Linux 5.0 中通过命令"ls /lib/modules/2.6.18-155.el5/kernel/fs"可以查看 Linux 系统所支持的文件系统类型。注意,上面命令中"2.6.18-155.el5"根据不同版本会略有不同。下面介绍几种常用的文件系统。

1. ext 文件系统

ext 文件系统在 1992 年 4 月完成,称为扩展文件系统,是第一个专门针对 Linux 操作系统的文件系统。ext 文件系统对 Linux 的发展发挥了重要作用,但是在性能和兼容性方面有很多缺陷,现在已很少使用。

2. ext2、ext3 文件系统

ext2 文件系统是为解决 ext 文件系统的缺陷而设计的可扩展的高性能文件系统,也被称为二级扩展文件系统。ext2 文件系统是在 1993 年发布的,设计者是 Rey Card。它在速度和 CPU 利用率上都有突出优势,是 GNU/Linux 系统中标准的文件系统,支持 256 字节的长文件名,文件存取性能很好。

ext3 是 ext2 的升级版本,兼容 ext2。ext3 文件系统在 ext2 的基础上增加了文件系统日志记录功能,被称为日志式文件系统。该文件系统在系统因出现异常断电等事件而停机重启后,操作系统会根据文件系统的日志快速进行检测并恢复文件系统到正常的状态,可以缩短系统的恢复时间,提高数据的安全性。

ext3 其实只是在 ext2 的基础上增加了一个日志功能,而 ext4 的变化可以说是翻天覆地的,比如向下兼容 ext3、最大有 1EB 文件系统和 16TB 文件、无限数量子目录、Extents 连续数据块概念、多块分配、延迟分配、持久预分配、快速 FSCK、日志校验、无日志模式、在线碎片整理、inode 增强、默认启用 barrier 等。

从 Red Hat Linux 7.2 版本开始,默认使用的文件系统格式就是 ext3。日志文件系统是目前 Linux 文件系统发展的方向,除了 ext3 之外,还有 reiserfs 和 jfs 等常用的日志文件系统。从 2.6.28 版本开始,Linux Kernel 开始正式支持新的文件系统 ext4,在 ext3 的基础上增加了大量新功能和特性,并能提供更佳的性能和可靠性。

3. swap 文件系统

swap 文件系统是 Linux 的交换分区所采用的文件系统。在 Linux 中使用交换分区管理内存的虚拟交换空间。一般交换分区的大小设置为系统物理内存的 2 倍。在安装 Linux 操作系统时,必须建立交换分区,并且其文件系统类型必须为 swap。交换分区由操作系统自行管理。

4. vfat 文件系统

vfat 文件系统是 Linux 下对 DOS、Windows 操作系统下的 FAT16 和 FAT32 文件系统的统称。Red Hat Linux 支持 FAT16 和 FAT32 格式的分区,也可以创建和管理 FAT 分区。

5. NFS 文件系统

NFS 即网络文件系统,用于 UNIX 系统间通过网络进行文件共享,用户可以把网络中 NFS 服务器提供的共享目录挂载到本地目录下,可以像访问本地文件系统中的内容一样访问 NFS 文件系统中的内容。

6. ISO 9660 文件系统

ISO 9660 是光盘所使用的标准文件系统,Linux 系统对该文件系统有很好的支持,不仅能读取光盘中的内容,而且还可以支持光盘刻录功能。

5.1.2　Linux 文件系统目录结构

Linux 的文件系统是采用阶层式的树状目录结构,在该结构中的最上层是根目录"/",然后在根目录下再建立其他的目录。虽然目录的名称可以定制,但是有某些特殊的目录名称包含重要的功能,因此不能随便将它们改名,以免造成系统的错误。

在 Linux 安装时,系统会建立一些默认目录,而每个目录都有其特殊的功能,表 5-1 是这些目录的简介。

表 5-1　Linux 中的默认目录功能

目　录	说　明
/	Linux 文件的最上层根目录
/bin	Binary 的缩写,存放用户的可运行程序,如 ls、cp 等,也包含其他 Shell,如 bash 和 csh 等
/boot	该目录存放操作系统启动时所需的文件及系统的内核文件
/dev	接口设备文件目录,例如 hda 表示第一个 IDE 硬盘
/etc	该目录存放有关系统设置与管理的文件
/etc/X11	该目录是 X-Window 系统的设置目录
/home	普通用户的主目录,或是 FTP 站点目录
/lib	仅包含运行/bin 和/sbin 目录中的二进制文件时所需的共享函数库(library)
/mnt	各项设备的文件系统安装(Mount)点
/media	光盘、软盘等设备的挂载点
/opt	第三方应用程序的安装目录
/proc	目前系统内核与程序运行的信息,与使用 ps 命令看到的内容相同
/root	超级用户的主目录
/sbin	是 System Binary 的缩写,该目录存入的是系统启动时所需运行的程序,如 lilo 和 swapon 等
/tmp	临时文件的存放位置
/usr	存入用户使用的系统命令和应用程序等信息
/var	Variable 的缩写,具有变动性质的相关程序目录,如 log、spool 和 named 等

5.1.3　Linux 文件权限管理

1. 文件和文件权限概述

文件是操作系统用来存储信息的基本结构,是一组信息的集合。文件通过文件名来唯一标识。Linux 中的文件名称最长可允许 255 个字符,这些字符可用 A~Z、0~9、.、_、等符号来表示。与其他操作系统相比,Linux 最大的不同点是没有"扩展名"的概念,也就是说文件的名称和该文件的种类并没有直接的关联,例如 sample.txt 可能是一个运行文件,而 sample.exe 也有可能是文本文件,甚至可以不使用扩展名。另一个特性是 Linux 文件名区分大小写。例如 sample.txt、Sample.txt、SAMPLE.txt、samplE.txt 在 Linux 系统中代表不同的文件,但在 DOS 和 Windows 平台却是指同一个文件。在 Linux 系统中,如果文件名以".“开始,表示该文件为隐藏文件,需要使用“ls -a”命令才能显示。

在 Linux 中的每一个文件或目录都包含有访问权限,这些访问权限决定了谁能访问和如何访问这些文件和目录。

通过设定权限可以从以下三种访问方式限制访问权限:只允许用户自己访问;允许一个预先指定的用户组中的用户访问;允许系统中的任何用户访问。同时,用户能够控制一个给定的文件或目录的访问程度。一个文件或目录可能有读、写及执行权限。当创建一个文件时,系统会自动地赋予文件所有者读和写的权限,这样可以允许所有者能够显示文件内容和修改文件。文件所有者可以将这些权限改变为任何他想指定的权限。一个文件也许只有读权限,禁止任何修改。文件也可能只有执行权限,允许它像一个程序一样执行。

三种不同的用户类型能够访问一个目录或者文件:所有者、用户组或其他用户。所有者是创建文件的用户,文件的所有者能够授予所在用户组的其他成员以及系统中除所属组之外的其他用户的文件访问权限。

每一个用户针对系统中的所有文件都有它自身的读、写和执行权限。第一套权限控制访问自己的文件权限,即所有者权限。第二套权限控制用户组访问其中一个用户的文件的权限。第三套权限控制其他所有用户访问一个用户的文件的权限。这三套权限赋予用户不同类型(即所有者、用户组和其他用户)的读、写及执行权限,就构成了一个有 9 种类型的权限组。

可以用“ls -l”或者 ll 命令显示文件的详细信息,其中包括权限。

```
[root@Server ~]#11
total 84
drwxr-xr-x  2 root root 4096 Aug 9 15:03 Desktop
-rw-r--r--  1 root root 1421 Aug 9 14:15 anaconda-ks.cfg
-rw-r--r--  1 root root 830 Aug 9 14:09 firstboot.1186639760.25
-rw-r--r--  1 root root 45592 Aug 9 14:15 install.log
-rw-r--r--  1 root root 6107 Aug 9 14:15 install.log.syslog
drwxr-xr-x  2 root root 4096 Sep 1 13:54 webmin
```

在上面的显示结果中从第二行开始,每一行的第一个字符一般用来区分文件的类型,一般取值为 d、-、l、b、c、s、p。具体含义为:

- d:表示是一个目录,在 ext 文件系统中目录也是一种特殊的文件。
- -:表示该文件是一个普通的文件。
- l:表示该文件是一个符号链接文件,实际上它指向另一个文件。
- b、c:分别表示该文件为区块设备或其他的外围设备,是特殊类型的文件。
- s、p:这些文件关系到系统的数据结构和管道,通常很少见到。

下面详细介绍一下权限的种类和设置权限的方法。

2. 一般权限

在上面的显示结果中,每一行的第 2~10 个字符表示文件的访问权限。这 9 个字符每 3 个为一组,左边 3 个字符表示所有者权限,中间 3 个字符表示与所有者同一组的用户的权限,右边 3 个字符是其他用户的权限。代表的意义如下:

- 字符 2、3、4 表示该文件所有者的权限,有时也简称为 u(user)的权限。
- 字符 5、6、7 表示该文件所有者所属组的组成员的权限。例如,此文件拥有者属于 user 组群,该组群中有 6 个成员,表示这 6 个成员都有此处指定的权限。简称为 g(group)的权限。
- 字符 8、9、10 表示该文件所有者所属组群以外的权限,简称为 o(other)的权限。

这 9 个字符根据权限种类的不同,也分为 3 种类型。

- r(read,读取):对文件而言,具有读取文件内容的权限;对目录来说,具有浏览目录的权限。
- w(write,写入):对文件而言,具有新增、修改文件内容的权限;对目录来说,具有删除、移动目录内文件的权限。
- x(execute,执行):对文件而言,具有执行文件的权限;对目录来说该用户具有进入目录的权限。
- -:表示不具有该项权限。

下面举例说明。

```
brwxr-r--:   //该文件是块设备文件,文件所有者具有读、写与执行的权限,其他用户则具有读
             取的权限
-rw-rw-r-x:  //该文件是普通文件,文件所有者与同组用户对文件具有读写的权限,而其他用户
             仅具有读取和执行的权限
drwx--x-x:   //该文件是目录文件,目录所有者具有读写与进入目录的权限,其他用户能进入该
             目录,却无法读取任何数据
lrwxrwxrwx:  //该文件是符号链接文件,文件所有者、同组用户和其他用户对该文件都具有读、
             写和执行权限
```

每个用户都拥有自己的主目录,通常在/home 目录下,这些主目录的默认权限为 rwx------:执行 mkdir 命令所创建的目录,其默认权限为 rwxr-xr-x,用户可以根据需要修改目录的权限。

此外,默认的权限可用 umask 命令修改,用法非常简单,只需执行 umask 777 命令,便代表屏蔽所有的权限,因而之后建立的文件或目录,其权限都变成 000,以此类推。通常 root 账号搭配 umask 命令的数值为 022、027 和 077,普通用户则是采用 002,这样所产生的默认权限依次为 755、750、700、775。有关权限的数字表示法,后面将会详细说明。

用户登录系统时,用户环境就会自动执行 rmask 命令来决定文件、目录的默认权限。

3. 特殊权限

其实文件与目录设置还有特殊权限。由于特殊权限会拥有一些"特权",因而用户若无特殊需求,不应该启用这些权限,避免安全方面出现严重漏洞,造成黑客入侵,甚至摧毁系统。

- s 或 S(SUID,Set UID):可执行的文件搭配这个权限,便能得到特权,任意存取该文件的所有者能使用的全部系统资源。请注意,黑客经常利用具备 SUID 权限的文件,以 SUID 配上 root 账号拥有者,无声无息地在系统中开扇后门,供日后进出使用。
- s 或 S(SGID,Set GID):设置在文件上面,其效果与 SUID 相同,只不过将文件所有

者换成用户组,该文件就可以任意存取整个用户组所能使用的系统资源。

- t 或 T(sticky):/tmp 和 /var/tmp 目录供所有用户暂时存取文件,亦即每位用户皆拥有完整的权限进入该目录,去浏览、删除和移动文件。

因为 SUID、SGID、Sticky 占用 x 的位置来表示,所以在表示上会有大小写之分。假如同时开启执行权限和 SUID、SGID、Sticky,则权限表示字符是小写的。

```
-rwsr-sr-t 1 root root 4096 6月 23 08:17 conf
```

如果关闭执行权限,则权限表示字符是大写的。

```
-rwSr-Sr-T 1 root root 4096 6月 23 08:17 conf
```

4. 文件权限修改

在文件建立时系统会自动设置权限,如果这些默认权限无法满足需要,此时可以使用 chmod 命令来修改权限。通常在权限修改时可以用两种方式来表示权限类型:数字表示法和文字表示法。

chmod 命令的格式是:

```
chmod 选项 文件
```

(1) 以数字表示法修改权限

所谓数字表示法,是指将读取(r)、写入(w)和执行(x)分别以 4、2、1 来表示,没有授予的部分就表示为 0,然后再把所授予的权限相加而成。表 5-2 是几个示范的例子。

表 5-2   以数字表示法修改权限的例子

原 始 权 限	转换为数字	数字表示法
rwxrwxr-x	(421) (421) (401)	775
rwxr-xr-x	(421) (401) (401)	755
rw-rw-r--	(420) (420) (400)	664
rw-r--r--	(420) (400) (400)	644

例如,为文件/mlx/file 设置权限:赋予拥有者和组群成员读取和写入的权限,而其他人只有读取权限。则应该将权限设为"rw-rw-r--",而该权限的数字表示法为 664,因此可以输入下面的命令来设置权限:

```
[root@Server mlx]#chmod 664 /mlx/file
[root@Server mlx]#ll
total 0
-rw-rw-r--1 root root 0 Sep 1 16:09 file
```

(2) 以文字表示法修改访问权限

使用权限的文字表示法时,系统用 4 种字母来表示不同的用户。

- u:user,表示所有者。
- g:group,表示属组。

- o：others，表示其他用户。
- a：all，表示以上三种用户。

操作权限使用下面三种字符的组合表示法。

- r：read，可读。
- w：write，写入。
- x：execute，执行。

操作符号如下。

- ＋：添加某种权限。
- －：减去某种权限。
- ＝：赋予给定权限并取消原来的权限。

以文字表示法修改文件权限时，上例中的权限设置命令应该为：

```
[root@Server mlx]#chmod u=rw,g=rw,o=r /mlx/file
```

修改目录权限和修改文件权限相同，都是使用 chmod 命令，但不同的是，要使用通配符"＊"来表示目录中的所有文件。

例如，要同时将/mlx 目录中的所有文件权限设置为所有人都可读取及写入，应该使用下面的命令。

```
[root@Server mlx]#chmod a=rw /mlx/*
```

或

```
[root@Server mlx]#chmod 666 /mlx/*
```

如果目录中包含其他子目录，则必须使用"-R"（Recursive）参数来同时设置所有文件及子目录的权限。

利用 chmod 命令也可以修改文件的特殊权限。

例如要设置文件/mlx/file 文件的 SUID 权限的方法为：

```
[root@Server mlx]#chmod u+s /mlx/file
[root@Server mlx]#ll
总计 0
-rwSr--r--1 root root 0 11-27 11:42 file
```

特殊权限也可以采用数字表示法。SUID、SGID 和 sticky 权限分别为：4、2 和 1。使用 chmod 命令设置文件权限时，可以在普通权限的数字前面加上一位数字来表示特殊权限。例如：

```
[root@Server mlx]#chmod 6664 /mlx/file
[root@Server mlx]#ll
总计 22
-rwSrwSr--1 root root 22 11-27 11:42 file
```

5. 文件所有者与属组修改

要修改文件的所有者可以使用 chown 来设置。chown 命令格式如下所示。

```
chown  选项  用户和属组  文件列表
```

用户和属组可以是名称也可以是 UID 或 GID。多个文件之间用空格分隔。

例如要把/mlx/file 文件的所有者修改为 test 用户,命令如下:

```
[root@Server mlx]#chown test /mlx/file
[root@Server mlx]#ll
总计 22
-rw-rwSr--1 test root 22 11-27 11:42 file
```

chown 命令可以同时修改文件的所有者和属组,用":"分隔。例如将/mlx/file 文件的所有者和属组都改为 test 的命令如下所示。

```
[root@Server mlx]#chown test : test /mlx/file
```

如果只修改文件的属组可以使用下列命令。

```
[root@Server mlx]#chown : test /mlx/file
```

修改文件的属组也可以使用命令 chgrp。命令范例如下所示。

```
[root@Server mlx]#chgrp test /mlx/file
```

5.2 磁盘管理

在 Linux 系统安装时,其中有一个步骤是进行磁盘分区。在分区时可以采用 Disk Druid、RAID 和 LVM 等方式进行分区。除此之外,在 Linux 系统中还有 fdisk、cfdisk、parted 等分区工具。本节将介绍几种常见的磁盘管理。

5.2.1 常用磁盘管理工具

1. fdisk

fdisk 磁盘分区工具在 DOS、Windows 和 Linux 中都有相应的应用程序。在 Linux 系统中,fdisk 是基于菜单的命令。用 fdisk 对硬盘进行分区,可以在 fdisk 命令后面直接加上要分区的硬盘作为参数,例如,对第二块 SCSI 硬盘进行分区的操作如下所示。

```
[root@Server ~]#fdisk /dev/sdb
Command (m for help):
```

在 command 提示后面输入相应的命令来选择需要的操作,输入 m 命令是列出所有可用命令。表 5-3 所示是 fdisk 命令选项。

表 5-3　fdisk 命令选项

命令	功　能	命令	功　能
a	调整硬盘启动分区	q	不保存更改,退出 fdisk 命令
d	删除硬盘分区	t	更改分区类型
l	列出所有支持的分区类型	u	切换所显示的分区大小的单位
m	列出所有命令	w	把修改写入硬盘分区表,然后退出
n	创建新分区	x	列出高级选项
p	列出硬盘分区表		

在安装 Linux 系统时,其中有一个步骤是进行磁盘分区。在分区时可以采用 Disk Druid、RAID 和 LVM 等方式进行分区。除此之外,在 Linux 系统中还有 fdisk、cfdisk、parted 等分区工具。

在安装中对硬盘分区时,预留了部分未分区空间,下面将会用到。

提示:由于读者的计算机的分区状况各不相同,显示的信息也不尽相同,后面的图形显示只作参考。读者应根据自己计算机的磁盘情况进行练习。

(1)查阅磁盘分区

```
[root@www ~]#fdisk -l
```

(2)删除磁盘分区

练习一:先运行 fdisk。

```
[root@www ~]#fdisk  /dev/sda
```

练习二:先查看整个分区表的情况。

```
Command (m for help): p

Disk /dev/sda: 41.1 GB, 41174138880 bytes
255 heads, 63 sectors/track, 5005 cylinders
Units =cylinders of 16065 * 512 =8225280 bytes

  Device Boot    Start     End      Blocks   Id  System
/dev/sda1    *       1      13       104391   83  Linux
/dev/sda2           14    1288    10241437+   83  Linux
/dev/sda3         1289    1925     5116702+   83  Linux
/dev/sda4         1926    5005    24740100    5  Extended
/dev/sda5         1926    2052     1020096   82  Linux swap/Solaris
```

练习三:使用 d 命令删除分区。

```
Command (m for help): d
Partition number (1-5): 4

Command (m for help): d
Partition number (1-4): 3
```

```
Command (m for help): p

Disk /dev/sda: 41.1 GB, 41174138880 bytes
255 heads, 63 sectors/track, 5005 cylinders
Units = cylinders of 16065 * 512 = 8225280 bytes

  Device Boot    Start    End     Blocks    Id  System
/dev/sda1   *       1      13     104391    83  Linux
/dev/sda2          14    1288   10241437+   83  Linux
```
#因为/dev/sda5是由/dev/sda4所衍生出来的逻辑分区,因此/dev/sda4被删除,
  /dev/sda5就自动不见了,最终就会剩下两个分区
```
Command (m for help): q
```
#这里仅做一个练习,所以按下 q

(3) 练习新增磁盘分区

新增磁盘分区有多种情况,因为新增 Primary/Extended/Logical 的显示结果都不大相同。下面先将/dev/sda 全部删除成为干净且未分区的磁盘,然后依次新增。

练习一:运行 fdisk 命令删除所有分区。

```
[root@www ~]# fdisk /dev/sda
Command (m for help): d
Partition number (1-5): 4

Command (m for help): d
Partition number (1-4): 3

Command (m for help): d
Partition number (1-4): 2

Command (m for help): d
Selected partition 1
```
#由于最后仅剩下一个 partition,因此系统主动选取这个 partition 进行删除

练习二:开始新增分区,先新增一个 Primary 的分区,且指定为 4 号分区。

```
Command (m for help): n
Command action                         #因为是全新磁盘,因此只会显示 extended/primary
  e   extended
  p   primary partition (1-4)
p                                      #选择 Primary 分区
Partition number (1-4): 4              #配置为 4 号
First cylinder (1-5005, default 1):    #直接按下 Enter 键
Using default value 1                  #起始磁柱选用默认值
Last cylinder or +size or +sizeM or +sizeK (1-5005, default 5005): +512M
```
#这里需要注意,Partition 包含了由 n1 到 n2 的磁柱号码(cylinder),但不同磁盘的磁柱的大小
  各不相同,可以填入+512M 让系统自动计算找出"最接近 512MB 的那个 cylinder 号",因为不可能
  正好等于 512MB
#如上所示:这个地方输入的方式有两种。

1）直接输入磁柱号，需要读者自己计算磁柱/分区的大小；
2）用+XXM 来输入分区的大小，让系统自己寻找磁柱号。+ 与 M 是必须要有的，XX 为数字

```
Command (m for help): p

Disk /dev/sda: 41.1 GB, 41174138880 bytes
255 heads, 63 sectors/track, 5005 cylinders
Units =cylinders of 16065 * 512 =8225280 bytes

  Device Boot   Start   End   Blocks   Id   System
/dev/sda4          1     63   506016   83   Linux
#注意，只有 4 号，1~3 号保留未用
```

练习三：继续新增一个分区，这次新增 Extended 的分区。

```
Command (m for help): n
Command action
   e   extended
   p   primary partition (1-4)
e     #选择的是 Extended
Partition number (1-4): 1
First cylinder (64-5005, default 64): #直接按下 Enter 键
Using default value 64
Last cylinder or +size or +sizeM or +sizeK (64-5005, default 5005):
#直接按下 Enter 键
Using default value 5005
#扩展分区最好能够包含所有未分区空间，所以将所有未分配的磁柱都分配给这个分区
#在"开始/结束"磁柱的位置上，按下两次 Enter 键，使用默认值

Command (m for help): p

Disk /dev/sda: 41.1 GB, 41174138880 bytes
255 heads, 63 sectors/track, 5005 cylinders
Units =cylinders of 16065 * 512 =8225280 bytes

  Device Boot   Start   End    Blocks    Id   System
/dev/sda1           64   5005   39696615   5   Extended
/dev/sda4            1     63    506016   83   Linux
#如上所示，所有的磁柱都在 /dev/sda1 里面了
```

练习四：随便新增一个 2GB 的分区。

```
Command (m for help): n
Command action
   l   logical (5 or over)     #因为已有 extended，所以出现 logical 分区
   p   primary partition (1-4)
p     #能否新增主分区？可以试一试
Partition number (1-4): 2
No free sectors available     #不能新增主分区，因为没有多余的磁柱可供分配
```

```
Command (m for help): n
Command action
    l   logical (5 or over)
    p   primary partition (1-4)
l       #必须使用逻辑分区
First cylinder (64-5005, default 64): #直接按下 Enter 键
Using default value 64
Last cylinder or +size or +sizeM or +sizeK (64-5005, default 5005): +2048M

Command (m for help): p

Disk /dev/sda: 41.1 GB, 41174138880 bytes
255 heads, 63 sectors/track, 5005 cylinders
Units =cylinders of 16065 * 512 =8225280 bytes


   Device Boot   Start    End    Blocks   Id   System
/dev/sda1            64   5005   39696615   5   Extended
/dev/sda4             1     63    506016   83   Linux
/dev/sda5            64    313   2008093+  83   Linux
#这样就新增了 2GB 的分区,且由于是逻辑分区,所以分区号从 5 号开始!
Command (m for help): q
#这里仅做一个练习,所以按下 q 键后离开
```

（4）分区实做训练

请依照你的系统情况创建一个大约 1GB 的分区,并显示该分区的相关信息。前面讲过/dev/sda 尚有剩余磁柱号码,因此可以这样操作。

```
[root@www ~]#fdisk /dev/sda
Command (m for help): n
First cylinder (2495-2610, default 2495): #直接按下 Enter 键
Using default value 2495
Last cylinder or +size or +sizeM or +sizeK (2495-2610, default 2610):
#直接按下 Enter 键
Using default value 2610

Command (m for help): p
Disk /dev/sda: 21.4 GB, 21474836480 bytes
255 heads, 63 sectors/track, 2610 cylinders
Units =cylinders of 16065 * 512 =8225280 bytes
   Device Boot   Start    End    Blocks   Id   System
/dev/sda1    *        1     13    104391   83   Linux
/dev/sda2            14    274   2096482+  83   Linux
/dev/sda3           275    535   2096482+  82   Linux swap/Solaris
/dev/sda4           536   2610  16667437+   5   Extended
/dev/sda5           536   1579   8385898+  83   Linux
/dev/sda6          1580   2232   5245191   83   Linux
/dev/sda7          2233   2363   1052226   83   Linux
/dev/sda8          2364   2494   1052226   83   Linux
/dev/sda9          2495   2610    931738+  83   Linux
```

```
Command (m for help): w
[root@www ~]#partprobe #强制重写分区表
```

注意：如上的练习中，重启系统后才能生效。如果不想重启系统就生效，只需要执行 partprobe 命令。

2. mkfs

硬盘分区后，下一步的工作就是文件系统的建立。类似于 Windows 下的格式化硬盘。在硬盘分区上建立文件系统会冲掉分区上的数据，而且不可恢复，因此在建立文件系统之前要确认分区上的数据不再使用。建立文件系统的命令是 mkfs，语法格式如下：

```
mkfs  [参数]  文件系统
```

mkfs 命令常用的参数选项如下。

- -t：指定要创建的文件系统类型。
- -c：建立文件系统前首先检查坏块。
- -l file：从文件 file 中读磁盘坏块列表，file 文件一般是由磁盘坏块检查程序产生的。
- -V：输出建立文件系统详细信息。

例如，在/dev/sdb1 上建立 ext3 类型的文件系统，建立时检查磁盘坏块并显示详细信息。代码如下所示。

```
[root@Server ~]#mkfs -t ext3 -V -c /dev/sdb1
```

3. fsck

fsck 命令主要用于检查文件系统的正确性。并对 Linux 磁盘进行修复。fsck 命令语法格式如下：

```
fsck  [参数选项]  文件系统
```

fsck 命令常用的参数选项如下。

-t：给定文件系统类型，若在/etc/fstab 中已有定义或 kernel 本身已支持的，不需添加此项。

-s：一个一个地执行 fsck 命令来进行检查。

-A：对/etc/fstab 中所有列出来的分区进行检查。

-C：显示完整的检查进度。

-d：列出 fsck 的 debug 结果。

-P：在同时有-A 选项时，多个 fsck 的检查一起执行。

-a：如果检查中发现错误，则自动修复。

-r：如果检查有错误，询问是否修复。

例如，检查分区/dev/sdb1 上是否有错误，如果有错误自动修复。

```
[root@Server ~]#fsck -a /dev/sdb1
fsck 1.35 (28-Feb-2004)
/dev/sdb1: clean, 11/26104 files, 8966/104388 blocks
```

111

4. df

df 命令用来查看文件系统的磁盘空间占用情况。可以利用该命令来获取硬盘被占用了多少空间,目前还有多少空间等信息,还可以利用该命令获得文件系统的挂载位置。

df 命令语法格式如下:

```
df   [参数选项]
```

df 命令的常见参数选项如下。

- -a:显示所有文件系统磁盘使用情况,包括 0 块的文件系统,如/proc 文件系统。
- -k:以 k 字节为单位显示。
- -i:显示 i 节点信息。
- -t:显示各指定类型的文件系统的磁盘空间使用情况。
- -x:列出不是某一指定类型文件系统的磁盘空间使用情况(与 t 选项相反)。
- -T:显示文件系统类型。

例如,列出各文件系统的占用情况。

```
[root@Server ~]#df
Filesystem      1K-blocks      Used   Available   Use%   Mounted on
/dev/sda3        5842664    2550216     2995648    46%   /
/dev/sda1          93307       8564       79926    10%   /boot
none               63104          0       63104     0%   /dev/shm
```

列出各文件系统的 i 节点使用情况。

```
[root@Server ~]#df -ia
Filesystem       Inodes    IUsed     IFree   IUse%   Mounted on
/dev/sda3        743360   130021    613339     18%   /
none                  0        0         0       -   /proc
usbfs                 0        0         0       -   /proc/bus/usb
/dev/sda1         24096       34     24062      1%   /boot
none              15776        1     15775      1%   /dev/shm
nfsd                  0        0         0       -   /proc/fs/nfsd
```

列出文件系统类型。

```
[root@Server ~]#df -T
Filesystem      Type   1K-blocks      Used   Available   Use%   Mounted on
/dev/sda3       ext3     5842664    2550216     2995648    46%   /
/dev/sda1       ext3       93307       8564       79926    10%   /boot
none            tmpfs      63104          0       63104     0%   /dev/shm
```

5. du

du 命令用于显示磁盘空间的使用情况。该命令逐级显示指定目录的每一级子目录占用文件系统数据块的情况。du 命令语法格式如下:

```
du   [参数选项]   [name---]
```

du 命令的参数选项如下。

- -s：对每个 name 参数只给出占用的数据块总数。
- -a：递归显示指定目录中各文件及子目录中各文件占用的数据块数。
- -b：以字节为单位列出磁盘空间使用情况（AS 4.0 中默认以 KB 为单位）。
- -k：以 1024 字节为单位列出磁盘空间使用情况。
- -c：在统计后加上一个总计（系统默认设置）。
- -l：计算所有文件大小，对硬链接文件重复计算。
- -x：跳过在不同文件系统上的目录，不予统计。

例如，以字节为单位列出所有文件和目录的磁盘空间占用情况。命令如下所示。

```
[root@Server ~]#du -ab
```

6．mount 与 umount

（1）mount

在磁盘上建立好文件系统之后，还需要把新建立的文件系统挂载到系统上才能使用。这个过程称为挂载，文件系统所挂载到的目录被称为挂载点（mount point）。Linux 系统中提供了/mnt 和/media 两个专门的挂载点。一般而言，挂载点应该是一个空目录，否则目录中原来的文件将被系统隐藏。通常将光盘和软盘挂载到/media/cdrom（或者/mnt/cdrom）和/media/floppy（或者/mnt/floppy）中，其对应的设备文件名分别为/dev/cdrom 和/dev/fd0。

文件系统的挂载，可以在系统引导过程中自动挂载，也可以手动挂载，手动挂载文件系统的挂载命令是 mount。该命令的语法格式如下：

```
mount　选项　设备　挂载点
```

mount 命令的常见选项如下。

- -t：指定要挂载的文件系统的类型。
- -r：如果不想修改要挂载的文件系统，可以使用该选项以只读方式挂载。
- -w：以可写的方式挂载文件系统。
- -a：挂载/etc/fstab 文件中记录的设备。

把文件系统类型为 ext3 的磁盘分区/dev/sda2 挂载到/media/sda2 目录下，可以使用命令。

```
[root@Server ~]#mount -t ext3 /dev/sda2 /media/sda2
```

挂载光盘可以使用下列命令。

```
//挂载光盘
[root@Server ~]#mount -t iso9660 /dev/cdrom /media/cdrom
```

或者使用下面的命令也可以完成光盘的挂载。

```
[root@Server ~]#mount /media/cdrom
```

注意：通常使用 mount /dev/cdrom 命令挂载光驱后,在/media 目录下会有 cdrom 子目录。但如果使用的光驱是刻录机,此时/media 目录下为 cdrecorder 子目录而不是 cdrom 子目录,说明光驱是挂载到/media/cdrecorder 目录下。

（2）umount

文件系统可以被挂载也可以被卸载。卸载文件系统的命令是 umount。umount 命令的格式为：

```
umount 设备 挂载点
```

例如,卸载光盘和软盘可以使用命令。

```
//卸载光盘
[root@Server ~]#umount /media/cdrom
//卸载软盘
[root@Server ~]#umount /media/floppy
```

注意：光盘在没有卸载之前,无法从驱动器中弹出。正在使用的文件系统不能卸载。

7. 文件系统的自动挂载

如果要实现每次开机自动挂载文件系统,可以通过编辑/etc/fstab 文件来实现。在/etc/fstab 中列出了引导系统时需要挂载的文件系统以及文件系统的类型和挂载参数。系统在引导过程中会读取/etc/fstab 文件,并根据该文件的配置参数挂载相应的文件系统。以下是一个 fstab 文件的内容。

```
[root@Server ~]#cat /etc/fstab
#This file is edited by fstab-sync -see 'man fstab-sync' for details
LABEL=/            /              ext3      defaults              1 1
LABEL=/boot        /boot          ext3      defaults              1 2
none               /dev/pts       devpts    gid=5,mode=620        0 0
none               /dev/shm       tmpfs     defaults              0 0
none               /proc          proc      defaults              0 0
none               /sys           sysfs     defaults              0 0
LABEL=SWAP-sda2    swap           swap      defaults              0 0
/dev/sdb2          /media/sdb2    ext3      rw,grpquota,usrquota  0 0
/dev/hdc           /media/cdrom   auto      pamconsole,exec,noauto,managed 0 0
/dev/fd0           /media/floppy  auto      pamconsole,exec,noauto,managed 0 0
```

/etc/fstab 文件的每一行代表一个文件系统,每一行又包含 6 列,这 6 列的内容如下所示。

```
fs_spec  fs_file  fs_vfstype  fs_mntops  fs_freq  fs_passno
```

6 列的具体含义如下。
- fs_spec：将要挂载的设备文件。
- fs_file：文件系统的挂载点。

- fs_vfstype：文件系统类型。
- fs_mntops：挂载选项，传递给 mount 命令时以决定如何挂载，各选项之间用逗号隔开。
- fs_freq：由 dump 程序决定文件系统是否需要备份，0 表示不备份，1 表示备份。
- fs_passno：由 fsck 程序决定引导时是否检查磁盘以及检查次序，取值可以为 0、1、2。

例如，如果实现每次开机自动将文件系统类型为 vfat 的分区/dev/sdb3 自动挂载到/media/sdb3 目录下，需要在/etc/fstab 文件中添加下面一行。重新启动计算机后，/dev/sdb3 就能自动挂载了。

```
/dev/sdb3  /media/sdb3  vfat  defaults  0  0
```

5.2.2　Linux 中的软 RAID

RAID(Redundant Array of Inexpensive Disks，独立磁盘冗余阵列)用于将多个廉价的小型磁盘驱动器合并成一个磁盘阵列，以提高存储性能和容错功能。RAID 可分为软 RAID 和硬 RAID，软 RAID 是通过软件实现多块硬盘冗余的，而硬 RAID 一般是通过 RAID 卡来实现 RAID 的。软 RAID 配置简单，管理也比较灵活，对于中小企业来说不失为一种最佳选择；硬 RAID 在性能方面具有一定优势，但往往花费比较贵。

RAID 作为高性能的存储系统，已经得到了越来越广泛的应用。RAID 的级别从 RAID 概念的提出到现在，已经发展了 6 个级别，其级别分别是 0、1、2、3、4、5，但是最常用的是 0、1、3、5 四个级别。

RAID 0：将多个磁盘合并成一个大的磁盘，不具有冗余，并行 I/O，速度最快。RAID 0 亦称为带区集，它是将多个磁盘并列起来，成为一个大硬盘。在存放数据时，其将数据按磁盘的个数来进行分段，然后同时将这些数据写进这些盘中。

在所有的级别中，RAID 0 的速度是最快的。但是 RAID 0 没有冗余功能，如果一个磁盘(物理)损坏，则所有的数据都无法使用。

RAID 1：把磁盘阵列中的硬盘分成相同的两组，互为镜像，当任一磁盘介质出现故障时，可以利用其镜像上的数据恢复，从而提高系统的容错能力。对数据的操作仍采用分块后并行传输方式。所有 RAID 1 不仅提高了读写速度，也加强系统的可靠性。但其缺点是硬盘的利用率低，只有 50%。

RAID 3：RAID 3 存放数据的原理和 RAID 0、RAID 1 不同。RAID 3 是以一个硬盘来存放数据的奇偶校验位，数据则分段存储于其余硬盘中。它像 RAID 0 一样以并行的方式来存放数据，但速度没有 RAID 0 快。如果数据盘(物理)损坏，只要将坏的硬盘换掉，RAID 控制系统会根据校验盘的数据校验位在新盘中重建坏盘上的数据。不过，如果校验盘(物理)损坏，则全部数据都无法使用。利用单独的校验盘来保护数据虽然没有镜像的安全性高，但是硬盘利用率得到了很大的提高，为 $n-1$。

RAID 5：向阵列中的磁盘写数据，奇偶校验数据存放在阵列中的各个盘上，允许单个磁盘出错。RAID 5 也是以数据的校验位来保证数据的安全，但它不是以单独硬盘来存放数据的校验位，而是将数据段的校验位交互存放于各个硬盘上。这样任何一个硬盘损坏，都可以根据其他硬盘上的校验位来重建损坏的数据。硬盘的利用率为 $n-1$。

Red Hat Enterprise Linux 5 提供了对软 RAID 技术的支持。在 Linux 系统中建立软 RAID,可以使用 mdadm 工具建立和管理 RAID 设备。

1. 实现软 RAID 的设计和准备

通过 VMWare 虚拟机的"设置"→"添加"→"硬盘"→"SCSI 硬盘"命令添加一块 SCSI 硬盘。假设当前的计算机已经有了一块硬盘/dev/sda,所以新加的硬盘是/dev/sdb。创建该磁盘的扩展分区,同时将该扩展分区划分成 4 个逻辑分区。具体环境及要求如下:

- 每个逻辑分区大小为 1024MB,分区类型 id 为 fd(Linux raid autodetect)。
- 利用 4 个分区组成 RAID 5。
- 1 个分区设定为空余磁盘(spare disk),这个空余磁盘的大小与其他 RAID 所需分区一样大。
- 将此 RAID 5 装置挂载到/mnt/raid 目录下。

2. 创建 4 个磁盘分区

使用 fdisk 命令创建 4 个磁盘分区为:/dev/sdb5、/dev/sdb6、/dev/sdb7、/dev/sdb8,并设置分区类型 id 为 fd(Linux raid autodetect)。分区过程及结果如下所示。

```
[root@localhost ~]#fdisk /dev/sdb
The number of cylinders for this disk is set to 2610.
There is nothing wrong with that, but this is larger than 1024,
and could in certain setups cause problems with:
1) software that runs at boot time (e.g., old versions of LILO)
2) booting and partitioning software from other OSs
   (e.g., DOS FDISK, OS/2 FDISK)


Command (m for help): n    #创建磁盘分区
Command action
   e  extended
   p  primary partition (1-4)
e    #创建磁盘分区的类型为 e(extended),即扩展分区
Partition number (1-4): 1    #扩展分区的分区号为 1,即扩展分区为/dev/sdb1
First cylinder (1-2610, default 1):    #起始磁柱为 1,按 Enter 键取默认值
Using default value 1
Last cylinder or +size or +sizeM or +sizeK (1-2610, default 2610): +10240M
#容量为 10GB


Command (m for help): n #开始创建 1GB 逻辑磁盘分区。由于是逻辑分区,所以起始号是 5
Command action
   l  logical (5 or over)
   p  primary partition (1-4)
1    #这是数字 1 键,表示开始创建扩展分区的逻辑分区
First cylinder (1-1246, default 1):    #起始磁柱为 1,按 Enter 键取默认值
Using default value 1
Last cylinder or +size or +sizeM or +sizeK (1-1246, default 1246): +1024M
#第一个
#逻辑分区是/dev/sdb5,容量为 1024MB
Command (m for help): n    #开始创建 1GB 的第二个逻辑磁盘分区,即/dev/sdb6
```

```
Command action
    l   logical (5 or over)
    p   primary partition (1-4)
1            #这是数字 1 键,表示开始创建扩展分区的第二个逻辑分区
First cylinder (126-1246, default 126):       #起始磁柱为 126,按 Enter 键取默认值
Using default value 126
Last cylinder or +size or +sizeM or +sizeK (126-1246, default 1246): +1024M
#容量
#后面依次创建第 3～ 5 逻辑磁盘分区/dev/sdb7、/dev/sdb8、/dev/sdb9,不再显示创建过程

Command (m for help): t          #更改逻辑磁盘分区的分区类型 id
Partition number (1-9): 5        #/更改 dev/sdb5 的分区类型 id
Hex code (type L to list codes): fd      #更改分区类型 id 为 fd(Linux raid autodetect)
Changed system type of partition 5 to fd (Linux raid autodetect)

#后面依次更改第 3～ 5 逻辑磁盘分区/dev/sdb6-9 的分区类型 id 为 fd。过程省略

Command (m for help): p          #划分成功后的磁盘分区。注意细心观察一下

Disk /dev/sdb: 21.4 GB, 21474836480 bytes
255 heads, 63 sectors/track, 2610 cylinders
Units =cylinders of 16065 * 512 =8225280 bytes

Device Boot   Start     End     Blocks   Id   System
/dev/sdb1         1    1246   10008463+    5   Extended
/dev/sdb5         1     125    1003999+   fd   Linux raid autodetect
/dev/sdb6       126     250    1004031    fd   Linux raid autodetect
/dev/sdb7       251     375    1004031    fd   Linux raid autodetect
/dev/sdb8       376     500    1004031    fd   Linux raid autodetect
/dev/sdb9       501     625    1004031    fd   Linux raid autodetect

Command (m for help): w          #存盘退出
The partition table has been altered!

Calling ioctl() to re-read partition table.

WARNING: Re-reading the partition table failed with error 16: 设备或资源忙
The kernel still uses the old table.
The new table will be used at the next reboot.
Syncing disks.
[root@localhost ~]#partprobe  #不重启系统,强制重新划分分区
```

3. 使用 mdadm 创建 RAID

```
[root@www ~]#mdadm --create --auto=yes /dev/md0 --level=5 \ #转义换行符
>--raid-devices=4 --spare-devices=1 /dev/sdb{5,6,7,8,9}
```

上述命令中指定 RAID 设备名为/dev/md0,级别为 5,使用 4 个设备建立 RAID,空余
一个留作备用。上面的语法中,最后面是装置文件名,这些装置文件名可以是整个磁盘,例

如/dev/sdb。也可以是磁盘上的分区,例如/dev/sdb1 之类。不过,这些装置文件名的总数必须要等于--raid-devices 与--spare-devices 的个数总和。此例中,/dev/ sdb{5,6,7,8,9}是一种简写,其中/dev/sdb9 为备用。

4. 查看建立的 RAID 5 的具体情况

```
[root@localhost ~]#mdadm --detail /dev/md0
/dev/md0:
            Version : 0.90
      Creation Time : Thu Feb 27 22:07:32 2014
         Raid Level : raid5
         Array Size : 3011712 (2.87 GiB 3.08 GB)
      Used Dev Size : 1003904 (980.54 MiB 1028.00 MB)
        Raid Devices : 4
       Total Devices : 5
     Preferred Minor : 0
         Persistence : Superblock is persistent


         Update Time : Thu Feb 27 22:44:57 2014
               State : clean
      Active Devices : 4
     Working Devices : 5
      Failed Devices : 0
       Spare Devices : 1


              Layout : left-symmetric
          Chunk Size : 64K


                UUID : 8ba5b38c:fc703d50:ae82d524:33ea7819
              Events : 0.2
Number   Major   Minor   Raid   Device        State
   0       8      21      0     active sync   /dev/sdb5
   1       8      22      1     active sync   /dev/sdb6
   2       8      23      2     active sync   /dev/sdb7
   3       8      24      3     active sync   /dev/sdb8
   4       8      25      -     spare         /dev/sdb9
```

5. 格式化与挂载使用 RAID

```
[root@localhost ~]#mkfs -t ext3 /dev/md0
#/dev/md0 作为装置被格式化

[root@localhost ~]#mkdir    /mnt/raid
[root@localhost ~]#mount  /dev/md0  /mnt/raid
[root@localhost ~]#df
文件系统        1KB块      已用       可用     已用%    挂载点
/dev/sda2   2030768   477232   1448712    25%    /
/dev/sda8   1019208    92772    873828    10%    /var
```

```
/dev/sda7   1019208      34724    931876     4%  /tmp
/dev/sda6   5080796    2563724   2254816    54%  /usr
/dev/sda5   8123168     449792   7254084     6%  /home
/dev/sda1    101086      11424     84443    12%  /boot
tmpfs        517572          0    517572     0%  /dev/shm
/dev/scd0   2948686    2948686         0   100%  /media/RHEL_5.4 i386 DVD
/dev/md0    2964376      70024   2743768     3%  /mnt/raid
```

5.2.3　LVM

LVM(Logical Volume Manager,逻辑卷管理器)最早应用在 IBM AIX 系统上。它的主要作用是动态分配磁盘分区及调整磁盘分区大小,并且可以让多个分区或者物理硬盘作为一个逻辑卷(相当于一个逻辑硬盘)来使用。这种机制可以让磁盘分区容量划分变得很灵活。

例如,有一个硬盘/dev/hda 划分了 3 个主分区:/dev/hda1、/dev/hda2、/dev/hda3,分别对应的挂载点是/boot、/和/home,除此之外还有一部分磁盘空间没有划分。伴随着系统用户的增多,如果/home 分区空间不够了,怎么办?传统的方法是在未划分的空间中分割一个分区,挂载到/home 下,并且把 hda3 的内容复制到这个新分区上。或者把这个新分区挂载到另外的挂载点上,然后在/home 下创建链接,链接到这个新挂载点。这两种方法都不太好,第一种方法浪费了/dev/hda3,并且如果后面的分区容量小于 hda3 怎么办?第二种方法需要每次都额外创建链接,比较麻烦。那么,利用 LVM 可以很好地解决这个问题,LVM 的好处在于,可以动态调整逻辑卷(相当于一个逻辑分区)的容量大小。也就是说/dev/hda3 如果是一个 LVM 逻辑分区,比如/dev/rootvg/lv3,那么 lv3 可以被动态放大。这样就解决了动态容量调整的问题。当然,前提是系统已设定好 LVM 支持,并且需要动态缩放的挂载点对应的设备是逻辑卷。

1. LVM 的基本概念

- PV(Physical Volume,物理卷):物理卷处于 LVM 的最底层,可以是整个物理磁盘,也可以是硬盘中的分区。
- VG(Volume Group,卷组):可以看成单独的逻辑磁盘,建立在 PV 之上,是 PV 的组合。一个卷组中至少要包括一个 PV,在卷组建立之后可以动态的添加 PV 到卷组中。
- LV(Logical Volume,逻辑卷):相当于物理分区的/dev/hdaX。逻辑卷建立在卷组之上,卷组中的未分配空间可以用于建立新的逻辑卷,逻辑卷建立后可以动态地扩展或缩小空间。系统中的多个逻辑卷可以属于同一个卷组,也可以属于不同的多个卷组。
- PE(Physical Extent,物理区域):物理区域是物理卷中可用于分配的最小存储单元,物理区域的大小可根据实际情况在建立物理卷时指定。物理区域大小一旦确定将不能更改,同一卷组中的所有物理卷的物理区域大小需要一致。当多个 PV 组成一个 VG 时,LVM 会在所有 PV 上做类似格式化的动作,将每个 PV 切成一块块的空间,这一块块的空间就称为 PE,通常是 4MB。
- LE(Logical Extent,逻辑区域):逻辑区域是逻辑卷中可用于分配的最小存储单元,逻辑区域的大小取决于逻辑卷所在卷组中的物理区域大小。LE 的大小为 PE 的倍数(通常为 1∶1)。

- VGDA(Volume Group Descriptor Area,卷组描述区域):存在于每个物理卷中,用于描述该物理卷本身、物理卷所属卷组、卷组中的逻辑卷以及逻辑卷中物理区域的分配等所有的信息,卷组描述区域是在使用 pvcreate 命令建立物理卷时建立的。

LVM 进行逻辑卷的管理时,创建顺序是 pv→vg→lv。也就是说,首先创建一个物理卷(对应一个物理硬盘分区或者一个物理硬盘),然后把这些分区或者硬盘加入到一个卷组中(相当于一个逻辑上的大硬盘),再在这个大硬盘上划分分区 lv(逻辑上的分区,就是逻辑卷),最后把 lv 逻辑卷格式化以后,就可以像使用一个传统分区那样,把它挂载到一个挂载点上,需要的时候,这个逻辑卷可以被动态缩放。例如可以用一个长方形的蛋糕来说明这种对应关系。物理硬盘相当于一个长方形蛋糕,把它切割成许多块,每个小块相当于一个 pv,然后把其中的某些 pv 重新放在一起,抹上奶油,那么这些 pv 的组合就是一个"新的蛋糕",也就是 vg。最后,我们切割这个"新蛋糕"vg,切出来的"小蛋糕"就叫做 lv。

注意:/boot 启动分区不可以是 LVM。因为 GRUB 和 LILO 引导程序并不能识别 LVM。

2. 物理卷、卷组和逻辑卷的建立

假设系统中新增加了一块硬盘/dev/sdb。下面以在/dev/sdb 上创建卷为例介绍物理卷、卷组和逻辑卷的建立方法。(请在虚拟机系统中提前增加一块硬盘/dev/sdb。)

物理卷可以建立在整个物理硬盘上,也可以建立在硬盘分区中,如在整个硬盘上建立物理卷,则不要在该硬盘上建立任何分区,如使用硬盘分区建立物理卷,则需事先对硬盘进行分区并设置该分区为 LVM 类型,其类型 ID 为 0x8e。

(1) 建立 LVM 类型的分区

利用 fdisk 命令在/dev/sdb 上建立 LVM 类型的分区,如下所示。

```
[root@Server ~]#fdisk /dev/sdb
//使用 n 子命令创建分区
Command (m for help):n
Command action
  e  extended
  p  primary partition (1-4)
p      //创建主分区
Partition number (1-4):1
First cylinder (1-130, default 1):
Using default value 1
Last cylinder or +size or +sizeM or +sizeK (1-30, default 30):+100M
//查看当前分区的设置
Command (m for help):p
Disk /dev/sdb: 1073 MB, 1073741824 bytes
255 heads, 63 sectors/track, 130 cylinders
Units = cylinders of 16065 * 512 = 8225280 bytes
Device Boot    Start    End    Blocks    Id  System
/dev/sdb1        1       13    104391    83  Linux
/dev/sdb2       31       60    240975    83  Linux
```

```
//使用 t 命令修改分区类型
Command (m for help): t
Partition number (1-4): 1
Hex code (type L to list codes): 8e        //设置分区类型为 LVM 类型
Changed system type of partition 1 to 8e (Linux LVM)
//使用 w 命令保存对分区的修改,并退出 fdisk 命令
Command (m for help): w
```

利用同样的方法创建 LVM 类型的分区/dev/sdb3 和/dev/sdb4。

（2）建立物理卷

利用 pvcreate 命令可以在已经创建好的分区上建立物理卷。物理卷直接建立在物理硬盘或者硬盘分区上,所以物理卷的设备文件使用系统中现有的磁盘分区设备文件的名称。

```
//使用 pvcreate 命令创建物理卷
[root@Server ~]#pvcreate /dev/sdb1
Physical volume "/dev/sdb1" successfully created

//使用 pvdisplay 命令显示指定物理卷的属性
[root@Server ~]#pvdisplay /dev/sdb1
```

使用同样的方法建立/dev/sdb3 和/dev/sdb4。

（3）建立卷组

在创建好物理卷后,使用 vgcreate 命令建立卷组。卷组设备文件使用/dev 目录下与卷组同名的目录表示,该卷组中的所有逻辑设备文件都将建立在该目录下,卷组目录是在使用 vgcreate 命令建立卷组时创建的。卷组中可以包含多个物理卷也可以只有一个物理卷。

```
//使用 vgcreate 命令创建卷组 vg0
[root@Server ~]#vgcreate vg0 /dev/sdb1
Volume group "vg0" successfully created

//使用 vgdisplay 命令查看 vg0 信息
[root@Server ~]#vgdisplay vg0
```

其中,vg0 为要建立的卷组名称。这里的 PE 值使用默认的 4MB,如果需要增大可以使用-L 选项,但是一旦设定以后不可更改 PE 的值。使用同样的方法创建 vg1 和 vg2。

（4）建立逻辑卷

建立好卷组后,可以使用命令 lvcreate 在已有卷组上建立逻辑卷。逻辑卷设备文件位于其所在的卷组的卷组目录中,该文件是在使用 lvcreate 命令建立逻辑卷时创建的。

```
//使用 lvcreate 命令创建卷组
[root@Server ~]#lvcreate -L 20M -n lv0 vg0
Logical volume "lv0" created

//使用 lvdisplay 命令显示创建的 lv0 的信息
[root@Server ~]#lvdisplay /dev/vg0/lv0
```

其中,-L 选项用于设置逻辑卷大小;-n 参数用于指定逻辑卷的名称和卷组的名称。

3. LVM 逻辑卷的管理

(1)增加新的物理卷到卷组

当卷组中没有足够的空间分配给逻辑卷时,可以用给卷组增加物理卷的方法来增加卷组的空间。需要注意的是,下面代码中的/dev/sdb2 必须为 LVM 类型,而且必须为 PV。

```
[root@Server ~]#vgextend vg0 /dev/sdb2
Volume group "vg0" successfully extended
```

(2)逻辑卷容量的动态调整

当逻辑卷的空间不能满足要求时,可以利用 lvextend 命令把卷组中的空闲空间分配到该逻辑卷以扩展逻辑卷的容量。当逻辑卷的空闲空间太大时,可以使用 lvreduce 命令减少逻辑卷的容量。

```
//使用 lvextend 命令增加逻辑卷容量
[root@Server ~]#lvextend -L +10M /dev/vg0/lv0
Rounding up size to full physical extent 12.00 MB
Extending logical volume lv0 to 32.00 MB
Logical volume lv0 successfully resized

//使用 lvreduce 命令减少逻辑卷容量
[root@Server ~]#lvreduce -L -10M /dev/vg0/lv0
  Rounding up size to full physical extent 8.00 MB
  WARNING: Reducing active logical volume to 24.00 MB
  THIS MAY DESTROY YOUR DATA (filesystem etc.)
Do you really want to reduce lv0? [y/n]: y
  Reducing logical volume lv0 to 24.00 MB
  Logical volume lv0 successfully resized
```

(3)删除逻辑卷—卷组—物理卷(必须按照先后顺序来执行删除)

```
//使用 lvremove 命令删除逻辑卷
[root@Server ~]#lvremove /dev/vg0/lv0
Do you really want to remove active logical volume "lv0"? [y/n]: y
Logical volume "lv0" successfully removed

//使用 vgremove 命令删除卷组
[root@Server ~]#vgremove vg0
Volume group "vg0" successfully removed

//使用 pvremove 命令删除物理卷
[root@Server ~]#pvremove /dev/sdb1
Labels on physical volume "/dev/sdb1" successfully wiped
```

4. 物理卷、卷组和逻辑卷的检查

(1)物理卷的检查

```
[root@Server ~]#pvscan
  PV /dev/sdb4   VG vg2   lvm2 [624.00 MB / 624.00 MB free]
  PV /dev/sdb3   VG vg1   lvm2 [100.00 MB / 88.00 MB free]
  PV /dev/sdb1   VG vg0   lvm2 [232.00 MB / 232.00 MB free]
  PV /dev/sdb2   VG vg0   lvm2 [184.00 MB / 184.00 MB free]
  Total: 4 [1.11 GB] / in use: 4 [1.11 GB] / in no VG: 0 [0   ]
```

（2）卷组的检查

```
[root@Server ~]#vgscan
  Reading all physical volumes. This may take a while...
  Found volume group "vg2" using metadata type lvm2
  Found volume group "vg1" using metadata type lvm2
  Found volume group "vg0" using metadata type lvm2
```

（3）逻辑卷的检查

```
[root@Server ~]#lvscan
  ACTIVE      '/dev/vg1/lv3' [12.00 MB] inherit
  ACTIVE      '/dev/vg0/lv0' [24.00 MB] inherit
  (略)
```

5.3　磁盘配额管理

　　Linux 是一个多用户的操作系统，为了防止某个用户或组群占用过多的磁盘空间，可以通过磁盘配额（Disk Quota）功能限制用户和组群对磁盘空间的使用。在 Linux 系统中可以通过索引节点数和磁盘块区数来限制用户和组群对磁盘空间的使用。

　　（1）限制用户和组的索引节点数（inode）是指限制用户和组可以创建的文件数量。

　　（2）限制用户和组的磁盘块区数（block）是指限制用户和组可以使用的磁盘容量。

　　设置系统的磁盘配额大体可以分为 4 个步骤。

　　（1）启动系统的磁盘配额（quota）功能。

　　（2）创建 quota 配额文件。

　　（3）设置用户和组群的磁盘配额。

　　（4）启动磁盘限额功能。

5.3.1　磁盘配额的设计与准备

1. 本次实训的环境要求

- 目的账号：5 个员工的账号分别是 myquota1、myquota2、myquota3、myquota4 和 myquota5,5 个用户的密码都是 password，且这 5 个用户所属的初始群组都是 myquotagrp。其他的账号属性则使用默认值。

- 账号的磁盘容量限制值：5 个用户都能够取得 300MB 的磁盘使用量（hard），文件数量则不予限制。此外，只要容量使用超过 250MB，就予以警告（soft）。

- 群组的限额：由于系统里面还有其他用户存在,因此限制 myquotagrp 这个群组最多仅能使用 1GB 的容量。也就是说,如果 myquota1、myquota2 和 myquota3 都用了 280MB 的容量了,那么其他两人最多只能使用(1000MB−280MB×3＝160MB)的磁盘容量。这就是使用者与群组同时设定时会产生的效果。
- 宽限时间的限制：最后,希望每个使用者在超过 soft 限制值之后都还能够有 14 天的宽限时间。

注意：本例中的/home 是独立分区。

2. 使用脚本建立 quota 实训所需的环境

制作账号环境时,由于有 5 个账号,因此使用脚本创建环境。(可以手工建立这 5 个账号,也可以通过用户和组的管理来创建。)

```
[root@www ~]#vim addaccount.sh
#! /bin/bash
#使用脚本来建立磁盘配额实验所需的环境
groupadd myquotagrp
for username in myquota1 myquota2 myquota3 myquota4 myquota5
do
        useradd -g myquotagrp $username
        echo "password"|passwd --stdin $username
done

[root@www ~]#sh addaccount.sh
```

5.3.2 实施磁盘配额

1. 启动系统的磁盘配额

(1) 文件系统支持。

要使用 Quota,必须要有文件系统的支持。假设已经使用了预设支持 Quota 的核心,那么接下来就是要启动文件系统的支持。不过,由于 Quota 仅针对整个文件系统来进行规划,所以应先检查一下/home 是否是个独立的文件系统。这需要使用 df 命令。

```
[root@www ~]#df    -h    /home
Filesystem Size Used Avail Use%  Mounted on
/dev/sda5 7.8G 147M 7.3G 2%  /home #主机的/home 确定是独立的
[root@www ~]#mount|grep home
/dev/sda5 on /home type ext3 (rw)
```

从上面的数据来看,这部主机的/home 确实是独立的文件系统,因此可以直接限制/dev/hda5。如果你的系统的/home 并非是独立的文件系统,那么可能就得要针对根目录(/)来规范。不过,不建议在根目录中设定 Quota。此外,由于 VFAT 文件系统并不支持 Linux Quota 功能,所以我们要使用 mount 查询一下/home 的文件系统是什么。如果是 ext2/ext3,则支持 Quota。

(2) 如果只是想要在本次开机中实验 Quota,那么可以使用如下的方式来手动加入 Quota 的支持。

```
[root@www ~]#mount  -o  remount,usrquota,grpquota  /home
[root@www ~]#mount|grep home
/dev/sda5 on /home type ext3 (rw,usrquota,grpquota)
#重点就在于 usrquota、grpquota,应注意写法
```

（3）自动挂载。

不过手动挂载的数据在下次重新挂载时就会消失,因此最好写入配置文件中。

```
[root@www ~]#vim  /etc/fstab
LABEL=/home /home ext3 defaults,usrquota,grpquota  1 2
#其他项目并没有列出来。重点在于第四字段,可在 default 后面加上两个参数
[root@www ~]#umount  /home
[root@www ~]#mount  -a
[root@www ~]#mount|grep home
/dev/sda5 on /home type ext3 (rw,usrquota,grpquota)
```

再次强调一下,修改完/etc/fstab 后,务必要测试一下。若有错误发生,务必赶紧处理。因为这个文件如果修改错误,会造成无法完全开机的情况,切记切记！最好使用 Vim 来修改。因为 Vim 会有语法的检验。

2. 建立 Quota 记录文件

其实 Quota 是先分析整个文件系统中每个使用者(群组)拥有文件的总数与文件大小的总容量,再将这些数据记录在该文件系统的最顶层目录中,然后在该记录文件中再使用每个账号(或群组)的限制值去规范磁盘使用量。所以,创建 Quota 记录文件非常重要。使用quotacheck 命令扫描文件系统并建立 Quota 的记录文件。

当运行 quotacheck 时,系统会担心破坏原有的记录文件,所以会产生一些错误的信息警告。如果确定没有任何人在使用 Quota 时,可以强制重新进行 quotacheck 的动作(-mf)。强制执行的情况可以使用如下的选项功能。

```
#如果因为特殊需求需要强制扫描已挂载的文件系统时
[root@www ~]#quotacheck  -avug  -mf
quotacheck: Scanning /dev/sda5 [/home] quotacheck: Cannot stat old user quota
file:没有那个文件或目录
quotacheck: Cannot stat old group quota file:没有那个文件或目录
quotacheck: Cannot stat old user quota file:没有那个文件或目录
quotacheck: Cannot stat old group quota file:没有那个文件或目录
#没有找到文件系统,是因为还没有制作记录文件
[root@www ~]#11 -d /home/a *
-rw-------1 root root 7168 02-25 20:26 /home/aquota.group
-rw-------1 root root 7168 02-25 20:26 /home/aquota.user #记录文件已经建立
```

这样记录文件就建立起来了。不要手动去编辑那两个文件。因为那两个文件是 Quota自己的数据文件,并不是纯文本文件。并且该文件会一直变动,这是因为当你对/home 这个文件系统进行操作时,操作的结果会影响磁盘,会同步记载到那两个文件中。所以要建立aquota. user、aquota. group,记得使用 quotacheck 指令,不要手动编辑。

3. Quota 的启动、关闭与限制值的设定

制作好 Quota 配置文件之后,接下来就要启动 Quota 了。启动的方式很简单,即使用 quotaon 命令。至于关闭就用 quotaoff 命令即可。

(1) quotaon:启动 quota 的服务。

```
[root@www ~]#quotaon [-avug]
[root@www ~]#quotaon [-vug] [/mount_point]
```

选项与参数如下。

-u:针对使用者启动 quota(aquota.usaer)。

-g:针对群组启动 quota(aquota.group)。

-v:显示启动过程的相关信息。

-a:根据/etc/mtab 内的文件系统设定启动有关的 quota。若不加-a,则后面就需要加上特定的那个文件系统。

由于我们要启动 user/group 的 quota,所以使用下面的语法即可。

```
[root@www ~]#quotaon -auvg
/dev/sda5 [/home]: group quotas turned on
/dev/sda5 [/home]: user quotas turned on
```

quotaon -auvg 指令几乎只在第一次启动 quota 时才需要。因为下次重新启动系统时,系统的/etc/rc.d/rc.sysinit 这个初始化脚本就会自动下达这个指令。因此只要在这次实例中进行一次即可,未来都不需要自行启动 quota。

(2) quotaoff:关闭 quota 的服务。

注意:在进行完本次实训前不要关闭该服务。

(3) edquota:编辑账号/群组的限值与宽限时间。

① 下面来看看当进入 myquota1 的限额设定时会出现什么画面。

```
[root@www ~]#edquota -u myquota1
Disk quotas for user myquota1 (uid 500):
Filesystem  blocks  soft  hard  inodes  soft  hard
 /dev/sda5    64      0     0      8      0     0
```

② 当 soft/hard 为 0 时,表示没有限制的意思。依据我们的需求,需要设定的是 blocks 的 soft/hard,至于 inode 则不要去更改。

```
Disk quotas for user myquota1 (uid 500):
Filesystem  blocks  soft    hard    inodes  soft  hard
 /dev/sda5    64    250000  300000    8      0     0
```

提示:在 edquota 的画面中,每一行只要保持 7 个字段就可以了,并不需要排列整齐。

③ 其他 5 个用户的设定可以使用 quota 复制。

```
#将 myquota1 的限制值复制给其他四个账号
[root@www ~]#edquota -p myquota1 -u myquota2
[root@www ~]#edquota -p myquota1 -u myquota3
```

```
[root@www ~]#edquota -p myquota1 -u myquota4
[root@www ~]#edquota -p myquota1 -u myquota5
```

④ 更改群组的 quota 限额。

```
[root @www ~]#edquota -g myquotagrp
Disk quotas for group myquotagrp (gid 500):
Filesystem  blocks    soft     hard    inodes  soft  hard
/dev/sda5    320    900000  1000000    40      0     0
```

⑤ 最后,将宽限时间改成 14 天。

```
#宽限时间原来为 7 天,现在改成 14 天
[root@www ~]#edquota -t
Grace period before enforcing soft limits for users:
Time units may be: days, hours, minutes, or seconds
Filesystem              Block grace period        Inode grace period
/dev/sda5                   14days                     7days
```

4. repquota 会针对文件系统的限额做报表

```
#查询本案例中所有使用者的 quota 限制情况
[root@www ~]#repquota -auvs
*** Report for user quotas on device /dev/sda5    #针对 /dev/hda5
Block grace time: 14days; Inode grace time: 7days    #block 宽限时间为 14 天
                  Block limits                      File limits
User        used    soft    hard grace      used    soft    hard grace
----------------------------------------------------------------------
root       --  147M    0        0             4      0        0
myquota1   --   64    245M    293M            8      0        0
myquota2   --   64    245M    293M            8      0        0
myquota3   --   64    245M    293M            8      0        0
myquota4   --   64    245M    293M            8      0        0
myquota5   --   64    245M    293M            8      0        0

Statistics:              #这是系统的相关信息,用-v选项才会显示
Total blocks: 7
Data blocks: 1
Entries: 6
Used average: 6.000000
```

5. 测试与管理

测试一:利用 myquota1 的身份创建一个 270MB 的大文件,并观察 quota 的结果。

注意:myquota1 对自己的 home 目录有写入权限,所以转到自己的 home 目录,否则写入时会出现权限问题。

```
[root@www ~]#su myquota1
[myquota1@www ~]$cd /home/myquota1
[myquota1@www ~]$dd if=/dev/zero of=bigfile bs=1M count=270
```

```
270+0 records in
270+0 records out
283115520 bytes (283 MB) copied, 12.696 seconds, 22.3 MB/s
#注意,此处使用 myquota1 的账号去执行 dd 命令。接下来看看报表

[myquota1@www ~]$ su root
[root@www ~]# repquota -auv
*** Report for user quotas on device /dev/sda5
Block grace time: 14days; Inode grace time: 7days
                    Block limits                      File limits
User     used    soft    hard    grace    used    soft    hard    grace
----------------------------------------------------------------------
myquota1  +-  276824  250000   300000  13days     9       0       0
#这个命令则是利用 root 去查阅
#可以发现 myquota1 的 grace 出现了,并且开始倒数
```

测试二：再创建另外一个大文件,让总容量超过 300MB。

```
[root@www ~]# su myquota1
[myquota1@www ~]$ cd /home/myquota1
[myquota1@www ~]$ dd if=/dev/zero of=bigfile2 bs=1M count=300
hda3: write failed, user block limit reached.
dd: writing 'bigfile2': Disk quota exceeded #注意,错误信息不一样了!
23+0 records in #没办法写入了,所以只记录 23 笔
22+0 records out
23683072 bytes (24 MB) copied, 0.260081 seconds, 91.1 MB/s

[myquota1@www ~]$ du -sk
300000 . #到极限了
```

此时 myquota1 可以开始处理对应的文件系统了！如果不处理,最后宽限时间会归零,然后出现如下的画面。

```
[root@www ~]# repquota -au
*** Report for user quotas on device /dev/hda5
Block grace time: 00:01; Inode grace time: 7days
                    Block limits                      File limits
User     used    soft    hard    grace    used    soft    hard    grace
----------------------------------------------------------------------
myquota1  +-   300000  250000   300000   none     11      0       0
#倒数整个归零,所以 grace 的部分就会变成 none,不继续倒数
```

5.4 练习题

1. 选择题

(1) 假定 kernel 支持 vfat 分区,下面哪一个操作是将/dev/hda1 和一个 Windows 分区

加载到/win 目录？（　　）

  A．mount -t windows /win /dev/hda1

  B．mount -fs＝msdos /dev/hda1 /win

  C．mount -s win /dev/hda1 /win

  D．mount -t vfat /dev/hda1 /win

（2）关于/etc/fstab 的正确描述的是（　　）。

  A．启动系统后，由系统自动产生

  B．用于管理文件系统信息

  C．用于设置命名规则，是否使用可以用 Tab 键来命名一个文件

  D．保存硬件信息

（3）存放 Linux 基本命令的目录是（　　）。

  A．/bin   B．/tmp   C．/lib   D．/root

（4）对于普通用户创建的新目录，（　　）是默认的访问权限。

  A．rwxr-xr-x B．rw-rwxrw- C．rwxrw-rw- D．rwxrwxrw-

（5）如果当前目录是/home/sea/china，那么 china 的父目录是哪个目录？（　　）

  A．/home/sea B．/home/ C．/   D．/sea

（6）系统中有用户 user1 和 user2，它们同属于 users 组。在 user1 用户目录下有一文件 file1，它拥有 644 的权限，如果 user2 想修改 user1 用户目录下的 file1 文件，应拥有（　　）权限。

  A．744   B．664   C．646   D．746

（7）在一个新分区上建立文件系统应该使用的命令是（　　）。

  A．fdisk   B．makefs   C．mkfs   D．format

（8）用 ls -al 命令列出下面的文件列表，（　　）文件是符号连接文件。

  A．-rw------- 2 hel-s users 56 Sep 09 11：05 hello

  B．-rw------- 2 hel-s users 56 Sep 09 11：05 goodbey

  C．drwx----- 1 hel users 1024 Sep 10 08：10 zhang

  D．lrwx----- 1 hel users 2024 Sep 12 08：12 cheng

（9）Linux 文件系统的目录结构是一棵倒挂的树，文件都按其作用分门别类地放在相关的目录中。现有一个外部设备文件，我们应该将其放在（　　）目录中。

  A．/bin   B．/etc   C．/dev   D．lib

（10）如果 umask 设置为 022，默认创建的文件的权限为（　　）。

  A．----w--w- B．-rwxr-xr-x C．r-xr-x--- D．rw-r--r-

2．填空题

（1）文件系统（File System）是磁盘上有特定格式的一片区域，操作系统利用文件系统_____和_____文件。

（2）ext 文件系统在 1992 年 4 月完成，称为_____，是第一个专门针对 Linux 操作系统的文件系统。Linux 系统使用_____文件系统。

（3）_____是光盘所使用的标准文件系统。

（4）Linux 的文件系统是采用阶层式的_____结构，在该结构中的最上层

是_____。

（5）默认的权限可用_____命令修改，用法非常简单，只需执行_____命令，便代表屏蔽所有的权限，因而之后建立的文件或目录，其权限都变成_____。

（6）在 Linux 系统安装时，可以采用_____、_____和_____等方式进行分区。除此之外，在 Linux 系统中还有_____、_____、_____等分区工具。

（7）RAID(Redundant Array of Inexpensive Disks)中文全称是_____，用于将多个廉价的小型磁盘驱动器合并成一个_____，以提高存储性能和_____功能。RAID 可分为_____和_____，软 RAID 通过软件实现多块硬盘_____。

（8）LVM(Logical Volume Manager)的中文全称是_____，最早应用在 IBM AIX 系统上。它的主要作用是_____及调整磁盘分区大小，并且可以让多个分区或者物理硬盘作为_____来使用。

（9）可以通过_____和_____来限制用户与组群对磁盘空间的使用。

5.5 项目实录

项目实录一：文件权限管理

1. 录像位置

随书光盘。

2. 项目实训目的

- 掌握利用 chmod 及 chgrp 等命令实现 Linux 文件权限管理。
- 掌握磁盘限额的实现方法。

3. 项目背景

某公司有 60 个员工，分别在 5 个部门工作，每个人工作内容不同。需要在服务器上为每个人创建不同的账号，把相同部门的用户放在一个组中，每个用户都有自己的工作目录。并且需要根据工作性质给每个部门和每个用户在服务器上的可用空间进行限制。

假设有用户 user1，请设置 user1 对/dev/sdb1 分区的磁盘限额，将 user1 对 blocks 的 soft 设置为 5000，hard 设置为 10000；inodes 的 soft 设置为 5000，hard 设置为 10000。

4. 项目实训内容

练习 chmod、chgrp 等命令的使用，练习在 Linux 下实现磁盘限额的方法。

5. 做一做

根据项目实录录像进行项目的实训，检查学习效果。

项目实录二：文件系统管理

1. 录像位置

随书光盘。

2．项目实训目的
- 掌握 Linux 下文件系统的创建、挂载与卸载的方法。
- 掌握文件系统自动挂载的方法。

3．项目背景

某企业的 Linux 服务器中新增了一块硬盘/dev/sdb,请使用 fdisk 命令新建/dev/sdb1 主分区和/dev/sdb2 扩展分区,在扩展分区中新建逻辑分区/dev/sdb5,并使用 mkfs 命令分别创建 vfat 和 ext3 文件系统;然后,用 fsck 命令检查这两个文件系统;最后,把这两个文件系统挂载到系统上。

4．项目实训内容

练习 Linux 系统下文件系统的创建、挂载与卸载及自动挂载的实现。

5．做一做

根据项目实录录像进行项目的实训,检查学习效果。

项目实录三：LVM 逻辑卷管理器

1．录像位置

随书光盘。

2．项目实训目的
- 掌握创建 LVM 分区类型的方法。
- 掌握 LVM 逻辑卷管理的基本方法。

3．项目背景

某企业在 Linux 服务器中新增了一块硬盘/dev/sdb,要求 Linux 系统的分区能自动调整磁盘容量。请使用 fdisk 命令再新建/dev/sdb1、/dev/sdb2、/dev/sdb3 和/dev/sdb4 为 LVM 类型,并在这四个分区上创建物理卷、卷组和逻辑卷,最后将逻辑卷挂载。

4．项目实训内容

物理卷、卷组、逻辑卷的创建;卷组、逻辑卷的管理。

5．做一做

根据项目实录录像进行项目的实训,检查学习效果。

项目实录四：动态磁盘管理

1．录像位置

随书光盘。

2．项目实训目的

掌握 Linux 系统中利用 RAID 技术实现磁盘阵列的管理方法。

3．项目背景

某企业为了保护重要数据,购买了四块同一厂家的 SCSI 硬盘。要求在这四块硬盘上创建 RAID 5 卷,以实现磁盘容错。

4. 项目实训内容

利用 mdadm 命令创建并管理 RAID 卷。

5. 做一做

根据项目实录录像进行项目的实训,检查学习效果。

实训 文件系统和磁盘管理应用训练

1. 实训目的

(1) 掌握 Linux 下磁盘管理的方法。

(2) 掌握文件系统的挂载与卸载。

(3) 掌握磁盘限额与文件权限管理。

2. 实训内容

练习 Linux 系统下磁盘管理、文件系统管理、磁盘限额及文件权限的管理。

3. 实训环境

在虚拟机相应操作系统的硬盘剩余空间中,用 fdisk 命令创建两个分区,分区类型分别为 fat32 和 Linux。再用 mkfs 命令在上面分别创建 vfat 和 ext3 文件系统。然后,用 fsck 命令检查这两个文件系统。最后,把这两个文件系统挂载到系统上。

4. 实训练习

(1) 使用 fdisk 命令进行硬盘分区

* 以 root 用户登录到系统字符界面下输入 fdisk 命令,把要进行分区的硬盘设备文件作为参数,例如: fdisk /dev/sda。
* 利用子命令 m,列出所有可使用的子命令。
* 输入子命令 p,显示已有的分区表。
* 输入子命令 n,创建扩展分区。
* 输入子命令 n,在扩展分区上创建新的分区。
* 输入子命令 l,选择创建逻辑分区。
* 输入新分区的起始扇区号,按 Enter 键使用默认值。
* 输入新分区的大小。
* 再次利用子命令 n 创建另一个逻辑分区,将硬盘所有剩余空间都分配给它。
* 输入子命令 p,显示分区表,查看新创建好的分区。
* 输入子命令 l,显示所有的分区类型的代号。
* 输入子命令 t,设置分区的类型。
* 输入要设置分区类型的分区代号,其中 fat32 为 b,Linux 为 83。
* 输入子命令 p,查看设置结果。
* 输入子命令 w,把设置写入硬盘分区表,退出 fdisk 并重新启动系统。

(2) 用 mkfs 创建文件系统

在上述刚刚创建的分区上创建 ext3 文件系统和 vfat 文件系统。

（3）用 fsck 检查文件系统

用 fsck 检查文件系统的内容,看是否存在问题。

（4）挂载和卸载文件系统

* 利用 mkdir 命令,在/mnt 目录下建立挂载点 mountpoint1 和 mountpoint2。
* 利用 mount 命令,列出已经挂载到系统上的分区。
* 把上述新创建的 ext3 分区挂载到/mnt/mountpoint1 上。
* 把上述新创建的 vfat 分区挂载到/mnt/mountpoint2 上。
* 利用 mount 命令列出挂载到系统上的分区,查看挂载是否成功。
* 利用 umount 命令卸载上面的两个分区。
* 利用 mount 命令查看卸载是否成功。
* 编辑系统文件/etc/fstab 文件,把上面两个分区加入此文件中。
* 重新启动系统,显示已经挂载到系统上的分区,检查设置是否成功。

（5）使用光盘与 U 盘

* 取一张光盘放入光驱中,将光盘挂载到/media/cdrom 目录下。
* 查看光盘中的文件和目录列表。
* 卸载光盘。
* 利用与上述相似的命令完成 U 盘的挂载与卸载。

（6）磁盘限额

* 启动 Vi 编辑/etc/fstab 文件。
* 在/etc/fstab 文件中的 home 分区上添加用户和组的磁盘限额。
* 用 quotacheck 命令创建 aquota. user 和 aquota. group 文件。
* 给用户 user01 设置磁盘限额功能。
* 将其 blocks 的 soft 设置为 5000,hard 设置为 10000;inodes 的设置为 5000,hard 设置为 10000。编辑完成后保存并退出。
* 重新启动系统。
* 用 quotaon 命令启用 quota 功能。
* 切换到用户 user01,查看自己的磁盘限额及使用情况。
* 尝试复制大小分别超过磁盘限额软限制和硬限制的文件到用户的主目录下,检验一下磁盘限额功能是否起作用。

（7）设置文件的权限

* 在用户主目录下创建目录 test,进入 test 目录创建空文件 file1。
* 以长格形式显示文件信息,注意文件的权限和所属用户和组。
* 对文件 file1 设置权限,使其他用户可以对此文件进行写操作。
* 查看设置结果。
* 取消同组用户对此文件的读取权限,查看设置结果。
* 用数字形式为文件 file1 设置权限,所有者可读、可写、可执行;其他用户和所属组用户只有读与执行的权限。设置完成后查看设置结果。
* 用数字形式更改文件 file1 的权限,使所有者只能读取此文件,其他任何用户都没有权限。查看设置结果。

- 为其他用户添加写权限。查看设置结果。
- 回到上层目录,查看 test 的权限。
- 为其他用户添加对此目录的写权限。

(8) 改变所有者

- 查看目录 test 及其下文件的所属用户和组。
- 把目录 test 及其下所有文件的所有者改成 bin,所属组改成 daemon。查看设置结果。
- 删除目录 test 及其下的文件。

5. 实训报告

按要求完成实训报告。

第6章 DHCP 服务器配置

DHCP 服务器是常见的网络服务器。本章将详细讲解在 Linux 操作平台下 DHCP 服务器的配置。

本章学习要点：

- 了解 DHCP 服务的工作原理。
- 熟练掌握 Linux 下 DHCP 服务器的配置。
- 熟练掌握 Linux 下 DHCP 客户端的配置。

6.1 DHCP 服务概述

DHCP(Dynamic Host Configuration Protocol，动态主机配置协议)是一种简化主机 IP 地址分配管理的 TCP/IP 标准协议，是通过服务器集中管理网络上使用的 IP 地址及其他相关配置信息，以减少管理 IP 地址配置的复杂性。

6.1.1 DHCP 服务简介

在使用 TCP/IP 协议的网络上，每一台计算机都拥有唯一的 IP 地址。使用 IP 地址(及其子网掩码)来鉴别它所在的主机和子网。如采用静态 IP 地址的分配方法，当计算机从一个子网移动到另一个子网的时候，必须改变该计算机的 IP 地址，这将增加网络管理员的负担，而 DHCP 服务可以将 DHCP 服务器中的 IP 地址数据库中的 IP 地址动态地分配给局域网中的客户机，从而减轻了网络管理员的负担。

在使用 DHCP 服务分配 IP 地址时，网络中至少有一台服务器上安装了 DHCP 服务，其他要使用 DHCP 功能的客户机也必须设置成通过 DHCP 获得 IP 地址。客户机在向服务器请求一个 IP 地址时，如果还有 IP 地址没有被使用，则在数据库中登记该 IP 地址已被该客户机使用，然后回应这个 IP 地址，以及相关的选项给客户机。图 6-1 是一个 DHCP 服务的示意图。

6.1.2 DHCP 服务工作原理

1. DHCP 客户首次获得 IP 租约

DHCP 客户首次获得 IP 地址租约，需要经过以下 4 个阶段与 DHCP 服务器建立联系，如图 6-2 所示。

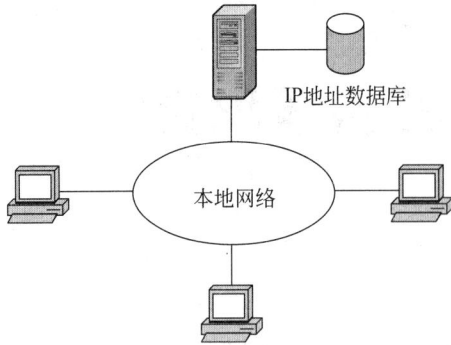

图 6-1 DHCP 服务示意图   图 6-2 DHCP 工作过程

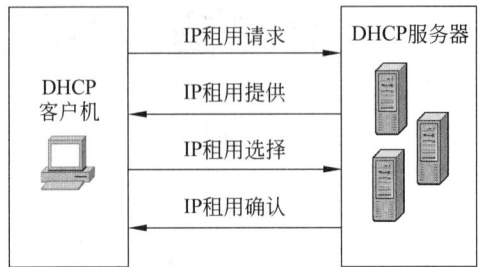

（1）IP 租用请求

该过程也被称为 IPDISCOVER。当发现以下情况中的任意一种时，即启动 IP 地址租用请求。

- 当客户端第一次以 DHCP 客户端的身份启动，也就是它第一次向 DHCP 服务器请求 TCP/IP 配置时。
- 该 DHCP 客户端所租用的 IP 地址已被 DHCP 服务器收回，并已提供给其他 DHCP 客户端使用，而该 DHCP 客户端重新申请新的 IP 租约时。
- DHCP 客户端自己释放掉原先所租用的 IP 地址，并且要求租用一个新的 IP 地址时。
- 客户端从固定 IP 地址方式转向使用 DHCP 方式时。

在 DHCP 发现过程中，DHCP 客户端发出 TCP/IP 配置请求时，DHCP 客户端使用 0.0.0.0 作为自己的 IP 地址，255.255.255.255 作为服务器的 IP 地址，然后以 UDP 的方式在 67 或 68 端口广播一个 DHCPDISCOVER 信息，该信息含有 DHCP 客户端网卡的 MAC 地址和计算机的 NetBIOS 名称。当第一个 DHCPDISCOVER 信息发送出去后，DHCP 客户端将等待 1 秒钟的时间。如果在此期间内没有 DHCP 服务器对此做出响应，DHCP 客户端将分别在第 9 秒、第 13 秒和第 16 秒时重复发送一次 DHCPDISCOVER 信息。如果仍然没有得到 DHCP 服务器的应答，DHCP 客户端就会在以后每隔 5 分钟广播一次 DHCP 发现信息，直到得到一个应答为止。

（2）IP 租用提供

当网络中的任何一个 DHCP 服务器在收到 DHCP 客户端的 DHCPDISCOVER 信息后，对自身进行检查，如果该 DHCP 服务器能够提供空闲的 IP 地址，就从该 DHCP 服务器的 IP 地址池中随机选取一个没有出租的 IP 地址，然后利用广播的方式提供给 DHCP 客户端。在还没有将该 IP 地址正式租用给 DHCP 客户端之前，这个 IP 地址会暂时"隔离"起来，以免再分配给其他 DHCP 客户端。提供应答信息是 DHCP 服务器的第一个响应，它包含了 IP 地址、子网掩码、租用期和提供响应的 DHCP 服务器的 IP 地址。

（3）IP 租用选择

当 DHCP 客户端收到第一个由 DHCP 服务器提供的应答信息后，就以广播的方式发送一个 DHCP 请求信息给网络中所有的 DHCP 服务器。在 DHCP 请求信息中包含已选择的 DHCP 服务器返回的 IP 地址。

136

（4）IP 租用确认

一旦被选择的 DHCP 服务器接收到 DHCP 客户端的 DHCP 请求后,就将已保留的这个 IP 地址标识为已租用,然后也以广播方式发送一个 DHCPACK 信息给 DHCP 客户端。该 DHCP 客户端在接收 DHCP 确认信息后,就完成了获得 IP 地址的整个过程。

2. DHCP 客户更新 IP 地址租约

取得 IP 租约后,DHCP 客户机必须定期更新租约,否则当租约到期,就不能再使用此 IP 地址,按照 RFC 默认规定,每当租用时间超过租约的 50％和 87.5％时,客户机就必须发出 DHCPREQUEST 信息包,向 DHCP 服务器请求更新租约。在更新租约时,DHCP 客户机是以单点发送方式发送 DHCPREQUEST 信息包,不再进行广播。

具体过程为:

（1）当 DHCP 客户端的 IP 地址使用时间达到租期的 50％时,它就会向 DHCP 服务器发送一个新的 DHCPREQUEST,若服务器在接收到该信息后并没有可拒绝该请求的理由时,便会发送一个 DHCPACK 信息。当 DHCP 客户端收到该应答信息后,就重新开始一个租用周期。如果没收到该服务器的回复,客户机继续使用现有的 IP 地址,因为当前租期还有 50％。

（2）如果在租期过去 50％时未能成功更新,则客户机将在当前租期的 87.5％时再次向为其提供 IP 地址的 DHCP 服务器联系。如果联系不成功,则重新开始 IP 租用过程。

（3）如果 DHCP 客户机重新启动时,它将尝试更新上次关机时拥有的 IP 租用。如果更新未能成功,客户机将尝试联系现有 IP 租用中列出的默认网关。如果联系成功且租用尚未到期,客户机则认为自己仍然位于与它获得现有 IP 租用时相同的子网上(没有被移走)继续使用现有 IP 地址。如果未能与默认网关联系成功,客户机则认为自己已经被移到不同的子网上,则 DHCP 客户机将失去 TCP/IP 网络功能。此后,DHCP 客户机将每隔 5 分钟尝试一次重新开始新一轮的 IP 租用过程。

6.2　DHCP 服务的安装与配置

本节主要介绍 DHCP 服务的安装、配置与启动等内容。

6.2.1　DHCP 服务的安装

（1）首先检测系统是否已经安装了 DHCP 相关软件。

```
[root@RHEL 6 ~]#rpm -qa | grep dhcp
```

（2）如果系统还没有安装 dhcp 软件包,可以使用 yum 命令安装所需软件包。
① 挂载 ISO 安装镜像。

```
//挂载光盘到 /iso 目录下
[root@rhel6 ~]#mkdir /iso
[root@rhel6 ~]#mount /dev/cdrom /iso
```

② 制作用于安装的 yum 源文件。

```
[root@rhel16 ~]#vim /etc/yum.repos.d/dvd.repo
```

dvd.repo 文件的内容如下:

```
#/etc/yum.repos.d/dvd.repo
#or for ONLY the media repo, do this:
#yum --disablerepo=\* --enablerepo=c6-media [command]
[dvd]
name=dvd
baseurl=file:///iso      //特别注意本地源文件的表示用 3 个"/"。
gpgcheck=0
enabled=1
```

注意: 在制作 yum 源文件时,/etc/yum.repos.d/ 目录下的其他 repo 文件删除就可以,只保留 dvd.repo。

③ 使用 yum 命令查看 dhcp 软件包的信息,如图 6-3 所示。

```
[root@rhel16 ~]#yum info dhcp
```

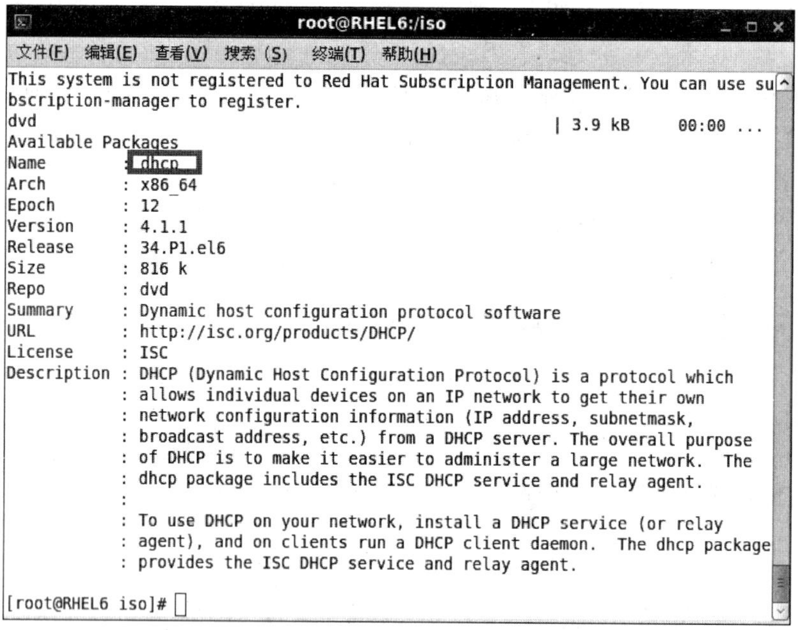

图 6-3 使用 yum 命令查看 dhcp 软件包的信息

④ 使用 yum 命令安装 dhcp 服务。

```
[root@RHEL 6 ~]#yum clean all      //安装前先清除缓存
[root@rhel16 ~]#yum install dhcp -y
```

正常安装完成后,最后的提示信息是:

```
Installed:
    dhcp.x86_64 12:4.1.1-34.P1.el6

Complete!
```

所有软件包安装完毕之后,可以使用 rpm 命令再一次进行查询,结果如下:

```
[root@RHEL 6 iso]#rpm -qa | grep dhcp
dhcp-4.1.1-34.P1.el6.x86_64
dhcp-common-4.1.1-34.P1.el6.x86_64
```

6.2.2　DHCP 服务的配置

下面介绍复制样例文件到主配置文件的方法。

默认的主配置文件(/etc/dhcp/dhcpd.conf)没有任何的实质内容,打开文件查阅,发现里面有一句话"see /usr/share/doc/dhcp*/dhcpd.conf.sample"。将该样例文件复制到主配置文件中。

```
[root@RHEL 6 ~]#cp /usr/share/doc/dhcp*/dhcpd.conf.sample /etc/dhcp/dhcpd.conf
```

下面列出此文件及其内容的说明。

```
[root@Server ~]#cat /usr/share/doc/dhcp*/dhcpd.conf.sample //查看模板配置文件
//下面为模板配置文件的内容
ddns-update-style interim;                    //定义所支持的 DNS 动态更新类型(必选)
ignore client-updates;                        //忽略客户机更新 DNS 记录
                                              //以下内容为设置子网声明

subnet 192.168.0.0 netmask 255.255.255.0 {

#---default gateway
option routers          192.168.0.1;          //为 DHCP 客户设置默认网关
option subnet-mask      255.255.255.0;        //为 DHCP 客户设置子网掩码
option nis-domain       "domain.org";         //为 DHCP 客户设置 NIS 域
    option domain-name "domain.org";          //为 DHCP 客户设置 DNS 域
    option domain-name-servers 192.168.1.1;   //为 DHCP 客户设置 DNS 服务器地址
    option time-offset      -18000;           //设置时区
#       option ntp-servers          192.168.1.1;
#       option netbios-name-servers 192.168.1.1;
#---Selects point-to-point node (default is hybrid). Don't change this unless
#--you understand Netbios very well
#       option netbios-node-type 2;

    range dynamic-bootp 192.168.0.128 192.168.0.254;    //设置 IP 地址作用域
    default-lease-time 21600;                 //为 DHCP 客户设置默认地址租期
    max-lease-time 43200;                     //为 DHCP 客户设置最长地址租期

//以下部分为指定 MAC 地址的 DHCP 客户分配保留的 IP 地址
```

```
#we want the nameserver to appear at a fixed address
host ns {
                next-server marvin.redhat.com;
                hardware ethernet 12:34:56:78:AB:CD;
                fixed-address 207.175.42.254;
        }
}
```

通过上面的内容可以看出,DHCP 配置文件 dhcpd.conf 的格式如下:

```
选项/参数              //这些选项/参数全局有效
声明{
        选项/参数      //这些选项/参数全局有效
    }
```

参数说明如下。

(1)声明:描述网络的布局、客户描述、提供给客户的地址,或者把一组参数应用到一组声明中。常见的声明及功能如表 6-1 所示。

表 6-1   dhcpd.conf 配置文件中的声明

声　　明	功　　能
shared-network 名称 {…}	定义超级作用域
subnet 网络号 netmask 子网掩码 {…}	定义作用域(或 IP 子网)
range 起始 IP 地址 终止 IP 地址	定义作用域(或 IP 子网)范围
host 主机名 {…}	定义保留地址
group {…}	定义一组参数

(2)参数:表明如何执行任务,是否要执行任务,或将哪些网络配置选项发送给客户。常见的参数及功能如表 6-2 所示。

表 6-2   dhcpd.conf 配置文件中的参数

参　　数	功　　能
ddns-update-style 类型	定义所支持的 DNS 动态更新类型(必选)
allow/ignore client-updates	允许/忽略客户机更新 DNS 记录
default-lease-time 数字	指定默认的租约期限
max-lease-time 数字	指定最大租约期限
hardware 硬件类型 MAC 地址	指定网卡接口类型和 MAC 地址
server-name 主机名	通知 DHCP 客户机服务器的主机名
fixed-address IP 地址	分配给客户端一个固定的 IP 地址

注:ddns-updatae-style、allow/ignore client-updates 这两个参数只能用于全局。

(3)选项:配置 DHCP 的可选参数,以 option 关键字开头。常见的选项及功能如表 6-3 所示。

表 6-3　dhcpd.conf 配置文件中的选项

选　　项	功　　能
subnet-mask 子网掩码	为客户端指定子网掩码
domain-name "域名"	为客户端指定 DNS 域名
domain-name-servers IP 地址	为客户端指定 DNS 服务器的 IP 地址
host-name "主机名"	为客户端指定主机名
routers IP 地址	为客户端指定默认网关
broadcast-address 广播地址	为客户端指定广播地址
netbios-name-servers IP 地址	为客户端指定 WINS 服务器的 IP 地址
netbios-node-type 节点类型	为客户端指定节点类型
ntp-server IP 地址	为客户端指定网络时间服务器的 IP 地址
nis-servers IP 地址	为客户端指定 NIS 域服务器的地址
nis-domain "名称"	为客户端指定所属的 NIS 域的名称
time-offset 偏移差	为客户端指定与格林尼治时间的偏移差

注:以上选项既可以用于全局,也可以用于局部。

DHCP 服务器的配置比较简单,下面以一个具体的实例,介绍 DHCP 服务器的配置方法。

【例 6-1】　假设某局域网内要求配置一台 DHCP 服务器,为 192.168.1.0/24 网段和 192.168.2.0/24 网段的用户提供 IP 地址动态分配服务。该局域网内部公用的 DNS 域名服务器为 192.168.0.5 和 192.168.0.9。

192.168.1.0/24 网段可用动态分配 IP 地址池的范围为 192.168.1.80~192.168.1.240,默认网关为 192.168.1.254,为 MAC 地址为 00:11:09:43:aa:e3 的网卡分配固定 IP 地址 192.168.1.88,为 MAC 地址为 08:10:17:5e:6e:71 的网卡分配固定 IP 地址 192.168.1.99。

192.168.2.0/24 网段可用动态分配 IP 地址池的范围为 192.168.2.10~192.168.2.150 和 192.168.2.160~192.168.2.220,默认网关为 192.168.2.254。

要实现以上的需求,可以采用如下配置方案。

提示:首先配置好 DHCP 服务器的 IP 地址,然后配置 DHCP 服务器的配置文件。另外,配置好 IP 地址后,一定要重启网络服务。

```
[root@Server ~]#vi /etc/dhcpd.conf          //编辑 DHCP 服务器配置文件
//全局设置
ddns-update-style interim;                   //定义所支持的 DNS 动态更新类型
ignore client-updates;                       //忽略客户机更新 DNS 记录
default-lease-time 604800;                   //设置默认的 IP 租用期限(以秒为单位)
max-lease-time 864000;                       //设置默认的最长租用期限
option domain-name-servers 192.168.0.5,192.168.0.9;  //设置 DNS 域名服务器
option time-offset -18000;                   //设置时区
//设置各子网声明
subnet 192.168.1.0 netmask 255.255.255.0 {
        option routers        192.168.1.254;  //为 DHCP 客户设置默认网关
        option subnet-mask    255.255.255.0;  //为 DHCP 客户设置子网掩码
        range 192.168.1.80 192.168.1.240;     //设置 IP 地址作用域
```

```
}
subnet 192.168.2.0 netmask 255.255.255.0 {
        option routers            192.168.2.254;        //为 DHCP 客户设置默认网关
        option subnet-mask        255.255.255.0;        //为 DHCP 客户设置子网掩码
        range 192.168.2.10 192.168.2.150;               //设置第一段 IP 地址作用域
range 192.168.2.160 192.168.2.220;                      //设置第二段 IP 地址作用域
}
//使用组声明对特殊主机进行设置
group{
    host dhcpclient1 {
                    hardware ethernet 00:11:09:43:aa:e3;
                    fixed-address 192.168.1.88;
    }
    host dhcpclient2 {
                    hardware ethernet 08:10:17:5e:6e:71;
                    fixed-address 192.168.1.99;
    }
}
```

说明：group 组声明一般用在有相同特殊设置主机比较多的情况下。上述 group 组声明内的部分也可以在 subnet 子网声明内部采用 host 声明实现。

6.2.3　DHCP 服务的启动

1. 客户租约数据库文件

租约数据库文件用于保存一系列的租约声明,其中包含客户端的主机名、MAC 地址、分配到的 IP 地址,以及 IP 地址的有效期等相关信息。这个数据库文件是可编辑的 ASCII 格式文本文件。每当租约发生变化的时候,都会在文件结尾添加新的租约记录。

DHCP 刚安装好后,租约数据库文件 dhcpd. leases 是个空文件。

当 DHCP 服务正常运行后就可以使用 cat 命令查看租约数据库文件内容了。

```
cat   /var/lib/dhcpd/dhcpd.leases
```

2. 启动 DHCP 服务器

```
[root@Server ~]# service dhcpd start
```

若要重新启动该服务,则命令为 service dhcpd restart 或 service dhcpd reload。

若要查询该服务的启动状态,则命令为 service dhcpd status。

若要设置 dhcpd 服务在每次计算机启动时自动启动,则可以用 ntsysv 命令设置。

提示：group 组声明一般用在有相同特殊设置主机比较多的情况下。上述 group 组声明内的部分也可以在 subnet 子网声明内部采用 host 声明实现。

注意：如果启动 DHCP 失败,可以使用 dhcpd 命令进行排错,一般启动失败的原因如下:

(1) 配置文件有问题。

• 内容不符合语法结构,例如,少个分号。

- 声明的子网和子网掩码不符合。

（2）主机 IP 地址和声明的子网不在同一网段。

（3）主机没有配置 IP 地址。

（4）配置文件路径出现问题，比如在 RHEL 6 以下的版本中，配置文件保存在/etc/dhcpd.conf 中，但是在 RHEL 6 及以上版本中，却保存在了/etc/dhcp/dhcpd.conf 中。

3. 为指定的网络接口启动 DHCP 服务器

如果系统中连接了不止一个网络接口，可是想让 DHCP 服务器在其中之一上启动，那么可以配置 DHCP 服务器只在指定的网络接口设备上启动。需要在/etc/sysconfig/dhcpd 中将网络接口的名称添加到 DHCPDARGS 选项中，具体操作如下：

```
[root@Server ~]#echo "DHCPDARGS=eth0" >>/etc/sysconfig/dhcpd
```

6.3　DHCP 客户端的配置

安装完成服务器端的 DHCP 服务后，要对 DHCP 客户端进行配置。

6.3.1　Linux 下 DHCP 客户端的配置

在 Linux 中配置 DHCP 客户端需要修改/etc/sysconfig/network-scripts 目录下的设备配置文件。在该目录中，每个设备都有一个叫作 ifcfg.eth?的配置文件，这里的 eth?是网络设备的名称，如 eth0、eth1、eth0:1 等。具体配置步骤如下：

```
//直接编辑文件/etc/sysconfig/network-scripts/ifcfg-eth0
[root@Server ~]#vi /etc/sysconfig/network-scripts/ifcfg-eth0
BOOTPROTO=static                          //将其改为 BOOTPROTO=dhcp 即可
BROADCAST=192.168.1.255
HWADDR=00:0C:29:FA:AD:85
IPADDR=192.168.1.4
NETMASK=255.255.255.0
NETWORK=192.168.1.0
ONBOOT=yes
TYPE=Ethernet
//重新启动网卡
[root@Server ~]#ifdown eth0 ; ifup eth0    //或 service network restart
//测试 DHCP 客户端配置
[root@Server ~]#ifconfig eth0
```

提示：可以在 DHCP 服务器端利用 cat /var/pib/dhcpd/dhcpd.leases 命令查看租约情况。

6.3.2　Windows 下 DHCP 客户端的配置

在 Windows 下配置 DHCP 客户端需要按以下步骤执行（以 Windows XP 的 DHCP 客

户端为例)。

(1) 客户租约数据库文件。右击桌面上的"网上邻居"图标,从弹出的快捷菜单中选择"属性"命令,则系统会打开"网络连接"对话框,如图 6-4 所示。

图 6-4　"网络连接"对话框

(2) 右击"本地连接"图标,在弹出的快捷菜单中选择"属性"命令,则系统会打开"本地连接 属性"对话框,如图 6-5 所示。

(3) 选中"Internet 协议(TCP/IP)"复选框,然后单击"属性"按钮,系统会打开"Internet 协议(TCP/IP)属性"对话框,如图 6-6 所示。

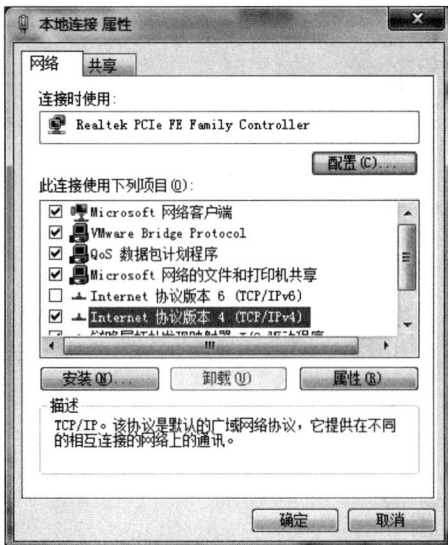

图 6-5　"本地连接 属性"对话框

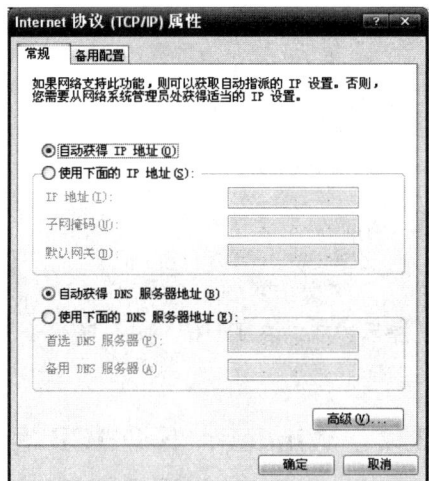

图 6-6　"Internet 协议(TCP/IP)属性"对话框

（4）选中"自动获得 IP 地址"单选按钮和"自动获得 DNS 服务器地址"单选按钮，然后单击"确定"按钮，即可完成 Windows XP 下客户端的配置。

（5）测试 DHCP 客户端是否已经配置好，可在命令行下执行 ipconfig /all 命令查看结果。

在 Windows 系统下，DHCP 客户端可以利用 ipconfig /renew 命令更新 IP 地址租约，或者利用 ifconfig /release 命令自行将 IP 地址释放。

6.4　练习题

1. 选择题

（1）TCP/IP 中，（　　）协议是用来进行 IP 地址自动分配的。

    A. ARP　　　　　　　B. NFS　　　　　　　C. DHCP　　　　　　　D. DDNS

（2）DHCP 租约文件默认保存在（　　）目录中。

    A. /etc/dhcpd　　　　　　　　　　　　　B. /var/log/dhcpd

    C. /var/log/dhcp　　　　　　　　　　　　D. /var/lib/dhcp

（3）配置完 DHCP 服务器，运行（　　）命令可以启动 DHCP 服务。

    A. service dhcpd start　　　　　　　　　B. /etc/rc. d/init. d/dhcpd start

    C. start dhcpd　　　　　　　　　　　　　D. dhcpd on

2. 填空题

（1）DHCP 工作过程包括_____、_____、_____、_____ 4 种报文。

（2）如果 DHCP 客户端无法获得 IP 地址，将自动从_____地址段中选择一个作为自己的地址。

（3）在 Windows 环境下，使用_____命令可以查看 IP 地址配置，释放 IP 地址使用_____命令，续租 IP 地址使用_____命令。

（4）DHCP 是一个简化主机 IP 地址分配管理的 TCP/IP 标准协议，英文全称是_____，中文名称是_____。

（5）当客户端注意到它的租用期到了_____以上时，就要更新该租用期，这时它发送一个_____信息包给它所获得原始信息的服务器。

（6）当租用期达到期满时间的近_____时，客户端如果在前一次请求中没能更新租用期，它会再次试图更新租用期。

（7）配置 Linux 客户端需要修改网卡配置文件，将 BOOTPROTO 项设置为_____。

3. 实践题

架设一台 DHCP 服务器，并按照下面的要求进行配置。

（1）为 192.168.203.0/24 建立一个 IP 作用域，并将 192.168.203.60～192.168.203.200 范围内的 IP 地址动态分配给客户机。

（2）假设子网的 DNS 服务器的 IP 地址为 192.168.0.9，网关为 192.168.203.254，所在的域为 jnrp. edu. cn，将这些参数指定给客户机使用。

6.5 项目实录

1. 录像位置

随书光盘。

2. 项目实训目的

• 掌握 Linux 下 DHCP 服务器的安装和配置方法。

• 掌握 Linux 下 DHCP 客户端的配置方法。

3. 项目背景

某企业计划构建一台 DHCP 服务器来解决 IP 地址动态分配的问题,要求能够分配 IP 地址以及网关、DNS 等其他网络属性信息。同时要求 DHCP 服务器为 DNS、Web、Samba 服务器分配固定 IP 地址。该公司网络拓扑图如图 6-7 所示。

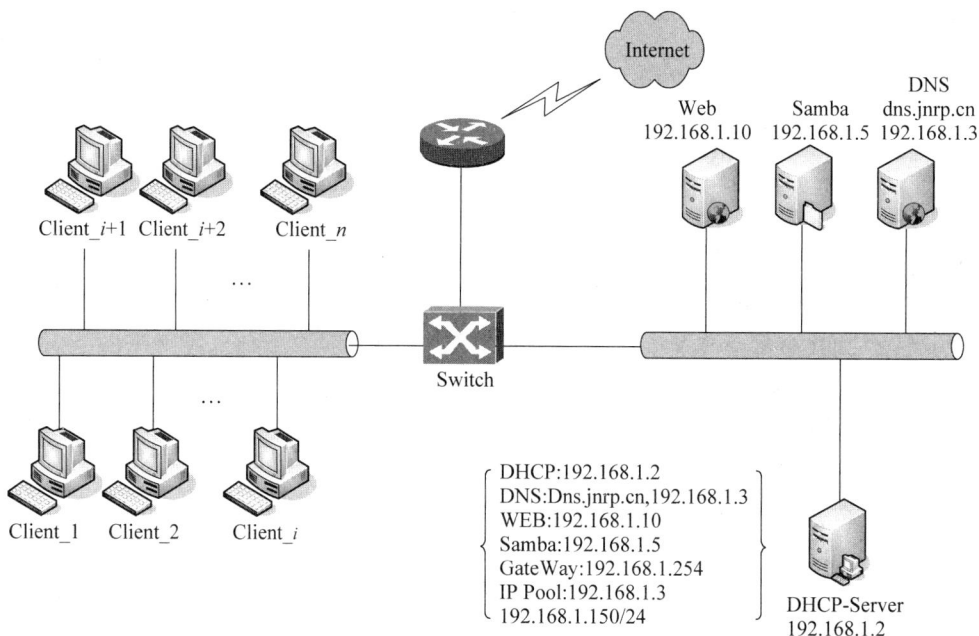

图 6-7 公司 DHCP 服务器部署网络拓扑图

假设企业 DHCP 服务器 IP 地址为 192.168.1.2。DNS 服务器的域名为 dns.jnrp.cn,IP 地址为 192.168.1.3。Web 服务器 IP 地址为 192.168.1.10。Samba 服务器 IP 地址为 192.168.1.5。网关地址为 192.168.1.254。地址范围为 192.168.1.3 到 192.168.1.150,子网掩码为 255.255.255.0。

4. 项目实训内容

练习 Linux 系统 DHCP 服务器与 DHCP 客户端的配置方法。

5. 做一做

根据项目实录录像进行项目的实训,检查学习效果。

实训　DHCP 服务器配置训练

1. 实训目的

掌握 Linux 下 DHCP 服务器及 DHCP 中继代理的安装和配置方法。

2. 实训内容

练习 DHCP 服务器及 DHCP 中继代理的安装与配置。

3. 实训练习

（1）DHCP 服务器的配置

配置 DHCP 服务器，为子网 A 内的客户机提供 DHCP 服务。具体参数如下。

- IP 地址段：192.168.11.101～192.168.11.200。
- 子网掩码：255.255.255.0。
- 网关地址：192.168.11.254。
- 域名服务器：192.168.0.1。
- 子网所属域的名称：jnrp.edu.cn。
- 默认租约有效期：1 天。
- 最大租约有效期：3 天。

（2）DHCP 中继代理的配置

配置 DHCP 服务器和中继代理，使子网 A 内的 DHCP 服务器能够同时为子网 A 和子网 B 提供 DHCP 服务。为子网 A 内的客户机分配的网络参数同上，为子网 B 内的主机分配的网络参数如下。

- IP 地址段：192.168.10.101～192.168.10.200。
- 子网掩码：255.255.255.0。
- 网关地址：192.168.10.254。
- 域名服务器：192.168.0.5。
- 子网所属域的名称：mlx.com。
- 默认租约有效期：1 天。
- 最大租约有效期：3 天。

4. 实训报告

按要求完成实训报告。

第7章 DNS 服务器的安装及配置

DNS 服务器是常见的网络服务器。本章将详细讲解在 Linux 操作平台下 DNS 服务器的配置。

本章学习要点：

- 了解 DNS 服务的工作原理。
- 熟练掌握 Linux 下 DNS 服务器的配置方法。
- 熟练掌握 Linux 下 DNS 客户端的配置方法。

7.1 DNS 服务

DNS(Domain Name Service,域名服务)是 Internet/Intranet 中最基础也是非常重要的一项服务,它提供了网络访问中域名和 IP 地址的相互转换。

7.1.1 DNS 概述

在 TCP/IP 网络中,每台主机必须有一个唯一的 IP 地址,当某台主机要访问另外一台主机上的资源时,必须指定另一台主机的 IP 地址,通过 IP 地址找到这台主机后才能访问这台主机。但是,当网络的规模较大时,使用 IP 地址就不太方便了,所以,便出现了主机名(Host Name)与 IP 地址之间的一种对应解决方案,可以通过使用形象易记的主机名而非 IP 地址进行网络的访问,这比单纯使用 IP 地址要方便得多。其实,在这种解决方案中使用了解析的概念和原理,单独通过主机名是无法建立网络连接的,只有通过解析的过程,在主机名和 IP 地址之间建立了映射关系后,才可以通过主机名间接地通过 IP 地址建立网络连接。

主机名与 IP 地址之间的映射关系,在小型网络中多使用 HOSTS 文件来完成,后来随着网络规模的增大,为了满足不同组织的要求,以实现一个可伸缩、可自定义的命名方案的需要,INTERNIC 制订了一套称为域名系统 DNS 的分层名字解析方案,当 DNS 用户提出 IP 地址查询请求时,可以由 DNS 服务器中的数据库提供所需的数据,完成域名和 IP 地址的相互转换。DNS 技术目前已广泛应用于 Internet 中。

组成 DNS 系统的核心是 DNS 服务器,它是回答域名服务查询的计算机,它为连接 Intranet 和 Internet 的用户提供并管理 DNS 服务,维护 DNS 名字数据并处理 DNS 客户端主机名的查询。DNS 服务器保存了包含主机名和相应 IP 地址的数据库。

DNS 服务器分为以下三类。

1. 主 DNS 服务器

主 DNS 服务器(Master 或 Primary)负责维护所管辖域的域名服务信息。它从域管理员构造的本地磁盘文件中加载域信息,该文件(区文件)包含着该服务器具有管理权的一部分域结构的最精确信息。配置主域服务器需要一整套的配置文件,包括主配置文件(/etc/named.conf)、正向域的区文件、反向域的区文件、高速缓存初始化文件(/var/named/named.ca)和回送文件(/var/named/named.local)。

2. 辅助 DNS 服务器

辅助 DNS 服务器(Slave 或 Secondary)用于分担主 DNS 服务器的查询负载。区文件是从主服务器中转移出来的,并作为本地磁盘文件存储在辅助服务器中,这种转移称为"区文件转移"。在辅助 DNS 服务器中有一个所有域信息的完整复制,可以有权威地回答对该域的查询请求。配置辅助 DNS 服务器不需要生成本地区文件,因为可以从主服务器下载该区文件,因而只需配置主配置文件、高速缓存文件和回送文件就可以了。

3. 唯高速缓存 DNS 服务器

唯高速缓存 DNS 服务器(Caching-only DNS Server)供本地网络上的客户机用来进行域名转换。它通过查询其他 DNS 服务器并将获得的信息存放在其高速缓存中,为客户机查询信息提供服务。唯高速缓存 DNS 服务器不是权威性的服务器,因为它提供的所有信息都是间接信息。

7.1.2　DNS 查询模式

按照 DNS 搜索区域的类型,DNS 的区域分为正向搜索区域和反向搜索区域。正向搜索是 DNS 服务的主要功能,它根据计算机的 DNS 名称(域名),解析出相应的 IP 地址;而反向搜索是根据计算机的 IP 地址解析出它的 DNS 名称(域名)。

1. 正向查询

正向查询就是根据域名,搜索出对应的 IP 地址。其查询方法为:当 DNS 客户机(也可以是 DNS 服务器)向首选 DNS 服务器发出查询请求后,如果首选 DNS 服务器数据库中没有与查询请求所对应的数据,则会将查询请求转发给另一台 DNS 服务器,以此类推,直到找到与查询请求对应的数据为止。如果最后一台 DNS 服务器中也没有所需的数据,则通知 DNS 客户机查询失败。

2. 反向查询

反向查询与正向查询正好相反,它是利用 IP 地址查询出对应的域名。

7.1.3　DNS 域名空间结构

在域名系统中,每台计算机的域名由一系列用点分开的字母数字段组成。例如,某台计算机的 FQDN(Full Qualified Domain Name)为 computer.jnrp.cn,其具有的域名为 jnrp.cn;另一台计算机的 FQDN 为 www.compter.jnrp.cn,其具有的域名为 computer.jnrp.cn。域名是有层次的,域名中最重要的部分位于右边。FQDN 中最左边的部分是单台计算机的主机名或主机别名。

DNS 域名空间的分层结构如图 7-1 所示。整个 DNS 域名空间结构如同一棵倒挂的树,层次结构非常清晰。根域位于顶部,紧接在根域下面的是顶级域,每个顶级域又可以进一步划分为不同的二级域,二级域再划分出子域,子域下面可以是主机也可以再划分子域,直到最后的主机。在 Internet 中的域是由 InterNIC 负责管理的,域名的服务则由 DNS 来实现。

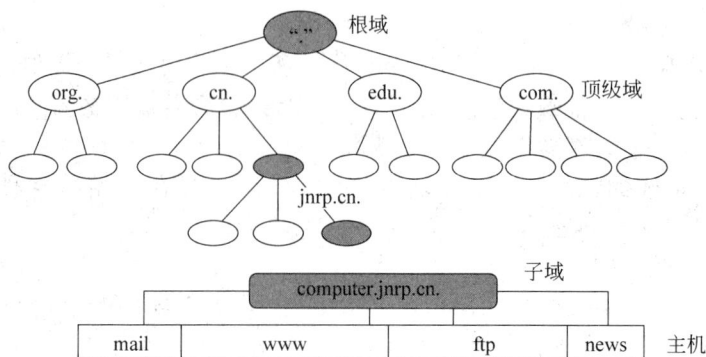

图 7-1　DNS 域名空间分层结构

7.2　DNS 服务的安装

Linux 下架设 DNS 服务器通常使用 BIND(Berkeley Internet Name Domain)程序来实现,其守护进程是 named。

7.2.1　认识 BIND

BIND 是一款实现 DNS 服务器的开放源码软件。BIND 原本是美国 DARPA 资助研究美国加州大学伯克利分校(Berkeley)开设的一个研究生课题,后来经过多年的变化发展,已经成为世界上使用最为广泛的 DNS 服务器软件,目前 Internet 上绝大多数的 DNS 服务器都是用 BIND 来架设的。

BIND 经历了第 4 版、第 8 版和最新的第 9 版,第 9 版修正了以前版本的许多错误,并提升了执行时的效能,BIND 能够运行在当前大多数的操作系统平台之上。目前 BIND 软件由 Internet 软件联合会(Internet Software Consortium,ISC)这个非营利性机构负责开发和维护。

7.2.2　安装 BIND 软件包

(1) 使用 yum 命令安装 BIND 服务。

```
[root@RHEL 6 ~]#yum clean all            //安装前先清除缓存
[root@rhel6 ~]#yum install bind -y
```

(2) 安装完后再次查询,发现已安装成功。

```
[root@RHEL 6 桌面]#rpm -qa|grep bind
PackageKit-device-rebind-0.5.8-21.el6.x86_64
samba-winbind-3.6.9-151.el6.x86_64
ypbind-1.20.4-30.el6.x86_64
rpcbind-0.2.0-11.el6.x86_64
bind-9.8.2-0.17.rc1.el6.x86_64
bind-libs-9.8.2-0.17.rc1.el6.x86_64
bind-utils-9.8.2-0.17.rc1.el6.x86_64
samba-winbind-clients-3.6.9-151.el6.x86_64
```

7.2.3　安装 chroot 软件包

chroot 也就是 Change Root,用于改变程序执行时的根目录位置。早期的很多系统程序,默认所有程序执行的根目录都是"/",这样黑客或者其他的不法分子就很容易通过/etc/passwd 绝对路径来窃取系统机密。有了 chroot,比如 BIND 的根目录就被改变为/var/named/chroot,这样即使黑客突破了 BIND 账号,也只能访问/var/named/chroot,能把攻击对系统的危害降低到最小。

安装过程如下:

```
[root@server ~]#yum clean all
[root@server ~]#yum install bind-chroot -y
```

7.2.4　DNS 服务的启动、停止与重启

```
[root@RHEL 6 ~]#service  named  start
[root@RHEL 6 ~]#service  named  stop
[root@RHEL 6 ~]#service  named  restart
```

需要注意的是,像上面那样启动的 DNS 服务只能运行到计算机关机之前,下一次系统重新启动后就又需要重新启动它了。能不能让它随系统启动而自动运行呢? 答案是肯定的,而且操作起来还很简单。(读者是否还记得 ntsysv 命令?)

```
[root@RHEL 6 ~]#chkconfig  named  on
```

提示:在 Red Hat Enterprise Linux 6 中启动/停止/重启一个服务有很多种不同的方法,比如可以用如下方法来完成。

```
[root@RHEL 6 ~]#/etc/init.d/named  start
[root@RHEL 6 ~]#/etc/init.d/named  stop
[root@RHEL 6 ~]#/etc/init.d/named  restart
```

7.3　BIND 配置文件

一般的 DNS 配置文件分为全局配置文件、主配置文件和正反向解析区域声明文件。下面介绍各配置文件的配置方法。

7.3.1　全局配置文件

全局配置文件位于/etc 目录下,安装 chroot 后该目录定位到/var/named/chroot/etc。

```
[root@server etc]#pwd
/var/named/chroot/etc
```

```
[root@server etc]#cat /var/named/chroot/etc/named.conf
//
...
options {
listen-on port 53 {127.0.0.1;};      //指定 BIND 侦听的 DNS 查询请求的本机 IP 地址及端口
    listen-on-v6 port 53 {::1;};      //限于 IPv6
    directory "/var/named";           //指定区域配置文件所在的路径
dump-file   "/var/named/data/cache_dump.db";
    statistics-file "/var/named/data/named_stats.txt";
    memstatistics-file "/var/named/data/named_mem_stats.txt";
    allow-query {localhost;};         //指定接收 DNS 查询请求的客户端
recursion yes;
dnssec-enable yes;
dnssec-validation yes;
dnssec-lookaside auto;

/ * Path to ISC DLV key * /
bindkeys-file "/etc/named.iscdlv.key";

managed-keys-directory "/var/named/dynamic";
};
//以下用于指定 BIND 服务的日志参数

logging {
        channel default_debug {
            file "data/named.run";
            severity dynamic;
        };
};

zone "." IN {                         //用于指定根服务器的配置信息,一般不能改动
type hint;
file "named.ca";
};

include "/etc/named.zones";           //指定主配置文件,一定根据实际情况修改
include "/etc/named.root.key";
```

options 配置段属于全局性的设置,常用配置项命令及功能如下。

- directory:用于制定 named 守护进程的工作目录,各区域正反向搜索解析文件和 DNS 根服务器地址列表文件(named. ca)应放在该配置项指定的目录中。
- allow-query{}与 allow-query{localhost;}功能相同。另外,还可使用地址匹配符来表达允许的主机。比如,any 可匹配所有的 IP 地址,none 不匹配任何 IP 地址,localhost 匹配本地主机使用的所有 IP 地址,localnets 匹配同本地主机相连的网络中的所有主机。比如若仅允许 127. 0. 0. 1 和 192. 168. 1. 0/24 网段的主机查询该 DNS 服务器,则命令为:

```
allow-query{127.0.0.1;192.168.1.0/24;};
```

- listen-on:设置 named 守护进程监听的 IP 地址和端口。若未指定,默认监听 DNS

服务器的所有 IP 地址的 53 号端口。当服务器安装有多块网卡,有多个 IP 地址时,
可通过该配置命令指定所要监听的 IP 地址。对于只有一个地址的服务器,不必设
置。例如若要设置 DNS 服务器监听 192.168.1.2 这个 IP 地址,端口使用标准的
5353 号,则配置命令为:

```
listen-on 5353{192.168.1.2;};
```

- forwarders{}:用于定义 DNS 转发器。当设置了转发器后,所有非本域的和在缓存
  中无法找到的域名查询,可由指定的 DNS 转发器来完成解析工作并做缓存。
  forward 用于指定转发方式,仅在 forwarders 转发器列表不为空时有效,其用法为
  "forward first | only ;"。forward first 为默认方式,DNS 服务器会将用户的域名
  查询请求,先转发给 forwarders 设置的转发器,由转发器来完成域名的解析工作。
  若指定的转发器无法完成解析或无响应,则再由 DNS 服务器自身来完成域名的解
  析。若设置为"forward only ;",则 DNS 服务器仅将用户的域名查询请求转发给转
  发器,若指定的转发器无法完成域名解析或无响应,DNS 服务器自身也不会试着对
  其进行域名解析。例如,某地区的 DNS 服务器为 61.128.192.68 和 61.128.128.68,
  若要将其设置为 DNS 服务器的转发器,则配置命令为:

```
options{
    forwarders {61.128.192.68;61.128.128.68;};
    forward first;
};
```

7.3.2　主配置文件

主配置文件位于/var/named/chroot/etc 目录下。可将 named.rfc1912.zones 复制为全
局配置文件中指定的主配置文件,本书中是/etc/named.zones。

```
[root@RHEL 6 ~]# cd /var/named/chroot/etc
[root@server etc]# cp -p named.rfc1912.zones named.zones
[root@server etc]# cat /var/named/chroot/etc/named.rfc1912.zones

zone "localhost.localdomain" IN {
    type master;                    //主要区域
    file "named.localhost";         //指定正向查询区域配置文件
    allow-update { none; };
};

zone "localhost" IN {
    type master;
    file "named.localhost";
    allow-update { none; };
};

zone
"1.0.0.0.0.0.0.0.0.0.0.0.0.0.0.0.0.0.0.0.0.0.0.0.0.0.0.0.0.0.0.0.ip6.arpa" IN {
```

```
    type master;
    file "named.loopback";
    allow-update { none; };
};

zone "1.0.0.127.in-addr.arpa" IN {      //反向解析区域
    type master;
    file "named.loopback";              //指定反向解析区域的配置文件
    allow-update { none; };
};

zone "0.in-addr.arpa" IN {
    type master;
    file "named.empty";
    allow-update { none; };
};
```

1. Zone 区域声明

（1）主域名服务器的正向解析区域声明格式为：（样本文件为 **named. localhost**）

```
zone "区域名称" IN {
    type master ;
    file "实现正向解析的区域文件名";
    allow-update {none;};
};
```

（2）从域名服务器的正向解析区域声明格式为：

```
zone "区域名称" IN {
    type slave ;
    file "实现正向解析的区域文件名";
    masters {主域名服务器的 IP地址;};
};
```

反向解析区域的声明格式与正向相同，只是 file 所指定要读的文件不同，另外就是区域的名称不同。若要反向解析 x. y. z 网段的主机，则反向解析的区域名称应设置为 z. y. x. in-addr. arpa。（反向解析区域样本文件为 **named. loopback**）

2. 根区域文件/var/named/chroot /var/named/named. ca

/var/named/chroot/var/named/named. ca 是一个非常重要的文件，该文件包含了 Internet 的顶级域名服务器的名字和地址。利用该文件可以让 DNS 服务器找到根 DNS 服务器，并初始化 DNS 的缓冲区。当 DNS 服务器接到客户端主机的查询请求时，如果在 Cache 中找不到相应的数据，就会通过根服务器进行逐级查询。/var/named/chroot/var/named/named. ca 文件的主要内容如图 7-2 所示。

说明：

（1）以“;”开始的行都是注释行。

（2）其他每两行都和某个域名服务器有关，分别是 NS 和 A 资源记录。

```
文件(F)  编辑(E)  查看(V)  搜索(S)  终端(T)  帮助(H)
; <<>> DiG 9.5.0b2 <<>> +bufsize=1200 +norec NS . @a.root-servers.net
;; global options:  printcmd
;; Got answer:
;; ->>HEADER<<- opcode: QUERY, status: NOERROR, id: 34420
;; flags: qr aa; QUERY: 1, ANSWER: 13, AUTHORITY: 0, ADDITIONAL: 20

;; OPT PSEUDOSECTION:
; EDNS: version: 0, flags:; udp: 4096
;; QUESTION SECTION:
;.                                IN      NS

;; ANSWER SECTION:
.                       518400   IN      NS      M.ROOT-SERVERS.NET.
.                       518400   IN      NS      A.ROOT-SERVERS.NET.
.                       518400   IN      NS      B.ROOT-SERVERS.NET.
.                       518400   IN      NS      C.ROOT-SERVERS.NET.
.                       518400   IN      NS      D.ROOT-SERVERS.NET.
.                       518400   IN      NS      E.ROOT-SERVERS.NET.
.                       518400   IN      NS      F.ROOT-SERVERS.NET.
.                       518400   IN      NS      G.ROOT-SERVERS.NET.
.                       518400   IN      NS      H.ROOT-SERVERS.NET.
.                       518400   IN      NS      I.ROOT-SERVERS.NET.
.                       518400   IN      NS      J.ROOT-SERVERS.NET.
.                       518400   IN      NS      K.ROOT-SERVERS.NET.
.                       518400   IN      NS      L.ROOT-SERVERS.NET.

;; ADDITIONAL SECTION:
A.ROOT-SERVERS.NET.     3600000 IN       A       198.41.0.4
A.ROOT-SERVERS.NET.     3600000 IN       AAAA    2001:503:ba3e::2:30
B.ROOT-SERVERS.NET.     3600000 IN       A       192.228.79.201
C.ROOT-SERVERS.NET.     3600000 IN       A       192.33.4.12
D.ROOT-SERVERS.NET.     3600000 IN       A       128.8.10.90
E.ROOT-SERVERS.NET.     3600000 IN       A       192.203.230.10
F.ROOT-SERVERS.NET.     3600000 IN       A       192.5.5.241
                                                              1,1              顶端
```

图 7-2　named.ca 文件

- 行".518400 IN NS A.ROOT-SERVERS.NET."的含义是：".""表示根域；518400 是存活期；IN 是资源记录的网络类型，表示 Internet 类型；NS 是资源记录类型；"A. ROOT-SERVERS.NET."是主机域名。
- 行"A.ROOT-SERVERS.NET.3600000 IN A 198.41.0.4"的含义是：A 资源记录用于指定根域服务器的 IP 地址。"A.ROOT-SERVERS.NET."是主机名，3600000 是存活期，A 是资源记录类型，最后对应的是 IP 地址。

（3）其他各行的含义与上面两项基本相同。

由于 named.ca 文件经常会随着根服务器的变化而发生变化，所以建议最好从国际互联网络信息中心（InterNIC）的 FTP 服务器下载最新的版本，下载地址为 ftp://ftp. internic.net/domain/。文件名为 named.root。

7.4　DNS 服务器的配置

本节将结合具体实例介绍缓存 DNS、主 DNS、辅助 DNS 等各种 DNS 服务器的配置。

7.4.1　缓存 DNS 服务器的配置

缓存域名服务器配置很简单，不需要区域文件，配置好/var/named/chroot/etc/named. conf 就可以了。一般电信的 DNS 都是缓存域名服务器。重要的是配置好如下两项内容。

（1）"forward only;"指明这个服务器是缓存域名服务器。

（2）"forwarders｛转发 DNS 请求到那个服务器 IP；｝；"是转发 DNS 请求到那个服务器。

这样，一个简单的缓存域名服务器就构建成功了，一般缓存域名服务器都是 ISP 或者大公司才会使用。

7.4.2 主 DNS 服务器的配置

下面以建立一个主区域 long.com 为例，讲解 DNS 主服务器的配置。

【例 7-1】 某校园网要架设一台 DNS 服务器负责 long.com 域的域名解析工作。DNS 服务器的 FQDN 为 dns.long.com，IP 地址为 192.168.1.2。要求为以下域名实现正反向域名解析服务。

dns.long.com	192.168.1.2
mail.long.com	192.168.0.3
slave.long.com	192.168.1.4
forward.long.com ←MX记录→	192.168.0.6
www.long.com	192.168.0.5
computer.long.com	192.168.22.98
ftp.long.com	192.168.0.11
stu.long.com	192.168.10.22

另外，为 www.long.com 设置别名为 web.long.com。

1. 编辑 named.conf 文件

该文件在/var/named/chroot/etc 目录下。把 options 选项中的侦听 IP 127.0.0.1 改成 any，把允许查询网段 allow-query 后面的 localhost 改成 any。在 include 语句中指定主配置文件为 named.zones。修改后相关内容如下：

```
[root@RHEL 6 named]#vim /var/named/chroot/etc/named.conf
    listen-on port 53 { any; };
        listen-on-v6 port 53 { ::1; };
        directory       "/var/named";
        dump-file       "/var/named/data/cache_dump.db";
        statistics-file "/var/named/data/named_stats.txt";
        memstatistics-file "/var/named/data/named_mem_stats.txt";
        allow-query    { any; };
        recursion yes;
        ...(省略)
zone "." IN {
        type hint;
        file "named.ca";
};

include "/etc/named.zones";          //必须更改
include "/etc/named.root.key";
```

2. 配置主配置文件 named.zones

在/var/named/chroot/etc 目录下，使用 vim named.zones 编辑并增加以下内容。

```
[root@RHEL 6 named]#vim /var/named/chroot/etc/named.zones
zone "long.com" IN {
       type master;
       file "long.com.zone";
       allow-update { none; };
};

zone "168.192.in-addr.arpa" IN {
       type master;
       file "192.168.zone";
       allow-update { none; };
};
```

3. 修改 bind 的区域配置文件

（1）创建 long.com.zone 正向区域文件

该文件位于/var/named/chroot/var/named 目录下，为编辑方便可先将样本文件 named.localhost 复制到 long.com.zone 中，再对 long.com.zone 进行编辑修改。

```
[root@RHEL 6 ~]#cd /var/named/chroot/var/named
[root@RHEL 6 named]#cp -p named.localhost long.com.zone
[root@RHEL 6 named]#vim /var/named/chroot/var/named/long.com.zone

$TTL 1D
@       IN SOA   @root.long.com. (
                                  0    ; serial
                                  1D   ; refresh
                                  1H   ; retry
                                  1W   ; expire
                                  3H ) ; minimum


@              IN               NS            dns.long.com.
@              IN               MX      10    mail.long.com.

dns            IN               A             192.168.1.2
mail           IN               A             192.168.0.3
slave          IN               A             192.168.1.4
www            IN               A             192.168.0.5
forward        IN               A             192.168.0.6
computer       IN               A             192.168.22.98
ftp            IN               A             192.168.0.11
stu            IN               A             192.168.10.22
web            IN               CNAME         www.long.com.
```

（2）创建 192.168.zone 反向区域文件

该文件位于/var/named/chroot/var/named 目录下，为编辑方便，可先将样本文件 named.loopback 复制到 192.168.zone 中，再对 192.168.zone 进行编辑修改。编辑修改如下：

```
[root@RHEL 6 named]#cp -p named.loopback 192.168.zone
[root@RHEL 6 named]#vim /var/named/chroot/var/named/192.168.zone

$TTL 1D
@    IN SOA  @  root.long.com. (
                            0    ; serial
                            1D   ; refresh
                            1H   ; retry
                            1W   ; expire
                            3H ) ; minimum

@               IN              NS              dns.long.com.
@               IN              MX       10     mail.long.com.

2.1             IN              PTR             dns.long.com.
3.0             IN              PTR             mail.long.com.
4.1             IN              PTR             slave.long.com.
5.0             IN              PTR             www.long.com.
6.0             IN              PTR             forward.long.com.
98.22           IN              PTR             computer.long.com.
11.0            IN              PTR             ftp.long.com.
22.10           IN              PTR             stu.long.com.
```

4. 重新启动 DNS 服务

```
[root@Server ~]#service named restart
```

或者

```
[root@Server ~]#service named reload
```

5. 测试(详见 7.6 节)

说明:

(1) 正反向区域文件的名称一定要与/var/named/chroot/etc/named.conf 文件中 zone 区域声明中指定的文件名一致。

(2) 正反向区域文件的所有记录行都要顶头写,前面不要留有空格。否则会导致 DNS 服务器不能正常工作。

(3) 第一个有效行为 SOA 资源记录。该记录的格式如下:

```
@               IN SOA origin . contact.(
                    1997022700       ; serial
                    28800            ; refresh
                    14400            ; retry
                    3600000          ; expiry
                    86400            ; minimum
)
```

- @是该域的替代符,例如 long. com. zone 文件中的@代表 long. com。所以上面例子中 SOA 有效行可以改为:

```
@ IN SOA long.com. root.long.com.
```

- IN 表示网络类型。
- SOA 表示资源记录类型。
- origin 表示该域主域名服务器的 FQDN,用“.”结尾表示这是个绝对名称。例如,long. com. zone 文件中的 origin 为“dns. long. com. ”。
- contact 表示该域的管理员的电子邮件地址。它是正常 E-mail 地址的变通,将@变为“.”。例如,long. com. zone 文件中的 contact 为“mail. long. com. ”。
- serial 为该文件的版本号,该数据是辅助域名服务器和主域名服务器进行时间同步的,每次修改数据库文件后,都应更新该序列号。习惯上用 yyyymmddnn,即年月日后加两位数字,表示一日之中第几次修改。
- refresh 为更新时间间隔。辅助 DNS 服务器根据此时间间隔周期性地检查主 DNS 服务器的序列号是否改变,如果改变则更新自己的数据库文件。
- retry 为重试时间间隔。当辅助 DNS 服务器没有能够从主 DNS 服务器更新数据库文件时,在定义的重试时间间隔后重新尝试。
- expiry 为过期时间。如果辅助 DNS 服务器在所定义的时间间隔内没有能够与主 DNS 服务器或另一台 DNS 服务器取得联系,则该辅助 DNS 服务器上的数据库文件被认为无效,不再响应查询请求。

(4) TTL 为最小时间间隔。对于没有特别指定存活周期的资源记录,默认取 TTL 的值为 1 天。

(5) 行“@ IN NS dns. long. com. ”说明该域的域名服务器,至少应该定义一个。

(6) 行“@ IN MX 10 mail. long. com. ”用于定义邮件交换器,其中 10 表示优先级别,数字越小,优先级别越高。

(7) 类似于行“www IN A 192. 168. 0. 5”是一系列的主机资源记录,表示主机名和 IP 地址的对应关系。

(8) 行“web IN CNAME www. long. com. ”定义的是别名资源记录,表示 web. long. com. 是 www. long. com. 的别名。

(9) 类似于行“98. 22 IN PTR computer. long. com. ”,是指针资源记录,表示 IP 地址与主机名称的对应关系。其中,PTR 使用相对域名,如 98. 22 表示 98. 22. 168. 192. in-addr. arpa,它表示 IP 地址为 192. 168. 22. 98。

7.4.3　辅助 DNS 服务器的配置

配置辅助域名服务器相对简单,只需在要配置辅助域名服务器的计算机上对/var/named/chroot/etc/named. conf 全局配置文件和主配置文件 named. zones 进行修改,无须配置正反向区域数据库文件,区域数据库文件将从主域名服务器上自动获得。

需要注意的是,不能在同一台计算机上同时配置同一个域的主域名服务器和辅助域名服务器。

【例 7-2】 例 7-2 的 DNS 服务器配置 long. com 域及其反向区域的辅助域名服务器。辅助域名服务器的 FQDN 为 slave. long. com,IP 地址为 192.168.1.4。

(1) 在 192.168.1.2(主 DNS 服务器)上配置主配置文件。

```
[root@Server ~]#vim /var/named/chroot/etc/named.zones
zone "long.com" IN {
        type master;
        file "long.com.zone";
        also-notify { 192.168.1.4;};
};
zone "168.192.in-addr.arpa" IN {
        type master;
        file "192.168.zone";
        also-notify { 192.168.1.4;};
};
```

在 zone 中添加"also-notify {辅助 DNS IP 地址;};"或者在全局 options 中声明,可以使用"notify yes;",这样只要主服务器重启 DNS 服务则发送 notify 值,辅助服务器则会立即更新区域文件数据。

(2) 在 192.168.1.4(辅助 DNS 服务器)上安装 bind 软件包。

(3) 在 192.168.1.4 上配置全局配置文件,与例 7-2 完全一样。

在/var/named/chroot/etc 目录下。把 options 选项中的侦听 IP 127.0.0.1 改成 any,把允许查询网段 allow-query 后面的 localhost 改成 any。在 view 选项中修改"指定提交 DNS 客户端的源 IP 地址范围"和"指定提交 DNS 客户端的目标 IP 地址范围"为 any,同时指定主配置文件为 named. zones。具体配置参见主 DNS 服务器的配置。

(4) 在 192.168.1.4 上编辑 DNS 服务器的主配置文件,添加如下区域声明:

```
[root@Server ~]#vim /var/named/chroot/etc/named.zones
zone "long.com" IN {
        type slave;
        file "slaves/long.com.zone";
        masters{ 192.168.1.2;};
};
zone "168.192.in-addr.arpa" IN {
        type slave;
        file "slaves/192.168.zone";
        masters{ 192.168.1.2;};
};
```

每行后面一定要添加";",否则启动服务失败。

必须指定"file "slaves/区域文件名称""的位置,此处所述 slaves 的位置为/var/named/chroot/var/named/slaves。

(5) 在辅助 DNS 服务器上重启 DNS 服务,测试数据同步。

重启之后可以看到 slaves 目录下已经同步过来了区域文件,现在去主 DNS 上更改区域文件并更改 Serial 值,主服务器重启 DNS 服务,查看辅助 DNS 的区域文件,会看到已经同步过来了,这就是在 zone 中添加"also-notify {辅助 DNS IP 地址;};"的好处,可以立即同步数据。动态查看日志 tail -f /var/log/messages,可以看到,当主服务器的区域文件被修改并重启服务,辅助服务器就会去同步数据。如果日志文件不能正常更新,请改变/var/log 的权限为770。

为了数据的安全起见,在主 DNS 服务器上指定由哪台服务器能够从主 DNS 服务器上复制区域文件信息。

具体方法是在全局配置文件的 option 里面添加"allow-transfer {辅助 DNS 的 IP 地址或者是 IP 的范围;}",也可以添加到 zone 区域里面,这样,别的服务器就不能复制到本服务器的区域信息了。

说明:只有在主要名称服务器允许当前可以进行区域传输的情况下,辅助名称服务器才能进行区域复制操作。例如例 7-2 中,只有在 192.168.1.2 主要名称服务器的 options 声明中添加"allow-transfer {192.168.1.4;};"语句,辅助名称服务器才能够从主名称服务器进行区域复制。

7.4.4　直接域名解析

许多用户有直接使用域名访问 Web 网站的习惯,即在浏览器中不输入主机名 www,而直接使用如 baidu.com 来访问,如图 7-3 所示。

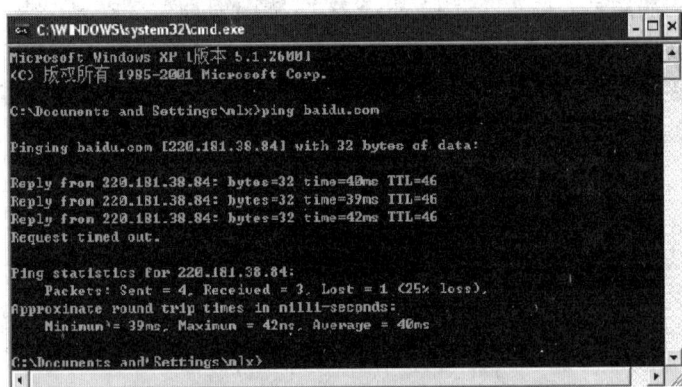

图 7-3　直接域名解析

然而,并不是所有的 Web 网站都支持这种访问方式,只有 DNS 服务器能直接解析域名的网站才可以。DNS 服务器默认只能解析完全规范域名 FQDN,不能直接将域名解析成 IP 地址。为了方便用户访问,可以在 DNS 服务器的区域文件加入下面一条特殊的主机资源记录,以便实现直接域名解析功能。

```
long.com.    IN    A    192.168.0.5
```

或者

```
.INA 192.168.0.5
```

设置好后,用户只要访问 long.com,DNS 服务器就会将其直接解析成 IP 地址 192.168.0.5。

161

7.4.5 泛域名解析

泛域名是指一个域名下的所有主机和子域名都被解析到同一个 IP 地址上，如使用 ping rhel5. china. com 和使用 ping linden. china. com 命令，DNS 服务器的解析结果是一样的。即 rhel5. china. com 域名和 linden. china. com 域名对应的 IP 地址是相同的，如图 7-4 所示。

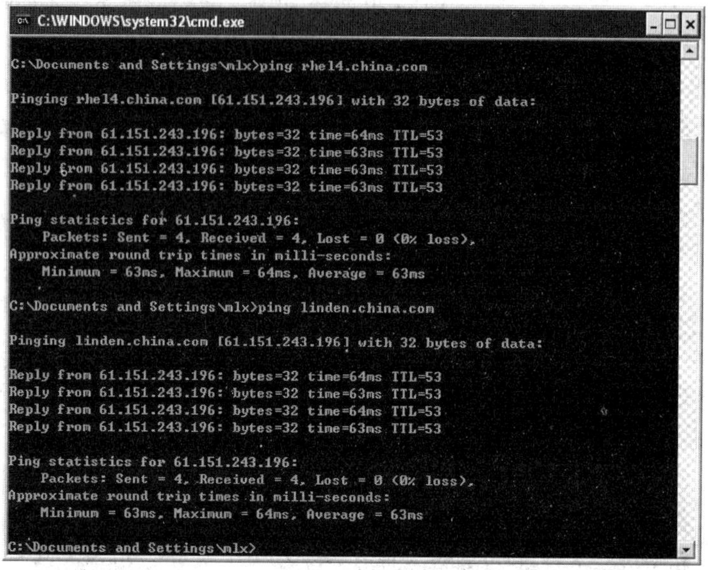

```
C:\WINDOWS\system32\cmd.exe

C:\Documents and Settings\mlx>ping rhel4.china.com

Pinging rhel4.china.com [61.151.243.196] with 32 bytes of data:

Reply from 61.151.243.196: bytes=32 time=64ms TTL=53
Reply from 61.151.243.196: bytes=32 time=63ms TTL=53
Reply from 61.151.243.196: bytes=32 time=63ms TTL=53
Reply from 61.151.243.196: bytes=32 time=63ms TTL=53

Ping statistics for 61.151.243.196:
    Packets: Sent = 4, Received = 4, Lost = 0 (0% loss),
Approximate round trip times in milli-seconds:
    Minimum = 63ms, Maximum = 64ms, Average = 63ms

C:\Documents and Settings\mlx>ping linden.china.com

Pinging linden.china.com [61.151.243.196] with 32 bytes of data:

Reply from 61.151.243.196: bytes=32 time=64ms TTL=53
Reply from 61.151.243.196: bytes=32 time=63ms TTL=53
Reply from 61.151.243.196: bytes=32 time=64ms TTL=53
Reply from 61.151.243.196: bytes=32 time=63ms TTL=53

Ping statistics for 61.151.243.196:
    Packets: Sent = 4, Received = 4, Lost = 0 (0% loss),
Approximate round trip times in milli-seconds:
    Minimum = 63ms, Maximum = 64ms, Average = 63ms

C:\Documents and Settings\mlx>
```

图 7-4 泛域名解析

可以在 DNS 服务器的区域文件的末尾加入下面一条特殊的主机资源记录，以实现泛域名解析功能。

```
*.long.com.    IN    A    192.168.0.5
```

或者

```
* INA 192.168.0.5
```

7.5 DNS 客户端的配置

DNS 客户端的配置非常简单，假设本地首选 DNS 服务器的 IP 地址为 192. 168. 1. 2，备用 DNS 服务器的 IP 地址为 192. 168. 0. 9，DNS 客户端的设置如下。

(1) Windows 客户端

打开"Internet 协议(TCP/IP)属性"对话框，如图 7-5 所示，在对话框中输入首选 DNS 服务器和备用 DNS 服务器的 IP 地址即可。

(2) Linux 客户端

在 Linux 系统中可以通过修改/etc/resolv. conf 文件来设置 DNS 客户端。代码如下

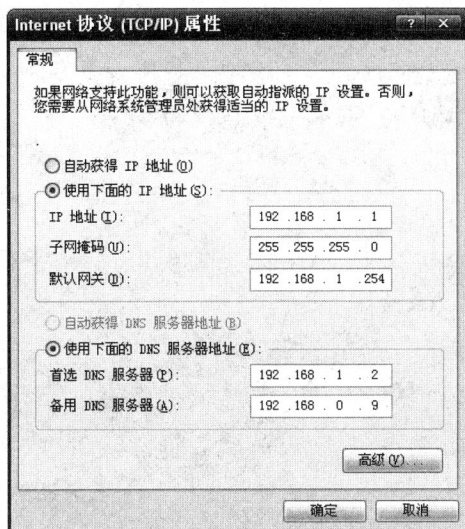

图 7-5　Windows 系统中 DNS 客户端的配置

所示。

```
[root@Server ~]#vim /etc/resolv.conf
nameserver 192.168.1.2
nameserver 192.168.0.9
search long.com
```

其中，nameserver 指明域名服务器的 IP 地址，可以设置多个 DNS 服务器，查询时按照文件中指定的顺序进行域名解析，只有当第一个 DNS 服务器没有响应时才向下面的 DNS 服务器发出域名解析请求。search 用于指明域名搜索顺序，当查询没有域名后缀的主机名时，将会自动附加由 search 指定的域名。

在 Linux 系统的图形界面下也可以利用网络配置工具（可以利用 system-config-network 命令打开）进行设置。

7.6　DNS 测试

BIND 软件包提供了 3 个 DNS 测试工具：nslookup、dig 和 host。其中 dig 和 host 是命令行工具，而 nslookup 命令既可以使用命令行模式，也可以使用交互模式。

1. nslookup 命令

下面举例说明 nslookup 命令的使用方法。

```
//运行 nslookup 命令
[root@Server ~]#nslookup
//正向查询,查询域名 www.long.com 所对应的 IP 地址
>www.long.com
Server:        192.168.1.2
Address:       192.168.1.2#53
```

```
Name:            www.long.com
Address:         192.168.0.5
//反向查询,查询 IP 地址 192.168.1.2 所对应的域名
>192.168.1.2
Server:          192.168.1.2
Address:         192.168.1.2#53

2.1.168.192.in-addr.arpa       name =dns.long.com.
//显示当前设置的所有值
>set all
Default server: 192.168.1.2
Address: 192.168.1.2#53
Default server: 192.168.0.1
Address: 192.168.0.1#53
Default server: 192.168.0.5
Address: 192.168.0.5#53

Set options:
  novc            nodebug          nod2
  search          recurse
  timeout=0       retry=2          port=53
  querytype=A     class=IN
  srchlist=
//查询 long.com 域的 NS 资源记录配置
>set type=NS   //此行中 type 的取值还可以为 SOA、MX、CNAME、A、PTR 及 any 等
>long.com
Server:          192.168.1.2
Address:         192.168.1.2#53
long.com nameserver=dns.long.com.
```

2. dig 命令

dig(domain information groper)是一个灵活的命令行方式的域名查询工具,常用于从域名服务器获取特定的信息。例如,通过 dig 命令查看域名 www. long. com 的信息。

```
[root@Server ~]#dig www.long.com

; <<>>DiG 9.8.2rc1-RedHat-9.8.2-0.17.rc1.el6 <<>>www.long.com
;; global options: +cmd
;; Got answer:
;; ->>HEADER<<-opcode: QUERY, status: NOERROR, id: 23171
;; flags: qr aa rd ra; QUERY: 1, ANSWER: 1, AUTHORITY: 1, ADDITIONAL: 1

;; QUESTION SECTION:
;www.long.com.          IN  A

;; ANSWER SECTION:
www.long.com.     86400  IN A  192.168.0.5

;; AUTHORITY SECTION:
```

```
long.com.      86400  IN  NS  dns.long.com.

;; ADDITIONAL SECTION:
dns.long.com.      86400  IN  A  192.168.1.2

;; Query time: 0 msec
;; SERVER: 192.168.1.30#53(192.168.1.30)
;; WHEN: Mon Dec 21 19:56:32 2015
;; MSG SIZE rcvd: 80
```

3. host 命令

host 命令用来做简单的主机名的信息查询,在默认情况下,host 只在主机名和 IP 地址之间进行转换。下面是一些常见的 host 命令的使用方法。

```
//正向查询主机地址
[root@Server ~]#host dns.long.com
//反向查询 IP 地址对应的域名
[root@Server ~]#host 192.168.22.98
//查询不同类型的资源记录配置,-t 参数后可以为 SOA、MX、CNAME、A、PTR 等
[root@Server ~]#host -t NS long.com
//列出整个 long.com 域的信息
[root@Server ~]#host -l long.com 192.168.1.2
//列出与指定的主机资源记录相关的详细信息
[root@Server ~]#host -a computer.long.com
```

4. DNS 服务器配置中的常见错误

(1) 配置文件名写错。在这种情况下,运行 nslookup 命令不会出现命令提示符">"。

(2) 主机域名后面没有小点".",这是最常犯的错误。

(3) /etc/resolv.conf 文件中的域名服务器的 IP 地址不正确。在这种情况下,nslookup 命令不出现命令提示符。

(4) 回送地址的数据库文件有问题。同样 nslookup 命令不出现命令提示符。

(5) 在/etc/named.conf 文件中的 zone 区域声明中定义的文件名与/var/named/chroot/var/named 目录下的区域数据库文件名不一致。

7.7　练习题

1. 选择题

(1) 在 Linux 环境下,能实现域名解析的功能软件模块是(　　)。

　　A. apache　　　B. dhcpd　　　C. BIND　　　D. SQUID

(2) www.jnrp.edu.cn 是 Internet 中主机的(　　)。

　　A. 用户名　　B. 密码　　　C. 别名　　　D. IP 地址　　　E. FQDN

(3) 在 DNS 服务器配置文件中 A 类资源记录是(　　)。

　　A. 官方信息　　　　　　　B. IP 地址到名字的映射

C. 名字到 IP 地址的映射　　　　D. 一个 name server 的规范

(4) 在 Linux DNS 系统中,根服务器提示文件是(　　　)。

    A. /etc/named. ca　　　　　　　B. /var/named/named. ca

    C. /var/named/named. local　　　D. /etc/named. local

(5) DNS 指针记录的标志是(　　　)。

    A. A　　　　　　B. PTR　　　　C. CNAME　　D. NS

(6) DNS 服务使用的端口是(　　　)。

    A. TCP 53　　　B. UDP 53　　　C. TCP 54　　　D. UDP 54

(7) 以下(　　　)命令可以测试 DNS 服务器的工作情况。

    A. ig　　　　　　B. host　　　　　C. nslookup　　D. named-checkzone

(8) 下列(　　　)命令可以启动 DNS 服务。

    A. service named start　　　　　B. /etc/init. d/named start

    C. service dns start　　　　　　D. /etc/init. d/dns start

(9) 指定域名服务器位置的文件是(　　　)。

    A. /etc/hosts　　　　　　　　　B. /etc/networks

    C. /etc/resolve. conf　　　　　　D. /. profile

2. 填空题

(1) 在 Internet 中计算机之间直接利用 IP 地址进行寻址,因而需要将用户提供的主机名转换成 IP 地址,把这个过程称为_____。

(2) DNS 提供了一个_____的命名方案。

(3) DNS 顶级域名中表示商业组织的是_____。

(4) _____表示主机的资源记录;_____表示别名的资源记录。

(5) 写出可以用来检测 DNS 资源创建是否正确的两个工具_____、_____。

(6) DNS 服务器的查询模式有_____、_____。

(7) DNS 服务器分为四类:_____、_____、_____和_____。

(8) 一般在 DNS 服务器之间的查询请求属于_____查询。

7.8　项目实录

1. 录像位置

随书光盘。

2. 项目实训目的

- 掌握 Linux 系统中主 DNS 服务器的配置。
- 掌握 Linux 下辅助 DNS 服务器的配置。

3. 项目背景

某企业有一个局域网(192.168.1.0/24),网络拓扑如图 7-6 所示。该企业中已经有自己的网页,员工希望通过域名来进行访问,同时员工也需要访问 Internet 上的网站。该企业已经申请了域名 jnrplinux. com,公司需要 Internet 上的用户通过域名访问公司的网页。为了保证可靠性,不能因为 DNS 的故障而导致网页不能访问。

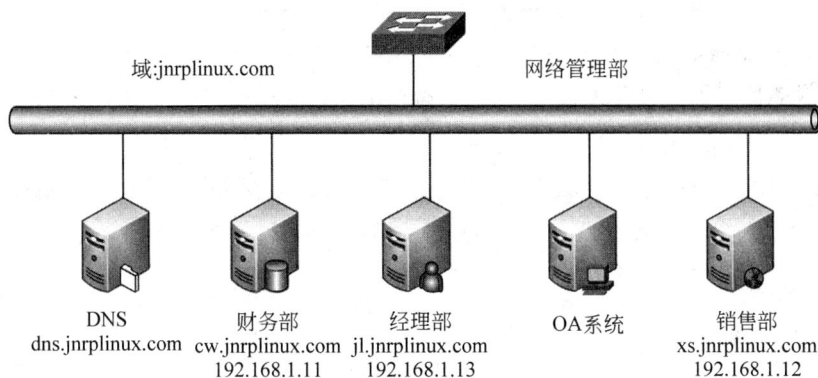

图 7-6　DNS 服务器搭建网络拓扑

要求在企业内部构建一台 DNS 服务器,为局域网中的计算机提供域名解析服务。DNS 服务器管理 jnrplinux.com 域的域名解析,DNS 服务器的域名为 dns. jnrplinux. com,IP 地址为 192.168.1.2。辅助 DNS 服务器的 IP 地址为 192.168.1.3。同时还必须为客户提供 Internet 上的主机的域名解析。要求分别能解析以下域名:财务部(cw. jnrplinux. com,192.168.1.11)、销售部(xs. jnrplinux. com,192.168.1.12)、经理部(jl. jnrplinux. com,192.168.1.13)、OA 系统(oa. jnrplinux. com,192.168.1.13)。

4. 项目实训内容

练习 Linux 系统下主、辅 DNS 服务器的配置方法。

5. 做一做

根据项目实录录像进行项目的实训,检查学习效果。

实训　DNS 服务器配置训练

1. 实训目的

掌握 Linux 下主、辅 DNS 和转发器 DNS 服务器的配置与调试方法。

2. 实训内容

练习主、辅 DNS 和转发器 DNS 服务器的配置与管理方法。

3. 实训环境

在 VMWare 虚拟机中启动三台 Linux 服务器,IP 地址分别为 192.168.203.1、192.168.203.2 和 192.168.203.3,并且要求此三台服务器已安装了 DNS 服务所对应的软件包(包括 chroot)。

4. 实训练习

(1) 配置主域名服务器

① 配置全局配置文件/ect/named. conf。把 options 选项中的侦听 IP"127.0.0.1"改成 any,把允许查询网段 allow-query 后面的 localhost 改成 any。在 view 选项中修改"指定提交 DNS 客户端的源 IP 地址范围"和"指定提交 DNS 客户端的目标 IP 地址范围"为 any,同

时指定主配置文件为 named. zones。

② 生成主配置文件 named. zones。该文件位于/var/named/chroot/etc 目录下。可将 named. rfc1912. zones 复制为全局配置文件中指定的主配置文件。

配置主域名服务器负责区域 smile. com 的解析工作,同时负责对应的反向查找区域。

在/var/named/chroot /etc/named. conf 主配置文件中添加如下内容。

```
zone "smile.com" {
    type master;
    file "smile.com.zone";
};
zone "203.168.192.in-addr.arpa" {
    type master;
    file "192.168.203.zone";
};
```

③ 在/var/named/chroot/var/named 目录下创建 smile. com. zone 正向区域文件。在 /var/named/chroot/var/named 目录下利用 cp -p named. zero smile. com. zone 复制正向区域配置文件,并做编辑、修改。内容如下:

```
$TTL 1D
@IN SOA www.smile.com. mail.smile.com. (
                    2007101100
                    3H
                    15M
                    1W
                    1D
)
@           IN   NS         www.smile.com.
@           IN   MX    10   www.smile.com.
www         IN   A          192.168.203.1
mail        IN   A          192.168.203.1
forward     IN   A          192.168.203.2
slave       IN   A          192.168.203.3
ftp         IN   A          192.168.203.101
www1        IN   CNAME      www.smile.com.
www2        IN   CNAME      www.smile.com.
www3        IN   CNAME      www.smile.com.
```

④ 在/var/named/chroot/var/named 下创建区域文件 192.168.203. zone,内容如下:

```
$TTL 1D
@IN SOA www.smile.com. mail.smile.com. (
                    2007101100
                    3H
                    15M
                    1W
                    1D
)
```

```
@       IN      NS            www.smile.com.
@       IN      MX     10     www.smile.com.
1       IN      PTR           www.smile.com.
1       IN      PTR           mail.smile.com.
2       IN      PTR           forward.smile.com.
3       IN      PTR           slave.smile.com.
101     IN      PTR           ftp.smile.com.
```

⑤ 重新启动域名服务器。

⑥ 测试域名服务器，并记录观测到的数据。

(2) 配置缓存域名服务器

在 IP 地址为 192.168.203.2 的 Linux 系统上配置缓存名称服务器。

① 在/etc/named.conf 中的 option 区域添加类似下面的内容。

```
forwarders {192.168.0.9; };
forward only;
```

② 启动 named 服务。

③ 测试配置。

(3) 配置辅助域名服务器

在 IP 地址为 192.168.203.3 的 Linux 系统上配置 smile.com 区域和 203.168.192.in-addr.arpa 区域的辅助域名服务器。

① 在 192.168.203.1(主 DNS 服务器)上配置主配置文件。

```
[root@Server ~]#vi /var/named/chroot/etc/named.zones
zone "jnrp.cn" IN {
    type master;
    file "smile.com";
    also-notify { 192.168.203.3;};
};
zone "203.168.192.in-addr.arpa" IN {
    type master;
    file "192.168.203.zone";
    also-notify { 192.168.203.3;};
};
```

在 zone 中添加"also-notify {辅助 DNS IP 地址;};"，或者在全局 options 中声明，可以使用 notify yes，这样只要主服务器重启 DNS 服务器就会发送 notify 值，辅助服务器则会立即更新区域文件数据。

② 在 192.168.203.3(辅助 DNS 服务器)上安装 bind 软件包。

③ 在 192.168.203.3 上配置全局配置文件。

在/var/named/chroot/etc 目录下。把 options 选项中的侦听 IP"127.0.0.1"改成 any，把允许查询网段 allow-query 后面的 localhost 改成 any。在 view 选项中修改"指定提交 DNS 客户端的源 IP 地址范围"和"指定提交 DNS 客户端的目标 IP 地址范围"为 any，同时指定主配置文件为 named.zones。具体配置参见主 DNS 服务器配置。

④ 在 192.168.203.3 上编辑 DNS 服务器的主配置文件,添加如下区域声明。

```
[root@Server ~]#vi /var/named/chroot/etc/named.zones
zone "smile.com" IN {
    type slave;
    file "slaves/smile.com.zone";
    masters{ 192.168.203.1;};
};
zone "168.192.in-addr.arpa" IN {
    type slave;
    file "slaves/192.168.203.zone";
    masters{ 192.168.203.3;};
};
```

每行后面一定要添加";",否则启动服务失败。

必须指定"file "slaves/区域文件名称""的位置,这里说的 slaves 的位置为/var/named/chroot/var/named/slaves。

⑤ 重新启动 named 服务。

⑥ 检查在/var/named/chroot/var/named 目录下是否自动生成了 smile.com.zone 和 192.168.203.zone 文件。

5. 实训报告

按要求完成实训报告。

第 8 章　NFS 网络文件系统

资源共享是计算机网络的主要应用之一,本章主要介绍类 UNIX 系统之间实现资源共享的方法——NFS(网络文件系统)服务。

本章学习要点:
- NFS 服务的基本原理。
- NFS 服务器的配置与调试。
- NFS 客户端的配置。
- NFS 故障的排除。

8.1　NFS 基本原理

NFS 即网络文件系统(Network File System),是使不同的计算机之间能通过网络进行文件共享的一种网络协议,多用于类 UNIX 系统的网络中。

8.1.1　NFS 服务概述

在 Windows 主机之间可以通过共享文件夹来实现存储远程主机上的文件,而在 Linux 系统中通过 NFS 实现类似的功能。NFS 最早是由 Sun 公司于 1984 年开发的,其目的就是让不同计算机、不同操作系统之间可以彼此共享文件。由于 NFS 使用起来非常方便,因此很快得到了大多数的 Linux 和 UNIX 系统的支持,而且还被 IETE(国际互联网工程组)制定为 RFC1904、RFC1813 和 RFC3010 标准。

NFS 网络文件系统具有以下优点。

(1) 被所有用户访问的数据可以存放在一台中央主机(NFS 服务器)上并共享出去,而其他不同主机上的用户可以通过 NFS 服务访问中央主机上的共享资源。这样既可以提高资源的利用率,节省客户端本地硬盘的空间,又便于对资源进行集中管理。

(2) 客户访问远程主机上的文件和访问本地主机上的资源一样,是透明的。

(3) 远程主机上的文件的物理位置发生变化不会影响客户访问方式的变化。

(4) 可以为不同客户设置不同的访问权限。

8.1.2　NFS 工作原理

NFS 服务是基于客户/服务器模式的。NFS 服务器是提供输出文件(共享目录文件)的计算机,而 NFS 客户端是访问输出文件的计算机,它可以将输出文件挂载到自己系统中的某个目录文件中,然后像访问本地文件一样去访问 NFS 服务器中的输出文件。

例如,在 Linux 主机 A 中有一个目录文件/source,该文件中有网络中 Linux 主机 B 中用户所需的资源。可以把它输出(共享)出来,这样 B 主机上的用户可以把"A:/source"挂载到本机的某个挂载目录(例如/mnt/nfs/source)中,之后 B 上的用户就可以访问/mnt/nfs/source 中的文件了。而实际上 B 主机上的用户访问的是 A 主机上的资源。

NFS 客户和 NFS 服务器通过远程过程调用(Remote Procedure Call,RPC)协议实现数据传输。服务器自开启服务之后一直处于等待状态,当客户端主机上的应用程序访问远程文件时,客户端主机内核向远程服务器发送一个请求,同时客户进程被阻塞并等待服务器应答。服务器接收到客户请求之后,处理请求并将结果返回给客户端。NFS 服务器上的目录如果可以被远程用户访问,就称为导出(export);客户端主机访问服务器导出目录的过程称为挂载(mount)或导入。

8.1.3　NFS 组件

Linux 下的 NFS 服务主要由以下 6 个部分组成。其中,只有前面 3 个是必需的,后面 3 个是可选的。

1. rpc. nfsd

rpc. nfsd 守护进程的主要作用就是判断、检查客户端是否具备登录主机的权限,负责处理 NFS 请求。

2. rpc. mounted

rpc. mounted 守护进程的主要作用就是管理 NFS 的文件系统。当客户端顺利地通过 rpc. nfsd 登录主机后,在开始使用 NFS 主机提供的文件之前,它会去检查客户端的权限(根据/etc/exports 来对比客户端的权限)。通过这一关之后,客户端才可以顺利地访问 NFS 服务器上的资源。

3. rpcbind

rpcbind 的主要功能是进行端口映射工作。当客户端尝试连接并使用 RPC 服务器提供的服务(如 NFS 服务)时,rpcbind 会将所管理的与服务对应的端口号提供给客户端,从而使客户端可以通过该端口向服务器请求服务。在 RHEL 6.4 中 rpcbind 默认已安装并且已经正常启动。

注意:虽然 rpcbind 只用于 RPC,但它对 NFS 服务器来说是必不可少的。如果 rpcbind 没有运行,NFS 客户端就无法查找从 NFS 服务器中共享的目录。

4. rpc. locked

rpc. stated 守护进程使用本进程来处理崩溃系统的锁定恢复。为什么要锁定文件呢?因为既然 NFS 文件可以让众多的用户同时使用,那么客户端同时使用一个文件时,有可能造成一些问题。此时,rpc. locked 就可以帮助解决这个难题。

5. rpc. stated

rpc. stated 守护进程负责处理客户端与服务器之间的文件锁定问题,确定文件的一致性(与 rpc. locked 有关)。当因为多个客户端同时使用一个文件造成文件破坏时,rpc. stated 可以用来检测该文件并尝试恢复。

6. rpc. quotad

rpc. quotad 守护进程提供了 NFS 和配额管理程序之间的接口。不管客户端是否通过 NFS 对用户的数据进行处理,都会受配额限制。

8.2　NFS 服务器配置

本节将主要介绍 NFS 服务的安装、配置与启动等内容。

8.2.1　安装、启动和停止 NFS 服务器

要使用 NFS 服务,首先需要安装 NFS 服务组件,在 Red Hat Enterprise Linux 6 中,在默认情况下,NFS 服务会被自动安装到计算机中。

如果不确定是否安装了 NFS 服务,那就先检查计算机中是否已经安装了 NFS 支持套件。如果没有安装,要安装相应的组件。

1. 所需要的套件

对于 Red Hat Enterprise Linux 6 来说,要启用 NFS 服务器,至少需要两个套件。

(1) rpcbind

NFS 服务要正常运行,就必须借助 RPC 服务的帮助,做好端口映射工作,而这个工作就是由 rpcbind 负责的。

(2) nfs-utils

nfs-utils 就是用来提供 rpc. nfsd 和 rpc. mounted 这两个守护进程与其他相关文档、执行文件的套件。这是 NFS 服务的主要套件。

2. 安装 NFS 服务

建议在安装 NFS 服务之前,使用如下命令检测系统是否安装了 NFS 相关性软件包。

```
[root@RHEL 6 ~]#rpm -qa|grep nfs-utils
[root@RHEL 6 ~]#rpm -qa|grep rpcbind
```

如果系统还没有安装 NFS 软件包,可以使用 yum 命令安装所需软件包。制作 yum 源文件的内容请参考 samba 服务安装部分。

(1) 使用 yum 命令安装 NFS 服务。

```
[root@RHEL 6 ~]#yum clean all          //安装前先清除缓存
[root@rhel6 ~]#yum install rpcbind -y
[root@rhel6 ~]#yum install nfs-utils -y
```

(2) 所有软件包安装完毕之后,可以使用 rpm 命令"rpm -qa ｜ grep nfs"及"rpm -qa ｜ grep rpcbind"再一次进行查询,结果如图 8-1 所示。

3. 启动 NFS 服务

查询 NFS 的各个程序是否在正常运行,命令如下:

图 8-1　正确安装了 NFS 服务

```
[root@RHEL 6 ~]#rpcinfo -p
```

如果没有看到 nfs 和 mounted 选项,则说明 NFS 没有运行,需要启动它。使用以下命令可以启动它。

```
[root@RHEL 6 ~]#service rpcbind start
[root@RHEL 6 ~]#/etc/rc.d/init.d/nfs start
```

4. 停止 NFS 服务

停止 NFS 服务时不一定要关闭 rpcbind 服务。

```
[root@RHEL 6 ~]#service nfs stop
```

5. 重启 NFS 服务

```
[root@RHEL 6 ~]#service nfs restart
```

6. 让 NFS 服务自动运行

需要注意的是,像上面那样启动的 NFS 服务只能运行到计算机关机之前,下一次系统重新启动后就又需要重新启动它了。能不能让它随系统启动而自动运行呢? 答案是肯定的,而且操作起来还很简单。

(1) 利用 ntsysv 命令

在桌面上右击,在弹出的快捷菜单中,选择"在终端中打开"命令,在打开的"终端"窗口中输入 ntsysv 命令,打开 Red Hat Enteprise Linux 6 下的"服务"配置小程序,找到 nfs 和 rpcbind,并在它前面加个" * "号,如图 8-2 所示。这样,NFS 服务就会随系统启动而自动运行了。

(2) 利用 chkconfig 命令

图 8-2　设置 NFS 服务自动运行

```
//利用 chkconfig 命令查看 rpcbind 服务的自启动状态
[root@RHEL 6 ~]#chkconfig --list rpcbind
portmap       0:关闭     1:关闭     2:关闭     3:启用     4:启用     5:启用     6:关闭
//利用 chkconfig 命令查看 nfs 服务的自启动状态
[root@RHEL 6 ~]#chkconfig --list nfs
```

```
nfs        0:关闭     1:关闭     2:关闭     3:关闭     4:关闭     5:关闭     6:关闭
//利用 chkconfig 命令设置 rpcbind 服务在运行级别 3 和 5 时自启动
[root@RHEL 6 ~]#chkconfig --level 35 rpcbind on
//利用 chkconfig 命令设置 nfs 服务在运行级别 3 和 5 时自启动
[root@RHEL 6 ~]#chkconfig --level 35 nfs on
```

8.2.2　配置文件 /etc /exports

NFS 的配置设置都集中在/etc/exports 文件中,它是共享资源的访问控制列表,不仅可以在此新建共享资源,同时也能对访问共享资源的客户端进行权限管理。该文件默认是空的,需要手工添加。/etc/exports 文件中的每一条记录都代表一个共享资源以及访问权限设置,它的格式如下:

```
<共享输出目录>     [客户端(选项 1,选项 2)]
```

例如:

```
/home/test www.mlx.com(rw,async)
```

1. 共享输出目录

共享输出目录是指 NFS 系统中需要共享给客户端使用的目录。该目录可以是某个文件系统的根目录,也可以是一个普通目录。

2. 客户端

客户端用来指定允许连接此 NFS 服务器的客户端,可以使用的客户端的表示方式有很多种,表 8-1 是常见的客户端表示方式。

表 8-1　NFS 客户端常见表示方式

客户端表示形式	说　　明
单一主机	这是最常使用的方式,可以指定单一主机的主机名、域名或 IP 地址。如果指定超过一个以上的主机,则必须以空格加以分隔
群组	可以使用"@群组名称"的格式来指定允许连接服务器的群组,如@workgroup
通配符	可以使用"*"或"?"来指定允许连接服务器的客户端,例如"*.mlx.com"表示允许来自 mlx.com 域的所有主机连接。但是要注意的是,通配符不匹配主机名中的"."。因此"*.mlx.com"不匹配 aaa.test.mlx.com
网络节点	如果要指定 IP 网络节点的客户端,那么可以使用符合 CIDR 格式的表示法,如 192.168.1.0/24 或 192.168.1.0/255.255.255.0

3. 选项

选项用来设置输出目录的访问权限、用户映射等。exports 文件中的选项比较多,一般可分为以下 3 类。

（1）访问权限

NFS 客户端的访问权限分为以下两类,如表 8-2 所示。

表 8-2   NFS 客户端访问权限

表 8-2   NFS 客户端访问权限

访问权限	说　　明
ro	Read Only,仅允许客户端读取共享资源内容
rw	Read and Write,允许客户端读取及写入共享资源

（2）常见选项

在/etc/exports 文件中允许使用的选项有很多,其说明如表 8-3 所示。

表 8-3   常见选项及说明

常 见 选 项	说　　明
sync	设置 NFS 服务器同步写磁盘,这样不会轻易丢失数据,建议使用该选项
async	将数据先保存在内存缓冲区中,必要时才写入磁盘
secure	限制客户端只能从小于 1024 的端口连接 NFS 服务器(默认为此设置)
insecure	允许客户端从大于 1024 的端口连接 NFS 服务器
wdelay	检查是否有相关的写操作,如果有,则将这些写操作一起执行(默认为此设置)
no_wdelay	检查是否有相关的写操作,如果有,则立即执行,应与 sync 配合使用
subtree_check	如果输出目录是子目录,则 NFS 服务器将检查其父目录的权限(默认为此设置)
no_ subtree_check	如果输出目录是子目录,NFS 服务器将不检查其父目录的权限

（3）用户映射选项

在默认情况下,当客户端访问 NFS 服务器时,若远程访问的用户是 root 用户,则 NFS 服务器会将它映射成一个本地的匿名用户,默认为 nfsnobody。并将它所属的用户组也映射为匿名用户组,默认为 nfsnobody。系统管理员可以对用户映射选项进行调整,如表 8-4 所示。

表 8-4   用户映射选项及说明

用户映射选项	说　　明
all_squash	将远程访问的普通用户及所属用户组都映射为匿名用户和用户组
no_all_squash	不将远程访问的普通用户及所属用户组都映射为匿名用户和用户组(默认为此设置)
root_squash	将 root 用户及所属用户组都映射为匿名用户和用户组(默认为此设置)
no_root_squash	不将 root 用户及所属用户组都映射为匿名用户和用户组
anonuid＝×××	将远程访问的所有用户都映射为本地用户账户的 UID＝×××的匿名用户
anongid＝×××	将远程访问的所有用户组都映射为本地组的 GID＝×××的匿名用户组

4. NFS 服务配置实例

在/etc/exports 文件中,同一输出目录对于不同的主机可以有不同的设置选项,各主机设置值之间用空格分隔。下面给出的是几个应用实例。

【例 8-1】　将/home/share 目录共享出去,供 192.168.10.0/24 网段的客户机进行读写,而网络中的其他主机只能读取该目录的内容。

```
/home/share  192.168.10.0/24(sync,rw) * (ro)
```

【**例 8-2**】　将/nfs/public 目录共享出去,使 ＊.smile.com 域的所有客户都具有读写权限,允许客户端从大于 1024 的端口访问,并将所有用户及所属用户组都映射为匿名账户 nfsnobody,数据同步写入磁盘。如果有写入操作将立即执行。

```
/nfs/public ＊.smile.com(rw,secure,all_squash,sync,no_wdelay)
```

【**例 8-3**】　在设置/etc/exports 文件时需要特别注意"空格"的使用,因为在此配置文件中,除了分开共享目录和共享主机,以及分隔多台共享主机外,其余的情形下都不可使用空格。例如,以下的两个范例就分别表示不同的意义。

```
/home   client(rw)
/home   client (r)
```

在以上的第一行中,客户端(client)对/home 目录具有读取和写入权限,而第二行中 client 对/home 目录只具有读取权限(这是系统对所有客户端的默认值)。而除 client 之外的其他客户端对/home 目录具有读取和写入权限。

8.2.3　检查 NFS 服务的工作状态

可以利用下面的命令检查 portmap 和 nfs 服务的工作状态。

```
[root@Server ~]#service portmap status
portmap (pid 11103) 正在运行...
[root@Server ~]#service nfs status
rpc.mountd (pid 11176 11135) 正在运行...
nfsd (pid 11131 11130 11129 11128 11127 11124 11123 11122) 正在运行...
rpc.rquotad (pid 11169 11118) 正在运行...
```

由上面可以看出与 NFS 服务器运行有关的进程(Process)有 8 种,可以使用以下的方法进行检查。

```
[root@Server ~]#ps -aux|grep nfsd
root   11122 0.0 0.0    0    0 ?    S   08:01  0:00 [nfsd]
root   11123 0.0 0.0    0    0 ?    S   08:01  0:00 [nfsd]
root   11124 0.0 0.0    0    0 ?    S   08:01  0:00 [nfsd]
root   11127 0.0 0.0    0    0 ?    S   08:01  0:00 [nfsd]
root   11128 0.0 0.0    0    0 ?    S   08:01  0:00 [nfsd]
root   11129 0.0 0.0    0    0 ?    S   08:01  0:00 [nfsd]
root   11130 0.0 0.0    0    0 ?    S   08:01  0:00 [nfsd]
root   11131 0.0 0.0    0    0 ?    S   08:01  0:00 [nfsd]
```

8.2.4　exports 导出目录

NFS 服务在启动时会自动导出/etc/exports 文件设定的文件系统或目录,但如果在 NFS 服务启动后修改了 exports 文件,也可以利用 exportfs 命令导出目录,而不用重新启动 NFS 服务。exportfs 命令的基本用法如下:

```
exportfs [选项]
```

常见的参数选项如下。

- -a：输出/etc/exports 文件中的所有目录。
- -i：忽略/etc/exports 文件中列出的信息，取命令行中指定的导出选项。
- -r：重新读取/etc/exports 文件的设置，并立即生效，而不需重新启动 NFS 服务。
- -u：停止输出某一目录。
- -v：显示 exportfs 命令执行时的信息。

【例 8-4】 导出/etc/exports 文件中的所有目录。

```
[root@Server ~]#cat /etc/exports
/nfs/public * (ro)
/home/share 192.168.1.2(rw) 192.168.1.4(r0)
[root@Server ~]#exportfs -av
exporting 192.168.1.2:/share
exporting * :/home/public
```

【例 8-5】 停止输出/etc/exports 文件中的所有目录。

```
[root@Server ~]#exportfs -auv
```

【例 8-6】 重新导出/etc/exports 文件中的所有目录。当在/etc/exports 文件中增加或删除了某项，可以使用该命令。

```
[root@Server ~]#exportfs -rv
```

8.3 NFS 客户端配置

Linux 下的 NFS 客户端配置非常容易，不需要加载任何新的软件。当 NFS 服务器配置完成之后，在 NFS 客户端可以使用 showmount 命令查看 NFS 服务器上的输出目录，并利用 mount 命令挂载，在不需要时可以使用 umount 命令卸载。在 NFS 客户端也可以对 NFS 服务器上输出目录实现开机自动挂载。

1. 查看 NFS 服务器中的输出目录

利用 showmount 命令可以查看 NFS 服务器上有哪些输出目录。showmount 命令的格式如下：

```
showmount [参数选项] NFS 服务器的主机名/IP 地址
```

常见的参数选项如下。

- -e：显示 NFS 服务器上的所有输出目录。
- -a：显示 NFS 服务器的所有客户端主机及其连接的输出目录。

- -d：显示 NFS 服务器中已被客户端连接的所有输出目录。

【例 8-7】　显示 IP 地址为 192.168.10.1 的 NFS 服务器上的输出目录。

```
[root@Server ~]#showmount -e 192.168.1.102
Export list for 192.168.10.1:
/home/public *
/share    192.168.1.2
```

注意：如果在使用 showmount -e 命令查看 NFS 服务器上的输出目录时，出现下面的情况，其原因可能是 NFS 服务器上的 portmap 服务和 nfs 服务没有启动，也可能是防火墙给过滤掉了。解决的方法是在 NFS 服务器上启动 portmap 服务和 nfs 服务，并重新设置防火墙的过滤规则。

思考：如果出现以下错误信息，应该如何处理？

```
[root@RHEL 6 mnt]#showmount 192.168.1.30 -e
clnt_create: RPC: Port mapper failure - Unable to receive: errno 113 (No route to
host)
```

提示：出现错误的原因是 NFS 服务器的防火墙阻止了客户端访问 NFS 服务器。由于 NFS 使用许多端口，即使开放了 NFS4 服务，仍然可能有问题，强烈建议读者先把防火墙禁用。方法是选择"系统"→"管理"→"防火墙"命令，打开"防火墙配置"对话框。单击"禁用"按钮，将防火墙关闭，如图 8-3 所示。

图 8-3　关闭防火墙

提示：为了使后面几章中不再出现类似错误，请一定将 SELinux 设置为"允许"。更改当前的 SELinux 值，后面可以跟 enforcing、permissive 或者 1、0。

```
[root@RHEL 6 桌面]#getenforce
Enforcing
[root@RHEL 6 桌面]#setenforce Permissive
```

或者

```
[root@RHEL 6 桌面]#setenforce 0
[root@RHEL 6 桌面]#getenforce
Permissive
[root@RHEL 6 桌面]#sestatus -v
SELinux status:              enabled
SELinuxfs mount:            /selinux
...(略)
```

注意：①利用 setenforce 设置 SELinux 的值,重启系统后失效。②如果想长期有效,可修改/etc/sysconfig/selinux 文件,按需要赋予 SELINUX 相应的值(Enforcing | Permissive 或者 0|1)。③本书多次提到防火墙和 SELinux,请读者一定要注意,对于重启后失效的情况也要了如指掌。

2. 挂载 NFS 服务器中的输出目录

在确认 NFS 服务器设置正确后,在客户端主机可以使用 mount 命令挂载 NFS 服务器中的输出目录到本地目录。格式如下：

```
mount -t NFS 服务器的 IP 地址:输出目录    本地挂载目录
```

【例 8-8】 将 IP 地址为 192.168.1.30 的 NFS 服务器上的/home/share1 输出目录挂载到本地的/mnt/share1 目录(保证已在本地创建该目录)下。

(1) 在服务器端(192.168.1.30)

```
[root@RHEL 6 ~]#mkdir -p /nfs/public
[root@RHEL 6 ~]#mkdir -p /home/share1
[root@RHEL 6 ~]#chmod 777 /nfs/public /home/share1
[root@RHEL 6 ~]#touch /home/share1/sample.tar
[root@RHEL 6 ~]#vim /etc/exports
/nfs/public * (ro,sync)
/home/share1 192.168.1.30(rw,sync) 192.168.1.80(ro,async)
```

(2) 关闭服务器端防火墙

参见例 8-7。

(3) 在服务器端(192.168.1.30)测试

```
[root@RHEL 6 ~]#service rpcbind restart
[root@RHEL 6 ~]#service nfs restart
[root@RHEL 6 ~]#mkdir -p /mnt/share1
[root@RHEL 6 ~]#mount -t nfs 192.168.1.30:/home/share1 /mnt/share1
[root@RHEL 6 ~]#cd /mnt/share1
[root@RHEL 6 share1]#touch f1.tar
```

可以写入文件 f1.tar。192.168.1.30 计算机可以读取和写入。

（4）在客户机端（192.168.1.80）挂载测试

```
[root@localhost ~]#mkdir -p /mnt/share1
[root@localhost ~]#mount -t nfs 192.168.1.30:/home/share1 /mnt/share1
[root@localhost ~]#cd /mnt/share1
[root@localhost share1]#ls
[root@localhost share1]#touch s1
touch: 无法触碰 "s1"：只读文件系统
```

不可以写入文件 s1。192.168.1.80 计算机只可以读取，不能写入。

（5）在客户机端查看挂载情况

NFS 服务器上的输出目录被挂载到客户端之后，客户端可以在本机使用 mount 命令查看该目录的挂载状态。

```
[root@localhost share1]#mount |grep nfs
sunrpc on /var/lib/nfs/rpc_pipefs type rpc_pipefs (rw)
nfsd on /proc/fs/nfsd type nfsd (rw)
192.168.1.30:/home/share1 on /mnt/share1 type nfs (rw,addr=192.168.1.30)
```

注意：NFS 客户端在挂载 NFS 服务器上的输出目录时，只能挂载自己被赋予访问权限的那些目录。

3. 卸载 NFS 服务器中的输出目录

在不需要使用 NFS 服务器上的输出目录时，可以使用 umount 命令将挂载目录卸载。命令格式如下：

```
umount 挂载点
```

【例 8-9】　将例 8-8 中的挂载目录/mnt/share1 卸载。

```
[root@RHEL 6 ~]#umount /mnt/share1
```

注意：一定在挂载目录外面进行卸载，否则会显示"umount：/mnt/share1：device is busy"的信息。

4. NFS 客户端开机时自动连接 NFS 服务器中的输出目录

要想让 NFS 客户端在系统开机时自动挂载 NFS 服务器上的指定输出目录，应该在/etc/fstab 文件中配置。在/etc/fstab 文件中添加的语句格式如下：

```
NFS 服务器主机名/IP 地址:输出目录　本地挂载目录　nfs　defaults　0　0
```

【例 8-10】　在 NFS 客户端实现每次开机自动挂载 IP 地址为 192.168.1.30 的 NFS 服务器上的/home/public 输出目录，该目录下有一个测试文件 test.txt。本地挂载目录为/mnt/public。

（1）在服务器端配置并重启 NFS 服务，别忘记关闭防火墙。

```
[root@RHEL 6 ~]#mkdir -p /home/public
[root@RHEL 6 ~]#touch /home/public/test.txt
[root@RHEL 6 ~]#vim /etc/exports
/home/public * (ro,sync)
[root@RHEL 6 ~]#service rpcbind restart
[root@RHEL 6 ~]#service nfs restart
```

（2）在客户端配置。要想实现该功能,应该在 NFS 客户端的/etc/fstab 文件中添加如下的行语句。

```
[root@RHEL 6 ~]#mkdir /mnt/public
[root@RHEL 6 ~]#vim /etc/fstab
192.168.1.30:/home/public  /mnt/public  nfs  defaults  0  0
```

存盘后重启系统。如果不想重启计算机,也可执行 mount -a 命令强制执行/etc/fstab 文件中未挂载的记录。然后检查是否实现目标,即查看/mnt/public 下是否有 test.txt 文件。

8.4 NFS 故障排除

NFS 故障的诊断与排除,是 NFS 服务器维护中的重要内容。本节将主要介绍 NFS 服务常见故障的诊断与排除。

1. IP 地址问题

在 NFS 服务器上的/etc/exports 文件中配置输出目录时,主机指定如果采用主机名的方法,要保证 NFS 客户机的 IP 地址和主机名符合,否则会遭到拒绝。NFS 服务器获得连接自己的客户机 IP 地址后,试图解析为完全符合域名 FQDN,但是如果在/etc/exports 文件中列出的机器名称不完整,NFS 服务器将拒绝服务。例如,服务器默认为 nfs. smile. com,在/etc/exports 文件中列出的是 nfs,这时就要检查/etc/hosts 文件和 DNS 的设置。

在 NFS 客户端挂载 NFS 输出目录时,如果使用主机名而不是 IP 地址来指定 NFS 客户机。同样要确保客户机能够正确解析主机名的 IP 地址,如果不能正确解析,就要检查/etc/hosts 文件和 DNS 的配置。

2. 故障排除的常用命令

（1）rpcinfo

NFS 服务是基于 RPC 调用的,因此 rpcinfo 命令常用于确定 RPC 服务的信息。可以在NFS 服务器或 NFS 客户端上利用 rpcinfo 命令确定 NFS 服务器上的 RPC 服务信息。

【例 8-11】 在 NFS 客户端执行 rpcinfo 命令确定 IP 地址为 192.168.1.102 的 NFS 服务器上的 RPC 服务信息。

```
[root@Server ~]#rpcinfo -u 192.168.1.102 portmap
[root@Server ~]#rpcinfo -u 192.168.1.102 nfs
[root@Server ~]#rpcinfo -u 192.168.1.102 mountd
```

（2）nfsstat

nfsstat 命令可以显示 nfs 统计信息。命令格式如下：

nfsstat [参数选项]

常见的参数选项如下。

- -c：显示客户机上的 NFS 操作，此选项应该在 NFS 客户机上操作。
- -s：显示服务器上的状态，此选项应该在 NFS 服务器上操作。

【例 8-12】　在 NFS 服务器上显示 NFS 服务统计信息。

```
[root@Server ~]#nfsstat -s
Server rpc stats:
calls  badcalls  badauth  badclnt  xdrcall
  8       1         1        0        0
Server nfs v2:
null    getattr   setattr   root     lookup   readlink
1       100%0     0%0       0%0      0%0      0%0        0%
read    wrcache   write     create   remove   rename
0       0%0       0%0       0%0      0%0      0%0        0%
link    symlink   mkdir     rmdir    readdir  fsstat
0       0%0       0%0       0%0      0%0      0%0        0%
```

3. 故障诊断的一般步骤

诊断 NFS 故障的一般步骤如下：

（1）检查 NFS 客户端和 NFS 服务器之间的通信是否正常。

（2）检查 NFS 服务器上的 NFS 服务是否正常运行。

（3）验证 NFS 服务器的/etc/exports 文件的语法是否正确。

（4）检查客户端的 NFS 文件系统服务是否正常。

（5）验证/etc/fstab 文件中的配置是否正确。

8.5　练习题

1. 选择题

（1）NFS 工作站要通过 mount 命令装载远程 NFS 服务器上的一个目录的时候，（　　）项是服务器端必需的。

　　A. portmap 必须启动

　　B. NFS 服务必须启动

　　C. 共享目录必须加在/etc/exports 文件里

　　D. 以上全部都需要

（2）请选择正确的命令（　　），完成加载 NFS 服务器 svr. jnrp. edu. cn 的/home/nfs 共享目录到本机/home2 目录中。

　　A. mount -t nfs svr. jnrp. edu. cn:/home/nfs /home2

B. mount -t -s nfs svr. jnrp. edu. cn. /home/nfs /home2

C. nfsmount svr. jnrp. edu. cn:/home/nfs /home2

D. nfsmount -s svr. jnrp. edu. cn /home/nfs /home2

(3) (　　)命令用来通过 NFS 使磁盘资源被其他系统使用。

　A. share　　　　　B. mount　　　　　C. export　　　　　D. exportfs

(4) 以下 NFS 系统中关于用户 IP 映射正确的描述是(　　)。

　A. 服务器上的 root 用户默认值和客户端的一样

　B. root 被映射到 nfsnobody 用户

　C. root 不被映射到 nfsnobody 用户

　D. 默认情况下,anonuid 不需要密码

(5) 在某公司有 10 台 Linux 服务器。想用 NFS 在 Linux 服务器之间共享文件,应该修改的文件是(　　)。

　A. /etc/exports　　　　　　　　B. /etc/crontab

　C. /etc/named. conf　　　　　　D. /etc/smb. conf

(6) 查看 NFS 服务器 192.168.12.1 中的共享目录的命令是(　　)。

　A. show -e 192.168.12.1

　B. show //192.168.12.1

　C. showmount -e 192.168.12.1

　D. showmount -l 192.168.12.1

(7) 装载 NFS 服务器 192.168.12.1 的共享目录/tmp 到本地目录/mnt/shere 的命令是(　　)。

　A. mount 192.168.12.1/tmp /mnt/shere

　B. mount -t nfs 192.168.12.1/tmp /mnt/shere

　C. mount -t nfs 192.168.12.1:/tmp /mnt/shere

　D. mount -t nfs //192.168.12.1/tmp /mnt/shere

2. 填空题

(1) Linux 和 Windows 操作系统之间可以通过_____进行文件共享,UNIX 和 Linux 操作系统之间通过_____进行文件共享。

(2) NFS 的英文全称是_____;中文名称是_____。

(3) RPC 的英文全称是_____;中文名称是_____。RPC 最主要的功能就是记录每个 NFS 功能所对应的端口,它工作在固定端口_____。

(4) Linux 下的 NFS 服务主要由 6 部分组成,其中_____、_____和_____是 NFS 必需的。

(5) _____守护进程的主要作用就是判断、检查客户端是否具备登录主机的权限,负责处理 NFS 请求。

(6) _____是提供 rpc. nfsd 和 rpc. mounted 这两个守护进程与其他相关文档、执行文件的套件。

(7) 在 Red Hat Enterprise Linux 5 下查看 NFS 服务器上的共享资源使用的命令为_____,它的语法格式是_____。

(8) Red Hat Enterprise Linux 5 下的自动加载文件系统是在_____中定义的。

8.6　项目实录

1. 录像位置

随书光盘。

2. 项目实训目的

- 掌握 Linux 系统之间资源共享和互访的方法。
- 掌握企业 NFS 服务器和客户端的安装与配置方法。

3. 项目背景

某企业的销售部有一个局域网，域名为 xs. mq. cn。网络拓扑如图 8-4 所示。网内有一台 Linux 的共享资源服务器 shareserver，域名为 shareserver. xs. mq. cn。现要在 shareserver 上配置 NFS 服务器，使销售部内的所有主机都可以访问 shareserver 服务器中的/share 共享目录中的内容，但不允许客户机更改共享资源的内容。同时，让主机 china 在每次系统启动时自动挂载 shareserver 的/share 目录中的内容到 china3 的/share1 目录下。

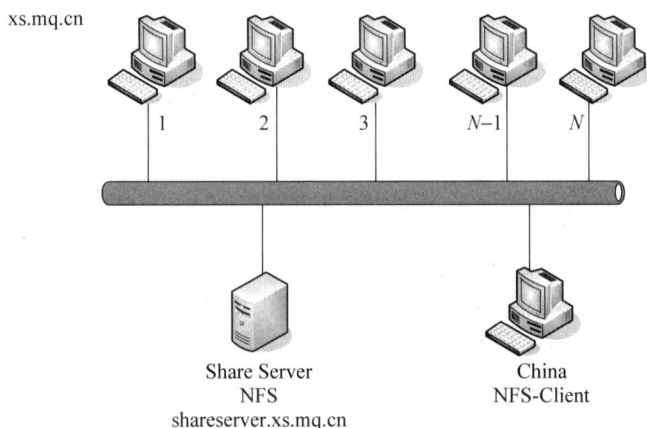

图 8-4　NFS 项目实录网络拓扑图

4. 项目实训内容

练习 Linux 系统 NFS 服务器与 NFS 客户端的配置方法。

5. 做一做

根据项目实录录像进行项目的实训，检查学习效果。

实训　NFS 服务器配置训练

1. 实训目的

(1) 掌握 Linux 系统之间资源共享和互访的方法。

(2) 掌握 NFS 服务器和客户端的安装与配置。

2. 实训内容

练习 NFS 服务器的安装、配置、启动与测试。

3. 实训练习

任务一　在 VMWare 虚拟机中启动两台 Linux 系统,一台作为 NFS 服务器,本例中给出的 IP 地址为 192.168.203.1;一台作为 NFS 客户端,本例中给出的 IP 地址为 192.168.203.2。配置一个 NFS 服务器,使得客户机可以浏览 NFS 服务器中/home/ftp 目录下的内容,但不可以修改。

(1) NFS 服务器的配置

① 检测 NFS 所需的软件包是否安装,如果没有安装,则利用 rpm -ivh 命令进行安装。

② 修改配置文件/etc/exports,添加行:/home/ftp 192.168.203.2(ro)。

③ 修改后,存盘退出。

④ 启动 NFS 服务。

⑤ 检查 NFS 服务器的状态,看是否正常启动。

(2) NFS 客户端的配置

① 将 NFS 服务器(192.168.203.1)上的/home/ftp 目录安装到本地机 192.168.203.2 的/home/test 目录下。

② 利用 showmount 命令显示 NFS 服务器上输出到客户端的共享目录。

③ 挂载成功后可以利用 ls 等命令操作/home/test 目录,实际操作的为 192.168.203.1 服务器上/home/ftp 目录下的内容。

④ 卸载共享目录。

(3) 设置 NFS 服务在运行级别 3 和 5 下自动启动

① 检测 NFS 服务的自启动状态。

② 设置 portmap 和 nfs 服务在系统运行级别 3 和 5 下自动启动。

任务二　有一个局域网,域名为 computer.jnrp.cn,网内两台主机为 client1 和 server1。现要在 server1 上配置 NFS 服务器,使本域内的所有主机访问 NFS 服务器的/home 目录。同时,让主机 client1 在每次系统启动时挂装 server1 的/home 目录到 client1 的/home1 目录下。

① 编辑/etc/exports 文件,添加行:/home　*.computer.jnrp.cn(ro)。

② 保存退出。

③ 启动 NFS 服务。

④ 配置 NFS 客户端 client1。

⑤ 建立安装点/home1。

⑥ 将服务器 server1 中的/home 目录安装到 client1 的/home1 目录下。

⑦ 修改/etc/fstab 文件,使得系统自动完成文件系统挂载的任务。

4. 实训报告

按要求完成实训报告。

第 9 章　samba 服务器的配置

利用 samba 服务可以实现 Linux 系统和 Microsoft 公司的 Windows 系统之间的资源共享。本章主要介绍 Linux 系统中 samba 服务器的配置，以实现文件和打印共享。

本章学习要点：

- samba 简介及配置文件。
- samba 文件和打印共享的设置方法。
- Linux 和 Windows 资源共享。

9.1　samba 简介

samba 是一套让 Linux 系统能够应用 Microsoft 网络通信协议的软件，它使执行 Linux 系统的计算机能与执行 Windows 系统的计算机进行文件与打印共享。samba 使用一组基于 TCP/IP 的 SMB 协议，通过网络共享文件及打印机，这组协议的功能类似于 NFS 和 lpd（Linux 标准打印服务器）。支持此协议的操作系统包括 Windows、Linux 和 OS/2。samba 服务在 Linux 和 Windows 系统共存的网络环境中尤为实用。

与 NFS 服务不同的是，NFS 服务只用于 Linux 系统之间的文件共享，而 samba 可以实现 Linux 系统之间及 Linux 和 Windows 系统之间的文件和打印共享。SMB 协议使 Linux 系统的计算机在 Windows 上的网上邻居中看起来如同一台 Windows 计算机。

1. SMB 协议

SMB(Server Message Block)通信协议可以看作局域网上共享文件和打印机的一种协议。它是微软和英特尔在 1987 年制定的协议，主要是作为 Microsoft 网络的通信协议，而 samba 则是将 SMB 协议搬到 UNIX 系统上来使用。通过 NetBIOS over TCP/IP 使用 samba 不但能与局域网络主机共享资源，也能与全世界的计算机共享资源。因为互联网上千千万万的主机所使用的通信协议都是 TCP/IP。SMB 是在会话层和表示层及小部分的应用层的协议，SMB 使用了 NetBIOS 的应用程序接口 API。另外，它是一个开放性的协议，允许协议扩展，这使得它变得庞大而复杂，大约有 65 个最上层的作业，而每个作业都超过 120 个函数。

2. samba 软件

samba 是用来实现 SMB 协议的一种软件，由澳大利亚的 Andew Tridgell 开发，是一套让 UNIX 系统能够应用 Microsoft 网络通信协议的软件。它使执行 UNIX 系统的机器能与执行 Windows 系统的计算机共享资源。samba 属于 GNU Public License(GPL)的软件，因此可以合法而免费地使用。作为类 UNIX 系统，Linux 系统也可以运行这套软件。

samba 的运行包含两个后台守护进程：nmbd 和 smbd,它们是 samba 的核心。在 samba 服务器启动到停止运行期间持续运行。nmbd 监听 137 和 138 UDP 端口,smbd 监听 139 TCP 端口。nmbd 守护进程使其他计算机可以浏览 Linux 服务器,smbd 守护进程在 SMB 服务请求到达时对它们进行处理,并且为被使用或共享的资源进行协调。在请求访问 打印机时,smbd 把要打印的信息存储到打印队列中;在请求访问一个文件时,smbd 把数据 发送到内核,最后把它存到磁盘上。smbd 和 nmbd 使用的配置信息全部保存在/etc/ samba/smb.conf 文件中。

3. samba 的功能

目前,samba 的主要功能如下:

(1) 提供 Windows 风格的文件和打印机共享。Windows 9X、Windows 2000/2003、 Windows XP、Windows 2003 等操作系统可以利用 samba 共享 Linux 等其他操作系统上的 资源,外表看起来和共享 Windows 的资源没有区别。

(2) 解析 NetBIOS 名字。在 Windows 网络中为了能够利用网上资源,同时使自己的资 源也能被别人所利用,各个主机都定期向网上广播自己的身份信息。而负责收集这些信息 并为其他主机提供检索的服务器称为浏览服务器。samba 可以有效地完成这项功能。在跨 越网关的时候 samba 还可以作为 WINS 服务器使用。

(3) 提供 SMB 客户功能。利用 samba 提供的 smbclient 程序可以在 Linux 上像使用 FTP 一样访问 Windows 的资源。

(4) 提供一个命令行工具,利用该工具可以有限制地支持 Windows 的某些管理功能。

(5) 支持 SWAT(Samba Web Administration Tool)和 SSL(Secure Socket Layer)。

9.2 samba 服务的安装、启动与停止

9.2.1 安装 samba 服务

建议在安装 samba 服务之前,使用 rpm -qa | grep samba 命令检测系统是否安装了 samba 相关性软件包。

```
[root@RHEL 6 ~]#rpm -qa |grep samba
```

如果系统还没有安装 samba 软件包,可以使用 yum 命令安装所需软件包。

(1) 挂载 ISO 安装镜像。

(2) 制作用于安装的 yum 源文件。

(3) 使用 yum 命令查看 samba 软件包的信息,如图 9-1 所示。

```
[root@RHEL 6 ~]#yum info samba
```

(4) 使用 yum 命令安装 samba 服务。

```
[root@RHEL 6 ~]#yum clean all              //安装前先清除缓存
[root@RHEL 6 ~]#yum install samba -y
```

正常安装完成后,最后的提示信息是:

```
Installed:
  samba.x86_64 0:3.6.9-151.el6

Complete!
```

所有软件包安装完成后,可以使用 rpm 命令再一次进行查询: rpm -qa ｜ grep samba。
结果如图 9-1 所示。

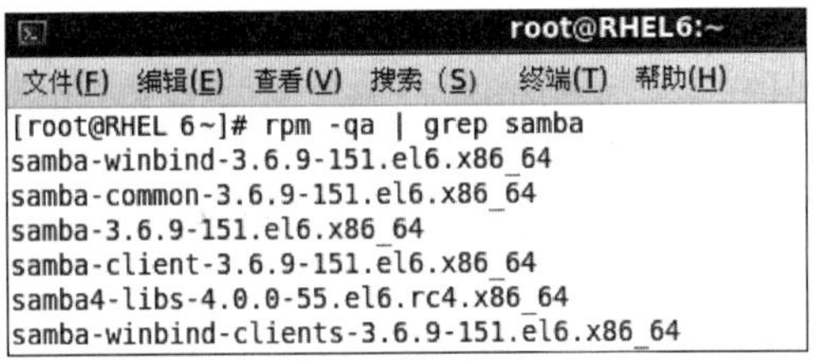

```
root@RHEL6:~
文件(F)  编辑(E)  查看(V)  搜索 (S)  终端(T)  帮助(H)
[root@RHEL 6~]# rpm -qa | grep samba
samba-winbind-3.6.9-151.el6.x86_64
samba-common-3.6.9-151.el6.x86_64
samba-3.6.9-151.el6.x86_64
samba-client-3.6.9-151.el6.x86_64
samba4-libs-4.0.0-55.el6.rc4.x86_64
samba-winbind-clients-3.6.9-151.el6.x86_64
```

图 9-1　正确安装了 samba 服务

9.2.2　启动与停止 samba 服务

1. 启动 samba 服务

```
[root@RHEL 6 ~]#service smb start
```

或者

```
[root@RHEL 6 ~]#/etc/rc.d/init.d/smb start
```

2. 停止 samba 服务

```
[root@RHEL 6 ~]#service smb stop
```

或者

```
[root@RHEL 6 ~]#/etc/rc.d/init.d/smb stop
```

3. 重启 samba 服务

```
[root@RHEL 6 ~]#service smb restart
```

或者

```
[root@RHEL 6 ~]#/etc/rc.d/init.d/smb restart
```

4. 重新加载 samba 服务配置

```
[root@RHEL 6 ~]#service smb reload
```

或者

```
[root@RHEL 6 ~]#/etc/rc.d/init.d/smb reload
```

注意：Linux 服务中，当更改配置文件后，一定要记住重启服务，让服务重新加载配置文件，这样新的配置才可以生效。

5. 自动加载 samba 服务

可以使用 chkconfig 命令自动加载 SMB 服务，如图 9-2 所示。

```
[root@RHEL 6 ~]#chkconfig --level 3 smb on      #运行级别 3 自动加载
[root@RHEL 6 ~]#chkconfig --level 3 smb off     #运行级别 3 不自动加载
```

图 9-2　使用 chkconfig 命令自动加载 smb 服务

9.2.3　了解 samba 服务器配置的工作流程

在 samba 服务安装完成后，并不是直接可以使用 Windows 或 Linux 的客户端访问 samba 服务器，还必须对服务器进行设置：告诉 samba 服务器将哪些目录共享出来给客户端进行访问，并根据需要设置其他选项，比如添加对共享目录内容的简单描述信息和访问权限等具体设置。

基本的 samba 服务器的搭建流程主要分为 4 个步骤。

（1）编辑主配置文件/etc/samba/smb.conf，指定需要共享的目录，并为共享目录设置共享权限。

（2）在 smb.conf 文件中指定日志文件名称和存放路径。

（3）设置共享目录的本地系统权限。

（4）重新加载配置文件或重新启动 SMB 服务，使配置生效。

samba 工作流程如图 9-3 所示。

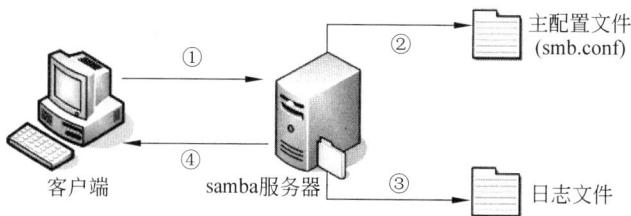

图 9-3　samba 工作流程示意图

（1）客户端请求访问 samba 服务器上的 Share 共享目录。

（2）samba 服务器接收到请求后，会查询主配置文件 smb. conf，看是否共享了 Share 目录，如果共享了这个目录则查看客户端是否有权限访问。

（3）samba 服务器会将本次访问信息记录在日志文件之中，日志文件的名称和路径都需要设置。

（4）如果客户端满足访问权限设置，则允许客户端进行访问。

9.3　samba 服务的配置文件

samba 服务的配置文件都存储在/etc/samba 目录下，主要包括 smb. conf、smbpasswd、smbusers 等。本节主要介绍 samba 服务的各种配置文件。

9.3.1　解读主要配置文件 smb. conf

samba 的配置文件一般就放在/etc/samba 目录中，主配置文件名为 smb. conf。

使用 ll 命令查看 smb. conf 文件属性，使用 vim /etc/samba/smb. conf 命令查看文件的详细内容，如图 9-4 所示。

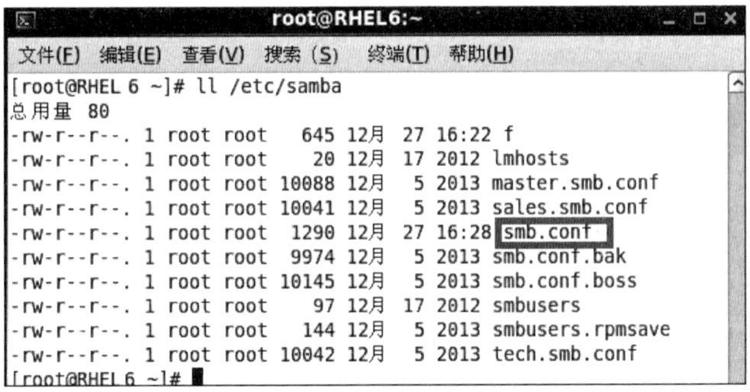

图 9-4　查看 smb. conf 配置文件

smb. conf 配置文件有 299 行内容，配置也相对复杂，不过 samba 开发组按照功能不同，对 smb. conf 文件进行了分段划分，条理非常清楚。

下面来具体看一下 smb. conf 的内容。smb. conf 大致分为 3 个部分，其中经常要使用到的字段将以实例解释。

1. samba 配置简介

smb. conf 文件的开头部分为 samba 配置简介，告诉用户 smb. conf 文件的作用及相关信息，如图 9-5 所示。

smb. conf 中以"#"开头的为注释，为用户提供相关的配置解释信息，方便用户参考，不用修改它。

smb. conf 中还有以";"开头的，这些都是 samba 配置的格式范例，默认是不生效的，可以通过去掉前面的";"并加以修改来设置想使用的功能。

2. Global Settings

Global Settings 设置为全局变量区域。那什么是全局变量呢？全局变量就是只要在

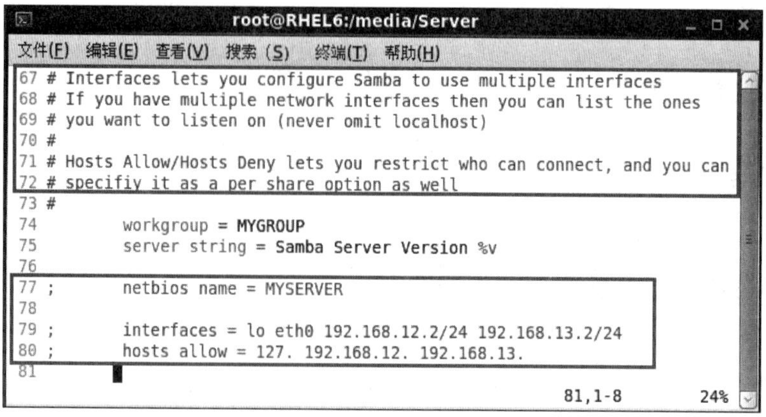

图 9-5　smb.conf 主配置文件的简介部分

global 部分进行设置,那么该设置项目就是针对所有共享资源生效的。这与很多服务器配置文件相似。

该部分以[global]开始,如图 9-6 所示。

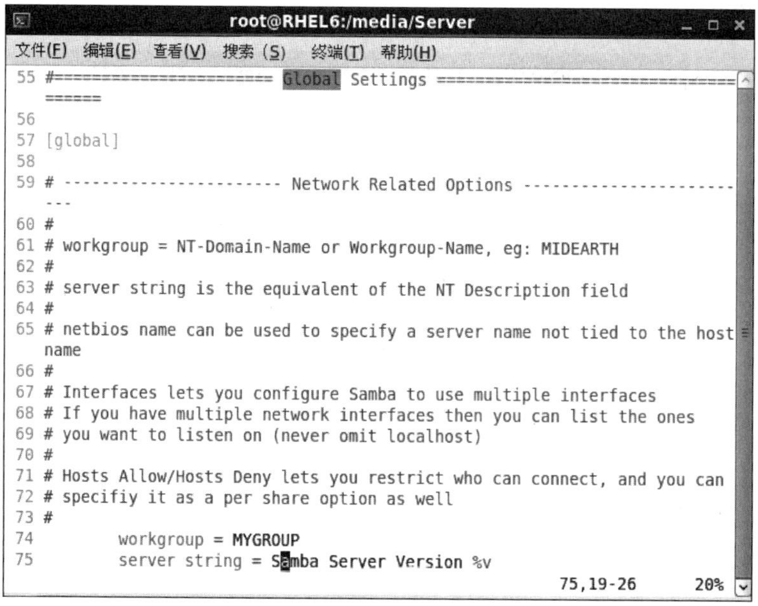

图 9-6　设置 Global Settings

smb.conf 对相应功能进行设置的通用格式为:

字段=设定值

[global]常用字段及设置方法如下。

(1) 设置工作组或域名称

工作组是网络中地位平等的一组计算机,可以通过设置 workgroup 字段来对 samba 服务器所在工作组或域名进行设置。比如:workgroup＝SmileGroup。

（2）服务器描述

服务器描述实际上类似于备注信息。在一个工作组中可能存在多台服务器，为了方便用户浏览，可以在 server string 配置相应描述信息，这样用户就可以通过描述信息知道自己要登录哪台服务器了。比如：server string＝samba Server One。

（3）设置 samba 服务器安全模式

samba 服务器有 share、user、server、domain 和 ads 这 5 种安全模式，用来适应不同的企业服务器的需求。比如：security＝share。

① share 安全级别模式。客户端登录 samba 服务器，不需要输入用户名和密码就可以浏览 samba 服务器的资源，适用于公共的共享资源，但安全性差，需要配合其他权限设置，保证 samba 服务器的安全性。

② user 安全级别模式。客户端登录 samba 服务器，需要提交合法账号和密码，经过服务器验证才可以访问共享资源，服务器默认为此级别模式。

③ server 安全级别模式。客户端需要将用户名和密码提交到指定的一台 samba 服务器上进行验证，如果验证出现错误，客户端会用 user 级别访问。

④ domain 安全级别模式。如果 samba 服务器加入 Windows 域环境中，验证工作将由 Windows 域控制器负责，domain 级别的 samba 服务器只是成为域的成员客户端，并不具备服务器的特性，samba 早期的版本就是使用此级别登录 Windows 域的。

⑤ ads 安全级别模式。当 samba 服务器使用 ads 安全级别加入 Windows 域环境中，就具备了 domain 安全级别模式中所有的功能并可以具备域控制器的功能。

技巧：为了配置方便，可以将配置文件中的注释和空行去掉，但一定先备份原始配置文件。操作如下：

```
[root@RHEL 6 ~]#cd /etc/samba
[root@RHEL 6 samba]#ls
[root@RHEL 6 samba]#mv smb.conf smb.conf.bak
[root@RHEL 6 samba]#ls
[root@RHEL 6 samba]#cat smb.conf.bak|grep -v "#"|grep -v "^;"|grep -v "^$">>
               smb.conf
[root@RHEL 6 samba]#vim smb.conf
```

3. Share Definitions 共享服务的定义

Share Definitions 设置对象为共享目录和打印机，如果想发布共享资源，需要对 Share Definitions 部分进行配置。Share Definitions 字段非常丰富，设置灵活。

下面介绍几个最常用的字段。

（1）设置共享名

共享资源发布后，必须为每个共享目录或打印机设置不同的共享名，给网络用户访问时使用，并且共享名可以与原目录名不同。

共享名设置非常简单，语法格式为：

```
[共享名]
```

【例 9-1】 samba 服务器中有个目录为/share，需要发布该目录成为共享目录，定义共享名为 public，设置如图 9-7 所示。

193

图 9-7　设置共享名示例

在 Windows 7 下测试时出现如下错误提示界面,如图 9-8 所示。

图 9-8　Windows 7 下测试时出现错误提示界面

错误原因:Selinux 设置成了强制(Enforcing)。

解决方法:将 SELinux 设置成允许(Permissive)。该设置重启计算机后失效! 需要重新设置。

```
[root@RHEL 6 ~]#getenforce
Enforcing
[root@RHEL 6 ~]#setenforce 0
[root@RHEL 6 ~]#getenforce
Permissive
```

注意:如果需要设置成共享目录为可写,一定要将本地权限设置为"可写"。比如:

```
[root@RHEL 6 ~]#chmod 777 /share
```

(2) 共享资源描述

网络中存在各种共享资源,为了方便用户识别,可以为其添加备注信息,以方便用户查看时了解共享资源的内容。

语法格式:

```
comment =备注信息
```

(3) 共享路径

共享资源的原始完整路径,可以使用 path 字段进行发布,务必正确指定。

语法格式:

```
path =绝对地址路径
```

（4）设置匿名访问

设置是否允许对共享资源进行匿名访问，可以更改 public 字段。

语法格式：

```
public =yes      #允许匿名访问
public =no       #禁止匿名访问
```

（5）设置访问用户

如果共享资源存在重要数据，需要对访问用户审核，可以使用 valid users 字段进行设置。

语法格式：

```
valid users =用户名
valid users =@组名
```

【例 9-2】　samba 服务器/share/tech 目录存放了公司技术部数据，只允许技术部员工和经理访问，技术部组为 tech，经理账号为 manger。

```
[tech]
        comment=tecch
        path=/share/tech
        valid users=@tech,manger
```

（6）设置目录为只读

共享目录如果限制用户的读写操作，可以通过 read only 实现。

语法格式：

```
read only =yes      #只读
read only =no       #读写
```

【例 9-3】　samba 服务器公共目录/public 存放大量共享数据，为保证目录安全，只允许读取，禁止写入。

```
[public]
        comment=public
        path=/public
        public=yes
        read only=yes
```

（7）设置目录为可写

如果共享目录允许用户进行"写"操作，可以使用 writable 或 write list 两个字段进行设置。

writable 语法格式：

```
writable =yes      #读写
writable =no       #只读
```

write list 语法格式：

```
write list =用户名
write list =@组名
```

注意：[homes]为特殊共享目录，表示用户主目录。[printers]表示共享打印机。

9.3.2　samba 服务的日志文件和密码文件

1. samba 服务日志文件

日志文件对于 samba 非常重要，它存储着客户端访问 samba 服务器的信息，以及 samba 服务的错误提示信息等，可以通过分析日志，帮助解决客户端访问和服务器维护等问题。

在/etc/samba/smb.conf 文件中，log file 为设置 samba 日志的字段。如下所示。

```
log file =/var/log/samba/log.% m
```

samba 服务的日志文件默认存放在/var/log/samba/中，其中 samba 会为每个连接到 samba 服务器的计算机分别建立日志文件。

可以使用/etc/rc.d/init.d/smb start 命令启动 SMB 服务，使用 ls -a /var/log/samba 命令查看日志的所有文件。

当客户端通过网络访问 samba 服务器后，会自动添加客户端的相关日志。所以，Linux 管理员可以根据这些文件来查看用户的访问情况和服务器的运行情况。另外当 samba 服务器工作异常时，也可以通过/var/log/samba/下的日志进行分析。

2. samba 服务密码文件

samba 服务器发布共享资源后，客户端访问 samba 服务器，需要提交用户名和密码进行身份验证，验证合格后才可以登录。samba 服务为了实现客户身份验证的功能，将用户名和密码信息存放在/etc/samba/smbpasswd 中，在客户端访问时，将用户提交的资料与 smbpasswd 存放的信息进行比对，如果相同，并且 samba 服务器其他安全设置允许，客户端与 samba 服务器连接才能建立成功。

那如何建立 samba 账号呢？首先，samba 账号并不能直接建立，需要先建立与 Linux 同名的系统账号。例如，如果要建立一个名为 yy 的 samba 账号，那么 Linux 系统中必须提前存在一个同名的 yy 系统账号。

samba 中添加账号命令为 smbpasswd,命令格式如下：

```
smbpasswd  -a  用户名
```

【例 9-4】　在 samba 服务器中添加 samba 账号 reading。

（1）建立 Linux 系统账号 reading。

```
[root@RHEL 6 ~]#useradd reading
[root@RHEL 6 ~]#passwd reading
```

（2）添加 reading 用户的 samba 账户。

```
[root@RHEL 6 ~]#smbpasswd -a reading
```

至此,samba 账号添加完毕。如果在添加 samba 账号时输入完两次密码后出现错误提示信息"Failed to modify password entry for user amy",则是因为 Linux 本地用户里没有 reading 这个用户,在 Linux 系统里面添加一个即可。

提示:注意在建立 samba 账号之前,一定要先建立一个与 samba 账号同名的系统账号。

经过上面的设置,再次访问 samba 共享文件时就可以使用 reading 账号访问了。

9.4　samba 服务器实例解析

上面已经对 samba 的相关配置文件予以简单介绍,下面通过两个实例介绍如何搭建 samba 服务器。

9.4.1　share 服务器实例解析

【例 9-5】　某公司需要添加 samba 服务器作为文件服务器,工作组名为 Workgroup,发布共享目录为/share,共享名为 public,这个共享目录允许所有公司员工访问。

分析:这个案例属于 samba 的基本配置,可以使用 share 安全级别模式。既然允许所有员工访问,就需要为每个用户建立一个 samba 账号,那么如果公司拥有大量用户呢? 如 1000 个用户甚至 100000 个用户,一个个设置会非常麻烦,可以通过配置 security＝share 来让所有用户登录时采用匿名账户 nobody 访问,这样实现起来非常简单。

(1) 建立 share 目录,并在其下建立测试文件。

```
[root@RHEL 6 ~]#mkdir /share
[root@RHEL 6 ~]#touch /share/test_share.tar
```

(2) 修改 samba 主配置文件 smb.conf。

```
[root@RHEL 6 ~]#vim /etc/samba/smb.conf
```

修改配置文件,并保存结果。

```
[global]
        workgroup=Workgroup            #设置 samba 服务器工作组名为 Workgroup
        server string=File Server      #添加 samba 服务器注释信息为 File Server
        security=share                 #设置 samba 安全级别为 share 模式,允许用户匿名访问

[public]                               #设置共享目录的共享名为 public
        comment=public
        path=/share                    #设置共享目录的绝对路径为/share
        guest ok=yes                   #允许匿名访问
        public=yes                     #最后设置允许匿名访问
```

(3) 重新加载配置。

Linux 为了使新配置生效,需要重新加载配置,可以使用 restart 重新启动服务或者使

用 reload 重新加载配置。

```
[root@RHEL 6 ~]#service smb reload
```

或者

```
[root@RHEL 6 ~]#/etc/rc.d/init.d/smb reload
```

注意:重启 samba 服务,虽然可以让配置生效,但是 restart 是先关闭 samba 服务再开启服务,这样如果在公司网络运营过程中肯定会对客户端员工的访问造成影响。建议使用 reload 命令重新加载配置文件使其生效,这样不需要中断服务就可以重新加载配置。

samba 服务器通过以上设置,用户就可以不需要输入账号和密码直接登录 samba 服务器并访问 public 共享目录。

提示:要想使用 samba 进行网络文件和打印机共享,必须首先设置让 Red Hat Enterprise Linux 6 的防火墙放行,同时设置 SELinux 为"允许"。

9.4.2 user 服务器实例解析

上面的案例讲了 share 安全级别模式的 samba 服务器,可以让用户方便地通过匿名方式访问,但是如果在 samba 服务器上保存有重要文件的目录,那么为了保证系统安全性及文件的保密性,就必须对用户进行筛选,允许或禁止相应的用户访问指定的目录,这里 share 安全级别模式就不能满足某些用户的实际要求了。

【例 9-6】 如果公司有多个部门,因工作需要,就必须分门别类地建立相应部门的目录。要求将销售部的资料存放在 samba 服务器(IP 地址为 192.168.1.30)的/companydata/sales/目录下集中管理,以方便销售人员浏览,并且该目录只允许销售部员工访问。

需求分析:在/companydata/sales/目录中存放有销售部的重要数据,为了保证其他部门无法查看其内容,需要将全局配置中的 security 设置为 user 安全级别,这样就启用了 samba 服务器的身份验证机制,然后在共享目录/companydata/sales 下设置 valid users 字段,配置只允许销售部员工能够访问这个共享目录。

(1) 建立共享目录,并在其下建立测试文件。

```
[root@RHEL 6 ~]#mkdir /companydata
[root@RHEL 6 ~]#mkdir /companydata/sales
[root@RHEL 6 ~]#touch /companydata/sales/test_share.tar
```

(2) 添加销售部用户和组并添加相应的 samba 账号。

使用 groupadd 命令添加 sales 组,然后执行 useradd 命令和 passwd 命令添加销售部员工的账号及密码。

```
[root@RHEL 6 ~]#groupadd sales              #建立销售组 sales
[root@RHEL 6 ~]#useradd -g sales sale1      #建立用户 sale1,添加到 sales 组
[root@RHEL 6 ~]#useradd -g sales sale2      #建立用户 sale2,添加到 sales 组
[root@RHEL 6 ~]#passwd sale1                #设置用户 sale1 的密码
[root@RHEL 6 ~]#passwd sale2                #设置用户 sale2 的密码
```

接下来为销售部成员添加相应的 samba 账号。

```
[root@RHEL 6 ~]# smbpasswd - a sale1
[root@RHEL 6 ~]# smbpasswd - a sale2
```

修改 samba 主配置文件 smb. conf。

```
[global]
        workgroup =Workgroup
        server string =File Server
        security =user                #设置 user 的安全级别模式

[sales]                               #设置共享目录的共享名为 sales
        comment=sales
        path=/companydata/sales#设置共享目录的绝对路径
        writable =yes
        browseable =yes
        valid users =@sales           #设置可以访问的用户为 sales 组
```

（3）设置共享目录的本地系统权限为读、写和执行。

```
[root@RHEL 6 ~]# chmod 777 /companydata/sales
```

注意：samba 服务器在将本地文件系统共享给 samba 客户端时，涉及本地文件系统权限和 samba 共享权限。所有用户的本地系统权限具有读、写和执行权限，并不意味着 samba 的共享权限就具有读、写、执行的权限。当客户端访问共享资源时，最终的权限取这两种权限中最严格的。

（4）重新加载配置。

要让修改后的 Linux 配置文件生效，需要重新加载配置。

```
[root@RHEL 6 ~]# service smb reload
```

或者

```
[root@RHEL 6 ~]# /etc/rc.d/init.d/smb reload
```

（5）关闭防火墙，并设置 SELinux 为"允许"（Permissive）。

（6）测试。

注意：在共享设置中指定的用户必须在/etc/passwd 文件中存在，而且需要用 smbpasswd 命令为该用户指定 samba 访问口令。对于设置的组，需要利用 smbpasswd 命令为该组中的用户逐个设置口令。

9.4.3　samba 服务的用户映射文件

samba 的用户账号信息保存在 smbpasswd 文件中，而且可以访问 samba 服务器的账号也必须对应一个同名的系统账号。基于这一点，对于一些黑客（hacker）来说，只要知道 samba 服务器的 samba 账号，就等于知道了 Linux 系统账号，只要暴力破解其 samba 账号密码并加以利用,就可以攻击 samba 服务器。为了保障 samba 服务器的安全,可以使用用户账号映射。那么,什么是账号映射呢?

用户账号映射这个功能需要建立一个账号映射关系表,里面记录了 samba 账号和虚拟账号的对应关系,客户端访问 samba 服务器时就要使用虚拟账号登录。

【例 9-7】 将例 9-6 的 sale1 账号分别映射为 suser1 和 myuser1,将 sale2 账号映射为 suser2。

(1) 编辑主配置文件/etc/samba/smb. conf。在[global]下添加一行字段"username map=/etc/samba/smbusers"来开启用户账号的映射功能。

(2) 编辑/etc/samba/smbusers。smbusers 文件来保存账号的映射关系,其固定格式如下:

```
samba 账号 =虚拟账号(映射账号)
```

就本例而言,应加入下面的行。

```
sale1=suser1 myuser1
sale2=suser2
```

账号 sale1 就是上面建立的 samba 账号(同时也是 Linux 系统账号),suser1 及 myuser1 就是映射账号名(虚拟账号),在访问共享目录时只要输入 suser1 或 myuser1 就可以成功访问了,但是实际上访问 samba 服务器的还是 sale1 账号,这样一来就解决了安全问题。同样,suser2 是 sale2 的虚拟账号。

(3) 重启 samba 服务。

```
[root@RHEL 6 ~]#service smb restart
```

(4) 验证效果。

在 Windows 客户端输入"\192.168.1.30"(samba 服务器的地址是 192.168.1.30),在弹出的对话框中输入定义的映射账号 myuser1(注意不是输入账号 sale1),输入密码后,单击"确认"按钮,如图 9-9 和图 9-10 所示。

测试说明:映射账号 myuser1 的密码和 sale1 账号一样,并且可以通过映射账号浏览共享目录。

图 9-9 输入映射账号及密码

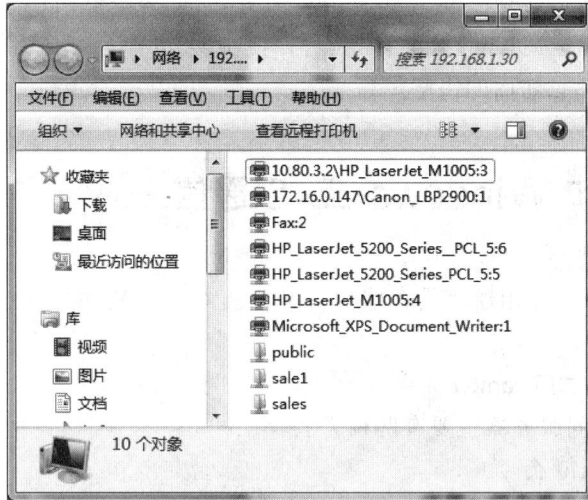

图 9-10　访问 samba 服务器上的共享资源

注意：强烈建议不要将 samba 用户的密码与本地系统用户的密码设置成一样的，以避免非法用户使用 samba 账号登录 Linux 系统。

9.5　配置打印服务共享

默认情况下，samba 的打印服务是开放的，只要把打印机安装好，客户端的用户就可以使用打印机。

1. 设置 global 配置项

修改 smb.conf 全局配置，开启打印共享的功能。

```
[global]
      load printers =yes
      cups options =raw
      printcap name =/etc/printcap
      printing =cups
```

2. 设置 printers 配置项

```
[printers]
  comment =All Printers       //对打印机共享的描述性信息
  path =/var/spool/samba      //存放发送给打印机文件的缓冲目录
  browseable =no              //设置是否可以浏览
  guest ok =no                //设置是否可以允许 guest 用户访问
  writable =no                //设置是否可以写入
  printable =yes              //设置用户是否可以打印
```

使用默认设置就可以让客户端正常使用打印机。需要注意的就是，printable 一定要设置成 yes。path 字段定义打印机队列，可以根据需要自己定制。另外共享打印和共享目录不一样,安装完打印机后必须重新启动 samba 服务,否则客户端可能无法看到共享的打印机。如果设置只允许部分员工使用打印机,可以使用 valid users、hosts allow 或 hosts deny 字段来实现,具体可参见前面的讲解。

9.6 Linux 和 Windows 互相通信

Linux 和 Windows 互相通信具有重要的现实意义,本节将主要介绍 Linux 和 Windows 系统的共享资源互访。

1. Linux 客户端访问 samba 共享

Linux 客户端访问服务器主要有两种方法。

(1) 使用 smbclient 命令

在 Linux 中,samba 客户端使用 smbclint 这个程序来访问 samba 服务器时,先要确保客户端已经安装了 samba-client 这个 rpm 包。

```
[root@RHEL 6 ~]#rpm -qa|grep samba
```

默认已经安装,如果没有安装可以用前面讲过的命令来安装。

smbclient 可以列出目标主机共享目录列表。smbclient 命令格式如下:

```
smbclient -L 目标 IP 地址或主机名 -U 登录用户名% 密码
```

当查看 RHEL 6(192.168.1.30)主机的共享目录列表时,提示输入密码,这时候可以不输入密码,而直接按 Enter 键,这样表示匿名登录,然后就会显示匿名用户可以看到的共享目录列表。

```
[root@RHEL 6 ~]#smbclient -L 192.168.1.30
```

若想使用 samba 账号查看 samba 服务器端共享的目录,可以加上-U 参数,后面跟上"用户名%密码"。下面的命令显示只有 sale2 账号(其密码为 123456)才有权限浏览和访问的 sales 共享目录:

```
[root@RHEL 6 ~]#smbclient -L 192.168.1.30 -U sale2% 123456
```

注意:不同用户使用 smbclient 浏览的结果可能不一样,这要根据服务器设置的访问控制权限而定。

还可以使用 smbclient 命令行共享访问模式浏览共享的资料。

smbclient 命令行共享访问模式命令格式:

```
smbclient //目标 IP 地址或主机名/共享目录 -U 用户名% 密码
```

下面的命令运行后,将进入交互式界面(输入"?"可以查看具体命令)。

```
[root@RHEL 6 ~]#smbclient //192.168.1.30/sales -U sale2% 123456
```

另外,smbclient 登录 samba 服务器后,可以使用 help 命令查询所支持的命令。

(2) 使用 mount 命令挂载共享目录

mount 命令挂载共享目录格式:

```
mount -t cifs //目标 IP 地址或主机名/共享目录名称 挂载点 -o username=用户名
```

下面的命令结果为挂载 192.168.1.30 主机上的共享目录 sales 到/mnt/sambadata 目录下,cifs 是 samba 所使用的文件系统。

```
[root@RHEL 6~]#mkdir -p /mnt/sambadata
[root@RHEL 6~]#mount -t cifs //192.168.1.30/sales /mnt/sambadata/ -o
  username=sale2% 123456
[root@RHEL 6~]#cd /mnt/sambadata
[root@RHEL 6 sambadata]#ls
test_share.tar 新建文件夹 新建文件夹 (2)
```

2. Windows 客户端访问 samba 共享

(1) 依次选择"开始"→"运行"命令,使用 UNC 路径直接进行访问。形如: \\192.168.1.30\sales。

(2) 映射网络驱动器访问 samba 服务器共享目录。双击打开"我的电脑",再依次选择"工具"→"映射网络驱动器"命令,在"映射网络驱动器"对话框中选择 Z 驱动器,并输入 tech 共享目录的地址,如"\\192.168.1.30\sales"。单击"完成"按钮,在接下来的对话框中输入可以访问 tech 共享目录的 samba 账号和密码。

再次打开"我的电脑",驱动器 Z 就是共享目录 tech,可以很方便地访问了。

9.7 samba 排错

为了大家以后能在工作中应付 samba 出现的问题,下面会介绍一系列检验 samba 服务器的方法,并且解释造成这些错误的原因。通过这些测试,能够保证 samba 服务器工作得更加良好。

所有的工程师都是经过先前大量的工作才能总结获得大量经验的,因此,遇到错误后不要害怕,以下提到的排错方法会对解决许多问题都有很大的帮助。

9.7.1 Linux 服务的一般排错方法

对于 Linux 服务,想排错时得心应手,先要养成良好的操作习惯。

1. 错误信息

一定要仔细查看接收到的错误信息。如果有错误提示,应根据错误提示去判断产生问题的原因。

203

2. 配置文件

配置文件存放服务的设置信息,用户可以修改配置文件,以实现服务的特定功能。但是,用户的配置失误,会造成服务无法正常运行。为了减少输入引起的错误,很多服务的软件包都自带配置文件检查工具,用户可以通过这些工具对配置文件进行检查。

3. 日志文件

一旦服务出现问题,不要惊慌,用组合键 Ctrl+Alt 加上 F1~F6 中的一个键可切换到另外一个文字终端,使用 tail 命令来动态监控日志文件。

```
[root@RHEL 6 ~]#testparm -F /var/log/messages
```

9.7.2 samba 服务的故障排错

以上是 Linux 中各种服务排错的通用方法,下面具体介绍 samba 的故障排除分析。

samba 服务的功能强大,当然配置也相当复杂,所以在 samba 出现问题后,可以通过以下步骤进行排错。

(1) 使用 testparm 命令检测。使用 testparm 命令检测 smb.conf 文件的语法,如果报错,说明 smb.conf 文件设置错误。根据提示信息去修改主配置文件进行调试。

```
[root@RHEL 6 ~]#testparm /etc/samba/smb.conf
```

(2) 使用 ping 命令测试。samba 服务器主配置文件排出错误后,再次重启 smb 服务,如果客户端仍然无法连接到 samba 服务器,客户端可以使用 ping 命令测试。根据出现的不同情况进行分析。

- 如果没有收到任何提示,说明客户端 TCP/IP 协议安装有问题,需要重新安装该协议,然后重试。
- 如果提示 host not found(无法找到主机),那么,客户端的 DNS 或者/etc/hosts 文件没有设置正确,确保客户端能够使用名称访问 samba 服务器。
- 确认是无法 ping 通还是防火墙设置的问题。需要重新设置防火墙的规则,开启 samba 与外界联系的端口。
- 还有一种可能,执行 ping 命令时,主机名输入错误,应更正重试。

(3) 使用 smbcliet 命令测试。若客户端与 samba 服务器可以 ping 通,说明客户端到达服务器的连接没有问题,如果用户还是不能访问 samba 共享资源,可以执行 smbclient 命令进一步测试服务器端配置。

- 如果 samba 服务器正常,并且用户采用正确的账号和密码,则执行 smbclient 命令可以获取共享列表。

```
[root@RHEL 6 sambadata]#smbclient -L 192.168.1.30 -U sale2% 123456
Domain=[MYGROUP] OS=[Unix] Server=[samba 3.6.9-151.el6]

Sharename       Type       Comment
---------       ----       -------
IPC$            IPC        IPC Service (File Server)
```

```
sales       Disk      sales
public      Disk      public
sale2       Disk      Home Directories
Domain=[MYGROUP] OS=[Unix] Server=[samba 3.6.9-151.el6]

Server               Comment
---------            -------


Workgroup            Master
---------            -------
```

- 如果接收到一个错误信息提示 tree connect failed，如下所示。

```
[root@RHEL 6 ~]#smbclient //192.168.1.30/public -U test% 123
tree connect failed:Call returned zero bytes(EOF)
```

说明可能在 smb.conf 文件中设置了 host deny 字段，拒绝了客户端的 IP 地址或域名，可以修改 smb.conf，允许该客户端访问即可。

- 如果返回信息 Connection refused（连接拒绝），如下所示。

```
[root@server~]#smbclient -L 192.168.0.10
Error connecting to 192.168.0.10(Connection refused)
Connection to 192.168.0.10 failed
```

说明 samba 服务器 smbd 进程可能没有开启。确保 smbd 和 nmbd 进程已经开启，并使用 netstat -a 命令检查 netbios 使用的 139 端口是否处在监听状态。

- 提示信息如果为 session setup failed（连接建立失败），表明服务器拒绝了连接请求：

```
[root@RHEL 6 ~]#smbclient -L 192.168.0.10 -U test% 1234
session setup failed:NT_STATUS_LOGON_FAILURE
```

这是因为用户输入的账号或密码有错误而造成的，请更正后重试。

- 有时会收到提示信息 Your server software is being unfriendly（你的服务器软件存在问题）。一般是因为配置 smbd 时使用了错误的参数，或者启动 smbd 时遇到了类似的严重错误。可以使用前面提到的 testparm 命令去检查相应的配置文件，并检查日志。

9.8 练习题

1. 选择题

（1）用 samba 共享了目录，但是在 Windows 网络邻居却看不到它，应该在/etc/samba/smb.conf 中设置为（   ）。

A. AllowWindowsClients＝yes   B. Hidden＝no
C. Browseable＝yes   D. 以上都不是

(2) 卸载 samba-3.0.33-3.7.el5.i386.rpm 的命令是(　　)。

    A. rpm -D samba-3.0.33-3.7.el5

    B. rpm -i samba-3.0.33-3.7.el5

    C. rpm -e samba-3.0.33-3.7.el5

    D. rpm -d samba-3.0.33-3.7.el5

(3) 可以允许 198.168.0.0/24 访问 samba 服务器的命令是(　　)。

    A. hosts enable＝198.168.0.

    B. hosts allow＝198.168.0.

    C. hosts accept＝198.168.0.

    D. hosts accept＝198.168.0.0/24

(4) 启动 samba 服务,必须运行的端口监控程序是(　　)。

    A. nmbd   B. lmbd   C. mmbd   D. smbd

(5) 下面所列出的服务器类型中,(　　)可以使用户在异构网络操作系统之间进行文件系统共享。

    A. FTP   B. samba   C. DHCP   D. Squid

(6) samba 服务密码文件是(　　)。

    A. smb.conf   B. samba.conf   C. smbpasswd   D. smbclient

(7) 利用(　　)命令可以对 samba 的配置文件进行语法测试。

    A. smbclient   B. smbpasswd   C. testparm   D. smbmount

(8) 可以通过设置条目(　　)来控制可以访问 samba 共享服务器的合法主机名。

    A. allow hosts   B. valid hosts   C. allow   D. publicS

(9) samba 的主配置文件中不包括(　　)。

    A. global 参数   B. directory shares 部分

    C. printers shares 部分   D. applications shares 部分

2. 填空题

(1) samba 服务功能强大,其使用_____协议,英文全称是_____。

(2) SMB 经过开发,可以直接运行于 TCP/IP 上,使用 TCP 的_____端口。

(3) samba 服务是由两个进程组成,分别是_____和_____。

(4) samba 服务软件包包括_____、_____、_____和_____(不要求版本号)。

(5) samba 的配置文件一般就放在_____目录中,主配置文件名为_____。

(6) samba 服务器有_____、_____、_____、_____和_____5 种安全模式,默认级别是_____。

3. 简答题

(1) 简述 samba 服务器的应用环境。

(2) 简述 samba 的工作流程。

(3) 简述基本的 samba 服务器搭建流程的 4 个主要步骤。

(4) 简述 samba 服务故障排除的方法。

9.9　项目实录

1. 录像位置

随书光盘。

2. 项目实训目的

- 掌握 samba 服务器的搭建与配置。
- 掌握 samba 客户端访问服务器的方法。

3. 项目背景

某公司有 system、develop、productdesign 和 test 这 4 个小组,个人办公机操作系统为 Windows Server 2000/XP/2003,少数开发人员采用 Linux 操作系统,服务器操作系统为 RHEL 6.4,需要设计一套建立在 RHEL 6 之上的安全文件共享方案。每个用户都有自己的网络磁盘,develop 组到 test 组有共用的网络硬盘,所有用户(包括匿名用户)有一个只读共享资料库;所有用户(包括匿名用户)要有一个存放临时文件的文件夹。网络拓扑如图 9-11所示。

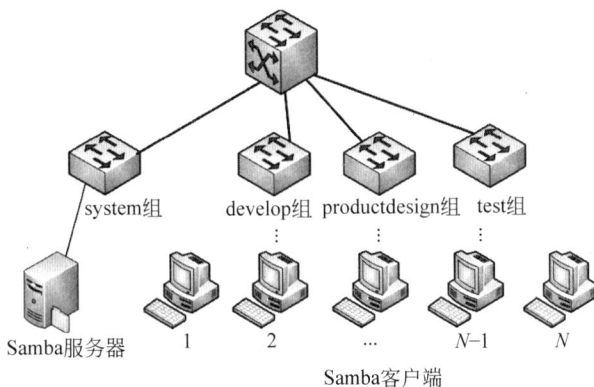

图 9-11　Samba 服务器搭建网络拓扑

4. 项目实训内容

(1) System 组具有管理所有 Samba 空间的权限。

(2) 各部门的私有空间:各小组拥有自己的空间,除了小组成员及 system 组有权限以外,其他用户不可访问(包括列表、读和写)。

(3) 资料库:所有用户(包括匿名用户)都具有读权限而不具有写入数据的权限。

(4) develop 组与 test 组的共享空间,develop 组与 test 组之外的用户不能访问。

(5) 公共临时空间:让所有用户可以读取、写入、删除。

5. 做一做

根据项目实录录像进行项目的实训,检查学习效果。

实训　samba 服务器的配置训练

1. 实训目的

掌握 samba 服务器的安装、配置与调试。

2. 实训内容

练习利用 samba 服务实现文件共享及权限设置。

3. 实训练习

(1) samba 的默认用户连接的配置

① 安装 samba 软件包并且启动 SMB 服务。使用如下的命令确定 samba 是在正常地工作：smbclien-L localhost-N。

② 利用 useradd 命令添加 karl、joe、mary 和 jen 共 4 个用户，但是并不给他们设定密码。这些用户仅能够通过 samba 服务访问服务器。为了使得他们在 shadow 中不含有密码，这些用户的 Shell 应该设定为/sbin/nologin。

③ 利用 smbpasswd 命令为上述 4 个用户添加 samba 访问密码。

④ 利用 chmod 和 chown 命令进行本地文件和目录的权限和属组的设定。

⑤ 利用 karl 和 mary 用户在客户端登录 samba 服务器，并试着上传文件。观察实验现象。

(2) 组目录访问权限的配置

上述 4 位用户同时在同一个部门工作并且需要一个地方来存储部门的文件，这就需要将 4 个用户添加到同一个组中，建立一个目录给这些用户来存储他们的内容，并且配置 samba 服务器来共享目录。

① 利用 groupadd 命令添加一个 GID 为 30000 的 legal 组，并且使用 usermod 命令将上面的 4 个用户加到组里去。

② 建立一个目录/home/depts/legal。对于这个目录设定权限，使得 legal 组中的用户可以在这个目录中添加、删除文件，然而其他人不可以。设定 SGID 和粘滞位使得所有在这个目录中建立的文件都拥有 legal 组的权限，并且组中其他的人不能够删除该用户建立的文件。

③ 在/etc/samba/smb.conf 中建立一个名为[legal]的 samba 共享。只有 legal 组中的用户才能够访问该共享。

④ 利用 chmod 和 chown 命令进行本地文件和目录的权限和属组的设定。并且确保在[legal]中存放的新建文件的权限为 0600。

⑤ 重新启动 SMB 服务进行测试。

4. 实训报告

按要求完成实训报告。

第 10 章　Apache 服务器的配置

利用 Apache 服务可以实现在 Linux 系统中构建 Web 站点。本章将主要介绍 Apache 服务的配置方法,以及虚拟主机、访问控制等的实现方法。

本章学习要点:

- Apache 简介。
- Apache 服务的安装与启动。
- Apache 服务的主配置文件。
- 各种 Apache 服务器的配置。

10.1　Apache 简介

2007 年 10 月,根据 Netcraft(www.netcraft.com)公司对 1995 年 9 月至 2007 年 12 月各种 Web 服务器使用情况的调查结果显示(见图 10-1),Apache 是世界上排名第一的 Web 服务器。

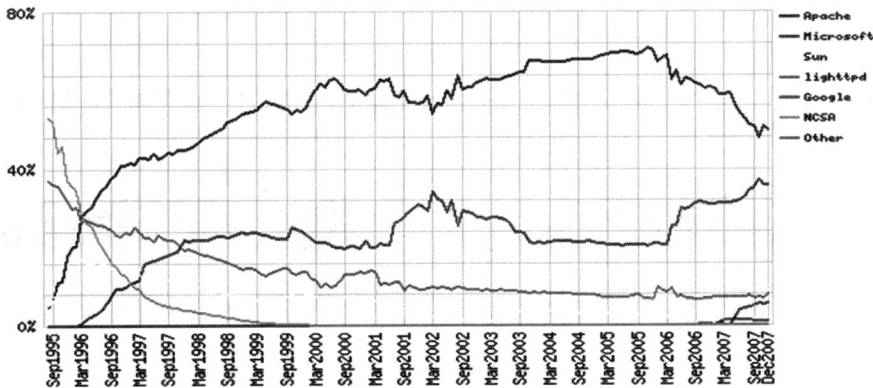

Market Share for Top Servers Across All Domains September 1995 - December 2007

Top Developers

Developer	November 2007	Percent	December 2007	Percent	Change
Apache	76,028,287	50.76%	76,945,640	49.57%	-1.19
Microsoft	53,679,916	35.84%	55,509,223	35.76%	-0.08
Google	7,910,879	5.28%	8,558,256	5.51%	0.23
lighttpd	1,505,122	1.00%	1,521,250	0.98%	-0.02
Sun	619,262	0.41%	588,997	0.38%	-0.03

图 10-1　1995 年 9 月至 2007 年 12 月各种 Web 服务器的市场占有率

Apache 之所以有这样好的成绩,是与自身的优点分不开的。Apache 主要具有如下特性。

- Apache 具有跨平台性,可以运行在 UNIX、Linux 和 Windows 等多种操作系统上。
- Apache 凭借其开放源代码的优势发展迅速,可以支持很多功能模块。借助这些功能模块,Apache 具有无限扩展功能的优点。
- Apache 的工作性能和稳定性远远领先于其他同类产品。

10.2 Apache 服务的安装、启动与停止

10.2.1 安装 Apache 相关软件

```
[root@RHEL 6 桌面]#rpm -q httpd
[root@RHEL 6 桌面]#mkdir /iso
[root@RHEL 6 桌面]#mount /dev/cdrom /iso
[root@RHEL 6 桌面]#yum clean all              //安装前先清除缓存
[root@RHEL 6 桌面]#yum install httpd -y
[root@RHEL 6 桌面]#yum install firefox -y     //安装浏览器
[root@RHEL 6 桌面]#rpm -qa|grep httpd         //检查安装组件是否成功
```

注意:一般情况下,httpd 默认已经安装,浏览器有可能未安装,需要根据情况而定。

10.2.2 测试 httpd 服务是否安装成功

安装完 Apache 服务器后,执行以下命令来启动它。

```
[root@RHEL 6 桌面]#/etc/init.d/httpd start
Starting httpd:                               [确定]
```

然后在客户端的浏览器中输入 Apache 服务器的 IP 地址,即可进行访问。如果看到如图 10-2 所示的提示信息,则表示 Apache 服务器已安装成功。

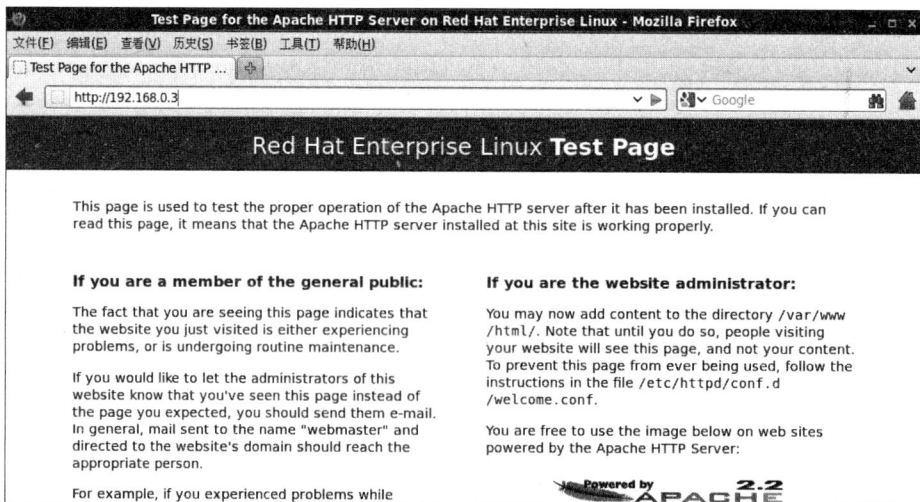

图 10-2　Apache 服务器运行正常

启动或重新启动、停止 Apache 服务的命令如下：

```
[root@RHEL 6 桌面]#service httpd    start
[root@RHEL 6 桌面]#service httpd    restart
[root@RHEL 6 桌面]#service httpd stop
```

10.2.3　让防火墙放行，并设置 SELinux 为允许

需要注意的是，Red Hat Enterprise Linux 6 采用了 SELinux 这种增强的安全模式，在默认的配置下，只有 SSH 服务可以通过。像 Apache 这种服务，在安装、配置、启动完毕后，还需要为它放行才行。

(1) 在命令行控制台窗口，输入 setup 命令，打开 Linux 配置工具选择界面，如图 10-3 所示。

(2) 选中其中的"防火墙配置"选项，单击"运行工具"按钮来打开"防火墙配置"界面，如图 10-4 所示。按 Space 键将"启用"前面的"＊"去掉。也可单击"定制"按钮，把需要运行的服务前面都打上"＊"号标记（选中该条目后，再按下 Space 键）。

图 10-3　Red Hat Enterprise Linux 6 配置工具

提示：初学者可以直接关闭防火墙，避免未知的错误。熟悉了再逐渐开放防火墙相关端口。

(3) 更改当前的 SELinux 值，后面可以跟 enforcing、permissive（或者 1、0）。

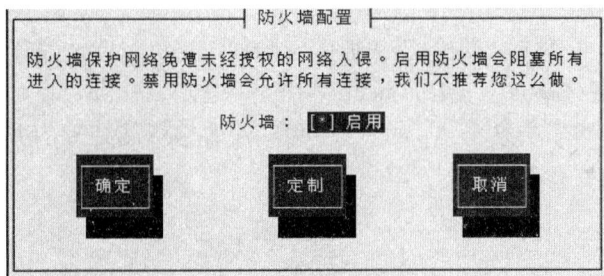

图 10-4　关闭防火墙

```
[root@RHEL 6 桌面]#setenforce 0
```

注意：①利用 setenforce 设置 SELinux 的值，重启系统后则会失效。如果再次使用 httpd，则仍需重新设置 SELinux，否则客户端无法访问 Web 服务器。②如果想长期有效，请编辑/etc/sysconfig/selinux 文件，按需要赋予 SELINUX 相应的值（Enforcing|Permissive 或者 0|1）。③本书多次提到防火墙和 SELinux，请读者一定注意，对于重启后失效的情况也要了如指掌。

10.2.4　自动加载 Apache 服务

(1) 使用 ntsysv 命令，在文本图形界面对 Apache 自动加载（在 httpd 选项前按 Space

键加上"＊")。

(2) 使用 chkconfig 命令自动加载。

```
[root@RHEL 6 桌面]#chkconfig --level 3 httpd on      #运行级别 3 自动加载
[root@RHEL 6 桌面]#chkconfig --level 3 httpd off     #运行级别 3 不自动加载
```

10.3 Apache 服务器的主配置文件

Apache 服务器的主配置文件是 httpd. conf,该文件通常存放在/etc/httpd/conf 目录下。文件看起来很复杂,其实很多是注释内容。本节先作大略介绍,后面的章节将给出实例,非常容易理解。

httpd. conf 文件不区分大小写,在该文件中以"♯"开始的为注释行。除了注释和空行外,服务器把其他的行认为是完整的或部分的指令。指令又分为类似于 Shell 的命令和伪 HTML 标记。指令的语法为"配置参数名称 参数值"。伪 HTML 标记的语法格式如下:

```
<Directory />
    Options FollowSymLinks
    AllowOverride None
</Directory>
```

该文件主要由全局环境配置、主服务器配置和虚拟主机配置 3 部分组成。

1. 全局环境配置(Global Environment)

这一部分的指令将影响整个 Apache 服务器,例如它所能处理的并发请求数或者它在哪里能够找到其配置文件等。

(1)

```
ServerRoot "/etc/httpd"
```

此为 Apache 的根目录。配置文件、记录文件、模块文件都在该目录下。

(2)

```
PidFile run/httpd.pid
```

此文件保存着 Apache 父进程的 IP。

(3)

```
Timeout 120
```

设定超时时间。如果客户端超过 120s 还没有连接上服务器,或者服务器超过 120s 还没有传送信息给客户端,则强制断线。

（4）

```
KeepAlive Off
```

不允许客户端同时提出多个请求,设为 on 表示允许。

（5）

```
MaxKeepAliveRequests 100
```

每次联系允许的最大请求数目,数字越大,效率越高。0 表示不限制。

（6）

```
KeepAliveTimeout 15
```

客户端的请求如果 15s 还没有发出,则断线。

（7）

```
MinSpareServers 5
MaxSpareServers 20
```

- "MinSpareServers 5"表示最少会有 5 个闲置 httpd 进程来监听用户的请求。如果实际的闲置数目小于 5,则会增加 httpd 进程。
- "MaxSpareServers 20"表示最大的闲置 httpd 进程为 20。如果网站访问量很大,可以将这个数目设置得大一些。

（8）

```
StartServers 8
```

启动时打开的 httpd 进程数目。

（9）

```
MaxClients 256
```

限制客户端的同时最大连接数目。一旦达到此数目,客户端就会收到"用户太多,拒绝访问"的错误提示。该数目不应该设置得太小。

（10）

```
MaxRequestsPerChild 4 000
```

限制每个 httpd 进程可以完成的最大任务数目。

（11）

```
#Listen 12.34.56.78: 80
Listen 80
```

设置 Apache 服务的监听端口。一般在使用非 80 端口时设置。

(12)

```
LoadModule auth_basic_module modules/mod_auth_basic.so
```

加载 DSO 模块。DSO(Dynamic Shared Object)很像 Windows 的 DLL(Dynamic Link Library,动态链接库)。

(13)

```
#ExtendedStatus On
```

用于检测 Apache 的状态信息,预设为 Off。

(14)

```
User apache
Group apache
```

设置 Apache 工作时使用的用户和组。

2. 主服务器配置(Main Server Configuration)

本部分主要用于配置 Apache 的主服务器。

(1)

```
ServerAdmin root@localhost
```

管理员的电子邮件地址。如果 Apache 有问题,则会寄信给管理员。

(2)

```
#ServerName www.example.com:80
```

此处为主机名称,如果没有申请域名,使用 IP 地址也可以。

(3)

```
DocumentRoot "/var/www/html"
```

设置 Apache 主服务器网页的存放地址。

(4)

```
<Directory>
    Options FollowSymLinks
    AllowOverride None
</Directory>
```

设置 Apache 根目录的访问权限和访问方式。

(5)

```
<Directory "/var/www/html">
    Options Indexes FollowSymLinks
    AllowOverride None
    Order allow, deny
    Allow from all
</Directory>
```

设置 Apache 主服务器网页文件存放目录的访问权限。

(6)

```
<IfModule mod_userdir.c>
    UserDir disable
    #UserDir public_html
</IfModule>
```

设置用户是否可以在自己的目录下建立 public_html 目录来放置网页。如果设置为 UserDir public_html，则用户就可以通过"http://服务器 IP 地址：端口/～用户名称"来访问其中的内容。

(7)

```
DirectoryIndex index.htrnl index.html.var
```

设置预设首页，默认是 index.html。设置以后，用户通过"http://服务器 IP 地址：端口/"访问的其实就是"http://服务器 IP 地址：端口/ind ex.html"。

(8)

```
Access FileName.htaccess
```

设置 Apache 目录访问权限的控制文件，预设为.htaccess，也可以是其他名字。

(9)

```
<Files ~ "^\.ht">
    Order allow,deny
    Denyfrom all
</Files>
```

防止用户看到以".ht"开头的文件，保护.htaccess、.htpasswd 的内容。主要是为了防止其他人看到预设可以访问相关内容的用户名和密码。

(10)

```
TypesConfig  /etc/mime/types
```

指定存放 MIME 文件类型的文件。可以自行编辑 mime.types 文件。

(11)

```
DefaultType  text/plain
```

当 Apache 不能识别某种文件类型时,将自动将它当成文本文件处理。

(12)

```
<IfModule rood mime_magic.c>
    #MIMEMagicFile /usr/share/magic.mime
    MIMEMagicFile conf/magic
</IfMOdule>
```

mod_mime_magic. c 块可以使 Apache 由文件内容决定其 MIME 类型。只有载入了 rood_mime_magic. c 模块时,才会处理 MIMEMagicFile 文件声明。

(13)

```
HostnameLookups Off
```

如果设置为 On,则每次都会向 DNS 服务器要求解析该 IP,这样会花费额外的服务器资源,并且降低服务器端响应速度,所以一般设置为 Off。

(14)

```
ErrorLog logs/error_log
```

指定错误发生时记录文件的位置。对于在＜VirtualHost＞段特别指定的虚拟主机来说,本处声明会被忽略。

(15)

```
LogLevel warn
```

指定警告及其以上等级的信息会被记录在案。各等级及其说明如表 10-1 所示。

表 10-1　各警告等级及其说明

等　级	说　　明	等　级	说　　明
debug	Debug 信息	error	错误信息
info	一般信息	crit	致命错误
notice	通知信息	alert	马上需要处理的信息
warn	警告信息	emerg	系统马上要死机了

(16)

```
LogFormat "%h%l%u%t\"%r\"%>s%b\"%{Referer}i\"%{User-Agent}i\""combined
LogFormat "%h%l%u%t\"%r\"%>s%b\" common
LogFormat "%{Referer}i->%U\" referer
LogFormat "%{User-agent}i " agent
```

设置记录文件存放信息的模式。自定义 4 种：combined、common、referer 和 agent。

(17)

```
CustomLog logs/access_log combined
```

设置存取文件记录采用 combined 模式。

(18)

```
ServerSignature On
```

设置为 On 时，由于服务器出错所产生的网页会显示 Apache 的版本号、主机、连接端口等信息；如果设置为 E-mail，则会有"mailto："的超链接。

(19)

```
Alias /icons/ "/var/www/icons/":
<Directory "/var/www/icons/">
    Options Indexes MultiViews
    AllowOverride None
    Order allow,deny
    Allow from all
</Directory>
```

定义一个图标虚拟目录，并设置访问权限。

(20)

```
ScriptAlias /cgi-bin/ "/var/www/cgi-bin/":
<Directory "/var/www/cgi-bin/">
    AllowOverride None
    Options None
    Order allow,deny
    Allow from all
</Directory>
```

同 Alias，只不过设置的是脚本文件目录。

(21)

```
IndexOptions FancyIndexing VersionSort NameWidth= * HTMLTable
```

采用更好看的带有格式的文件列表方式。

(22)

```
AddIconByEncoding (CMP,/icons/compressed.gif)x-compress x-gzip
    AddlconByType(TXT,/icons/text.gif)text/ *
    ...
    DefaultIcon /icons/unknown.gif
```

设置显示文件列表时各种文件类型对应的图标显示。

(23)

```
#AddDescription "GZIP compressed document".gz
#AddDescription "tar archive".tar
#AddDescription "GZIP compressed tar archive".tgz
```

在显示文件列表时,各种文件后面显示的注释文件。其格式为:

AddDescription "说明文字" 文件类型

(24)

```
ReadmeName README.html
HeaderName HEADER.html
```

显示文件清单时,分别在页面的最下端和最上端显示内容。

(25)

```
IndexIgnore.??* * ~ * # HEADER * README * RCS CVS,V * ,t
```

忽略这些类型的文件,在文件列表清单中不显示出来。

(26)

```
DefaultLanguage nl
```

设置页面的默认语言。

(27)

```
AddLanguage ca.ca
AddLanguage zh-CN.zh-cn
AddLanguage zh-TW.zh-tw
```

设置页面语言。

(28)

```
LanguagePriority en ca cs da de el eo es et fr he hr itja ko ltz nl nn rio pl pt pt-BR
ru sv zh-CN zh-TW
```

设置页面语言的优先级。

(29)

```
AddType application/x-compress.Z
AddType application/x-gzip.gz.tgz
```

增加 MIME 类型。

（30）

```
AddType text/html.shtml
AddOutputFilter INCLUDES.shtml
```

使用动态页面。

（31）

```
#ErrorDocument 500 "The server made a boo boo. "
#ErrorDocument 404 /missing.html
#ErrorDocument 404 "/cgi-bin/missing_handler.pl"
#ErrorDocument 402 http://www.example.com/subscription_info.html
```

Apache 支持 3 种格式的错误信息显示方式：纯文本、内部链接和外部链接。其中，内部链接又包括 HTML 和 Script 两种格式。

（32）

```
BrowserMatch "Mozilla/2" nokeepalive
BrowserMatch "MSIE 4\.0b2; " nokeepalive downgrade-1.0 force-response-1.0
```

如果浏览器符合这两种类型，则不提供 keepalive 支持。

（33）

```
BrowserMatch "RealPlayer 4\.0" force-response-1.0
BrowserMatch "Java/1\.0" force-response-1.0
BrowserMatch "JDK/1\.0" force-response-1.0
```

如果浏览器是这 3 种类型，则使用 HTTP/1.0 回应。

3. 虚拟主机配置（Virtual Hosts）

通过配置虚拟主机，可以在单个服务器上运行多个 Web 站点。对于访问量不大的站点来说，这样做可以降低单个站点的运营成本。虚拟主机可以是基于 IP 地址、主机名或端口号的。基于 IP 地址的虚拟主机需要计算机上配有多个 IP 地址，并为每个 Web 站点分配一个唯一的 IP 地址。基于主机名的虚拟主机要求拥有多个主机名，并且为每个 Web 站点分配一个主机名。基于端口号的虚拟主机，要求不同的 Web 站点通过不同的端口号监听，这些端口号只要系统不用就可以。

下面是虚拟主机部分的默认配置示例，具体配置见后面的说明。

```
NameVirtualHost * :80
<VirtualHost * :80>
    ServerAdmin webmaster@dummy-host.example.com
    DocumentRoot /www/docs/dummy-host.example.com
    ServerName dummy-host.example.com
    ErrorLog logs/dummy-host.example.com-error_log
    CustomLog logs/dummy-host.example.com-access_log common
</VirtualHost>
```

10.4　Apache 服务器的常规配置

Apache 是功能非常强大的 Web 服务器,能提供基本的 Web 服务。

1. 根目录设置(ServerRoot)

配置文件中的 ServerRoot 字段用来设置 Apache 的配置文件、错误文件和日志文件的存放目录。并且该目录是整个目录树的根节点,如果下面的字段设置中出现相对路径,那么就是相对于这个路径的。默认情况下根路径为/etc/httpd,可以根据需要进行修改。

【例 10-1】　设置根目录为/usr/local/httpd。

```
ServerRoot  "/usr/local/httpd"
```

2. 超时设置

Timeout 字段用于设置接收和发送数据时的超时设置。默认时间单位是秒。如果超过限定的时间客户端仍然无法连接上服务器,则予以断线处理。默认时间为 120s,可以根据环境需要予以更改。

【例 10-2】　设置超时时间为 300s。

```
Timeout  300
```

3. 客户端连接数限制

客户端连接数限制就是指在某一时刻内,WWW 服务器允许多少客户端同时进行访问。允许同时访问的最大数值就是客户端连接数限制。

在配置文件中,MaxClients 字段用于设置同一时刻内最大的客户端访问数量。默认数值是 256。对于小型的网站来说已经够用了。如果是大型网站,可以根据实际情况进行修改。

【例 10-3】　设置客户端连接数为 500。

```
<IfModule prefork.c>
StartServers         8
MinSpareServers      5
MaxSpareServers      20
ServerLimit          500
MaxClients           500
MaxRequestSPerChild  4000
</IfModule>
```

注意:MaxClients 字段出现的频率可能不止一次,请注意这里的 MaxClients 是包含在 <IfModule prefork.c> </IfModule>这个容器当中。

4. 设置管理员邮件地址

当客户端访问服务器发生错误时,服务器通常会将带有错误提示信息的网页反馈给客户端,并且上面包含管理员的 E-mail 地址,以便解决出现的错误。

如果需要设置管理员的 E-mail 地址,可以使用 ServerAdmin 字段来设置。

【例 10-4】　设置管理员 E-mail 地址为 root@smile.com。

```
ServerAdmin    root@smile.com
```

5．设置主机名称

ServerName 字段定义了服务器名称和端口号,用以标明自己的身份。如果没有注册 DNS 名称,可以输入 IP 地址。当然,可以在任何情况下输入 IP 地址,这也可以完成重定向工作。

【例 10-5】　设置服务器主机名称及端口号。

```
ServerName    www.example.com:80
```

注意:正确使用 ServerName 字段设置服务器的主机名称或 IP 地址后,在启动服务时则不会出现 Could not reliably determine the server's fully qualified domain name,using 127.0.0.1 for ServerName 的错误提示了。

6．设置文档目录

文档目录是一个较为重要的设置,一般来说,网站上的内容都保存在文档目录中。在默认情形下,所有的请求都从这里开始,除了记号和别名将改指他处以外。

【例 10-6】　设置文档目录为/usr/local/html。

```
DocumentRoot  "/usr/local/html"
```

7．设置首页

相信很多人对首页一词并不陌生,打开网站时所显示的页面即该网站的首页或者叫它主页。首页的文件名是由 DirectoryIndex 字段来定义的。在默认情况下,Apache 的默认首页名称为 index.html。当然也可以根据实际情况进行更改。

【例 10-7】　设置首页名称为 index.html。

```
DirectoryIndex  index.html
```

也可以同时设置多个首页名称,但需要将各个文件名用空格分开。例如:

```
DirectoryIndex    index.html  smile.php
```

如果按照以上设置,Apache 会根据文件名的先后顺序查找在文档目录中是否有 index.html 文件。如果有,则调用 index.html 文件内容作为首页内容;如果没有该文件,则继续查找并调用 smile.php 文件作为首页内容。

8．网页编码设置

由于地域的不同,亚洲地区和欧美地区所采用的网页编码也不同,如果出现服务器端的网页编码和客户端的网页编码不一致,就会导致我们看到的是乱码,这样会带来交流的障碍。如果想正常显示网页的内容,则必须使用正确的编码。

httpd.conf 中使用 AddDefaultCharset 字段来设置服务器的默认编码。在默认情况下服务器编码采用 UTF-8。而汉字的编码一般是 GB2312 或 GB18030。具体使用哪种编码要根据网页文件里的编码来决定,只要保持和这些文件所采用的编码是一致的就可以正常显示。

【例 10-8】 设置服务器默认编码为 GB2312。

```
AddDefaultCharset   GB2312
```

技巧:若清楚应该使用哪种编码,则可以把 AddDefaultCharset 字段注释掉,表示不使用任何编码,这样让浏览器自动去检测当前网页所采用的编码是什么,然后自动进行调整。对于多语言的网站搭建,最好采用注释掉 AddDefaultCharset 字段的这种方法。

9. 用户个人主页

现在许多网站(例如 www.163.com)都允许用户拥有自己的主页空间,而用户可以很容易地管理自己的主页空间。Apache 可以实现用户的个人主页。客户端在浏览器中浏览个人主页的 URL 地址格式一般为:

```
http://域名/~username
```

其中,"~username"在利用 Linux 系统中的 Apache 服务器来实现时,是 Linux 系统的合法用户名(该用户必须在 Linux 系统中存在)。

用户的主页存放的目录由 Apache 服务器的主配置文件 httpd.conf 文件中的主要设置参数 UserDir 设定。下面是 httpd.conf 文件中关于用户主页的存放目录及目录访问权限的设置。

(1) 设置 Linux 系统用户个人主页的目录。

Linux 系统用户个人主页的目录由<IfModule mod_userdir.c>容器实现,默认情况下,UserDir 的取值为 disable,表示不为 Linux 系统用户设置个人主页。如果想为 Linux 系统用户设置个人主页,可以修改 UserDir 的取值,一般为 public_html,该目录在用户的 home 目录下。下面是<IfModule mod_userdir.c>容器的默认配置。

```
<IfModule mod_userdir.c>
    UserDir disable
    #UserDir public_html
</IfModule>
```

(2) 设置用户个人主页所在目录的访问权限。

在允许 Linux 系统用户拥有个人主页时,可以利用 Directory 容器为该目录设置访问控制权限。下面是 httpd.conf 文件中对"/home/ * /public_html"目录的访问控制权限的默认配置,该 Directory 容器默认是被注释掉的。

```
<Directory /home/ * /public_html>
    AllowOverride FileInfo AuthConfig Limit
    Options MultiViews Indexes SymLinksIfOwnerMatch IncludesNoExec
    <Limit GET POST OPTIONS>
        Order allow,deny
        Allow from all
    </Limit>
```

```
    <LimitExcept GET POST OPTIONS>
        Order deny,allow
        Deny from all
    </LimitExcept>
</Directory>
```

【例 10-9】　在 IP 地址为 192.168.0.3 的 Apache 服务器中,为系统中的 long 用户设置个人主页空间。该用户的 home 目录为/home/long,个人主页空间所在的目录为 public_html。

(1) 修改用户的 home 目录权限,使其他用户具有读和执行的权限。

```
[root@server ~]#chmod  705  /home/long
```

(2) 创建存放用户个人主页空间的目录。

```
[root@server ~]#mkdir  /home/long/public_html
```

(3) 创建个人主页空间的默认首页文件。

```
[root@server ~]#cd  /home/long/public_html
[root@server public_html]#echo "this is long's web。">>index.html
```

使用 vim 修改/etc/httpd/conf/httpd.conf 文件中<IfModule mod_userdir.c>模块的内容,将 UserDir 的值设置为 public_html,如下所示,并将<Directory /home/ * /public_html>容器的注释符去掉。

```
<IfModule mod_userdir.c>
    #UserDir disable
    UserDir public_html
</IfModule>
```

(4) 关闭防火墙,SELinux 设置为允许,重启 httpd 服务。

```
[root@server ~]#setenforce 0
[root@server ~]#service httpd restart
```

(5) 在客户端的浏览器中输入"http://192.168.0.3/~long",看到的个人空间的访问效果如图 10-5 所示。

注意:一般不为系统的 root 超级用户设置个人空间,可以添加 UserDir disable root 语句实现该功能。

10. 虚拟目录

要从 Web 站点主目录以外的其他目录发布站点,可以使用虚拟目录实现。虚拟目录是一个位于 Apache 服务器主目录之外的目录,它不包含在 Apache 服务器的主目录中,但在访问 Web 站点的用户看来,它与位于主目录中的子目录是一样的。每一个虚拟目录都有一个别名,客户端可以通过此别名来访问虚拟目录。

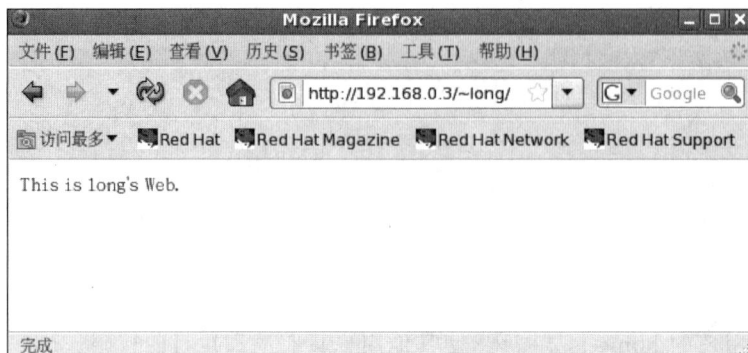

图 10-5　用户个人空间的访问效果图

由于每个虚拟目录都可以分别设置不同的访问权限,因此,非常适合于不同用户对不同目录拥有不同权限的情况。另外,只有知道虚拟目录名的用户才可以访问此虚拟目录,除此之外的其他用户将无法访问此虚拟目录。

在 Apache 服务器的主配置文件 httpd.conf 文件中,通过 Alias 指令设置虚拟目录。默认情况下,该文件中已经建立了/icons/和/manual/两个虚拟目录,它们分别对应的物理路径是/var/www/icons/和/var/www/manual/。

【例 10-10】　在 IP 地址为 192.168.0.3 的 Apache 服务器中创建名为/test/的虚拟目录,它对应的物理路径是/virdir/,并在客户端测试。

(1) 创建物理目录/virdir/。

```
[root@server ~]#mkdir  -p  /virdir/
```

(2) 创建虚拟目录中的默认首页文件。

```
[root@server ~]#cd  /virdir/
[root@server virdir]#echo "This is Virtual Directory sample。">>index.html
```

(3) 修改默认文件的权限,使其他用户具有读和执行权限。

```
[root@server virdir]#chmod 705 index.html
```

(4) 修改 httpd.conf 文件,添加下面的语句。

```
Alias  /test  "/virdir"
```

(5) 关闭防火墙和 SELinux,重启 httpd 服务。

利用 service httpd restart 命令重新启动服务。在客户端的浏览器中输入 http://192.168.1.30/test 后,看到的虚拟目录的访问效果如图 10-6 所示。

11. 目录设置

目录设置就是为服务器上的某个目录设置权限。通常在访问某个网站的时候,真正所访问的仅仅是那台 Web 服务器里某个目录下的某个网页文件而已。而整个网站也是由这些林林总总的目录和文件组成的。作为网站的管理人员,可能经常需要只对某个目录做出

图 10-6　/test 虚拟目录的访问效果图

设置,而不是对整个网站做设置。例如,拒绝 192.168.0.100 的客户端访问某个目录内的文件。这时,可以使用<Directory> </Directory>容器来设置。这是一对容器语句,需要成对出现。在每个容器中有 options、AllowOverride、Limit 等指令,它们都是和访问控制相关的。各参数如表 10-2 所示。

表 10-2　Apache 目录访问控制选项

访问控制选项	描　　　述
Options	设置特定目录中的服务器特性,具体参数选项的取值见表 10-3
AllowOverride	设置如何使用访问控制文件.htaccess,具体参数选项的取值见表 10-4
Order	设置 Apache 默认的访问权限及 Allow 和 Deny 语句的处理顺序
Allow	设置允许访问 Apache 服务器的主机,可以是主机名也可以是 IP 地址
Deny	设置拒绝访问 Apache 服务器的主机,可以是主机名也可以是 IP 地址

(1) 根目录默认设置。

```
<Directory/>
    Options FollowSymLinks            ①
    AllowOverride None                ②
</Directory>
```

以上代码中带有序号的两行说明如下:

① Options 字段用来定义目录使用哪些特性,后面的 FollowSymLinks 指令表示可以在该目录中使用符号链接。Options 还可以设置很多功能,常见功能如表 10-3 所示。

表 10-3　Options 选项的取值

可用选项取值	描　　　述
Indexes	允许目录浏览。当访问的目录中没有 DirectoryIndex 参数指定的网页文件时,会列出目录中的目录清单
Multiviews	允许内容协商的多重视图
All	支持除 Multiviews 以外的所有选项。如果没有 Options 语句,默认为 All
ExecCGI	允许在该目录下执行 CGI 脚本
FollowSysmLinks	可以在该目录中使用符号链接,以访问其他目录
Includes	允许服务器端使用 SSI(服务器包含)技术

225

可用选项取值	描　　述
IncludesNoExec	允许服务器端使用 SSI(服务器包含)技术,但禁止执行 CGI 脚本
SymLinksIfOwnerMatch	目录文件与目录属于同一用户时支持符号链接

② AllowOverride 用于设置. htaccess 文件中的指令类型。None 表示禁止使用. htaccess。

注意:可以使用"十"或"?"号在 Options 选项中添加或取消某个选项的值。如果不使用这两个符号,那么在容器中的 Options 选项的取值将完全覆盖以前的 Options 指令的取值。

(2) 文档目录默认的设置。

```
<Directory "/var/www/html">
        Options Indexes FollowSymLinks
        AllowOverride None                    ①
        Order Allow, Deny                     ②
        Allow from all                        ③
</Directory>
```

以上代码中带有序号的三行说明如下:

① AllowOverride 所使用的指令组在后面介绍。本例不使用认证。

② 设置默认的访问权限与 Allow 和 Deny 字段的处理顺序。

③ Allow 字段用来设置哪些客户端可以访问服务器。与之对应的 Deny 字段则用来限制哪些客户端不能访问服务器。

Allow 和 Deny 字段的处理顺序非常重要,需要详细了解它们的意思和使用技巧。

情况一:Order allow,deny

表示默认情况下禁止所有客户端访问,且 Allow 字段在 Deny 字段之前被匹配。如果既匹配 Allow 字段又匹配 Deny 字段,则 Deny 字段最终生效。也就是说 Deny 会覆盖 Allow。

情况二:Order deny,allow

表示默认情况下允许所有客户端访问,且 Deny 字段在 Allow 语句之前被匹配。如果既匹配 Allow 字段又匹配 Deny 字段,则 Allow 字段最终生效。也就是说 Allow 会覆盖 Deny。

下面举例来说明 Allow 和 Deny 字段的用法。

【例 10-11】 允许所有客户端访问。

```
Order allow, deny
Allow from all
```

【例 10-12】 拒绝 IP 地址为 192. 168. 100. 100 和来自. bad. com 域的客户端访问。其他客户端都可以正常访问。

```
Order deny,allow
Deny from 192.168.100.100
Deny from .bad.com
```

【例 10-13】 仅允许 192.168.0.0/24 网段的客户端访问,但其中 192.168.0.100 不能访问。

```
Order allow,deny
Allow from 192.168.0.0/24
Deny from 192.168.0.100
```

为了说明允许和拒绝条目的使用,对照看一下下面的两个例子。

【例 10-14】 除了 www.test.com 的主机,其他所有人允许访问 Apache 服务器。

```
Order allow,deny
Allow from all
Deny from www.test.com
```

【例 10-15】 只允许 10.0.0.0/8 网段的主机访问服务器。

```
Order deny,allow
Deny from all
Allow from 10.0.0.0/255.255.0.0
```

注意:Over、Allow from 和 Deny from 关键词,它们对大小写不敏感,但 allow 和 deny 之间以“,”分割,二者之间不能有空格。

如果仅仅想对某个文件做权限设置,可以使用<Files 文件名></Files>容器语句实现,方法和使用<Directory “目录”></Directory>几乎一样。例如:

```
<Files "/var/www/html/f1.txt">
        Order allow, deny
        Allow from all
</Files>
```

正如前面介绍的,Apache 是功能非常强大的 Web 服务器,除了提供基本的 Web 服务之外,还可以实现为用户设置个人主页、访问控制、用户认证和虚拟主机等功能。

10.5　Apache 服务器的高级配置

Apache 是功能非常强大的 Web 服务器,除了提供基本的 Web 服务之外,还可以实现访问控制、用户认证和虚拟主机等功能。

10.5.1　虚拟主机的配置

Apache 服务器 httpd.conf 主配置文件中的第 3 部分是关于实现虚拟主机的。前面已经讲过虚拟主机是在一台 Web 服务器上,可以为多个独立的 IP 地址、域名或端口号提供不同的 Web 站点。对于访问量不大的站点来说,这样做可以降低单个站点的运营成本。

1. 基于 IP 地址的虚拟主机的配置

基于 IP 地址的虚拟主机的配置需要在服务器上绑定多个 IP 地址,然后配置 Apache,把多个网站绑定在不同的 IP 地址上,访问服务器上不同的 IP 地址,就可以看到不同的网站。

【例 10-16】 假设 Apache 服务器具有 192.168.0.2 和 192.168.0.3 两个 IP 地址。现需要利用这两个 IP 地址分别创建 2 个基于 IP 地址的虚拟主机,要求不同的虚拟主机对应的主目录不同,默认文档的内容也不同。配置步骤如下:

(1) 分别创建"/var/www/ip1"和"/var/www/ip2"两个主目录和默认文件。

```
[root@server ~]#mkdir  /var/www/ip1  /var/www/ip2
[root@Server ~]#echo "this is 192.168.0.2's web.">>/var/www/ip1/index.html
[root@Server ~]#echo "this is 192.168.0.3's web.">>/var/www/ip2/index.html
```

(2) 修改 httpd.conf 文件。该文件的修改内容如下。

```
//设置基于 IP 地址为 192.168.0.2 的虚拟主机
<Virtualhost 192.168.0.2>
DocumentRoot  /var/www/ip1                   //设置该虚拟主机的主目录
DirectoryIndex  index.html                    //设置默认文件的文件名
ServerAdmin  root@sales.com                   //设置管理员的邮件地址
ErrorLog  logs/ip1-error_log                  //设置错误日志的存放位置
CustomLog  logs/ip1-access_log common         //设置访问日志的存放位置
</Virtualhost>

//设置基于 IP 地址为 192.168.0.3 的虚拟主机
<Virtualhost 192.168.0.3>
DocumentRoot /var/www/ip2                     //设置该虚拟主机的主目录
DirectoryIndex index.html                     //设置默认文件的文件名
ServerAdmin  root@sales.com                   //设置管理员的邮件地址
ErrorLog   logs/ip2-error_log                 //设置错误日志的存放位置
CustomLog  logs/ip2-access_log common         //设置访问日志的存放位置
</Virtualhost>
```

(3) 关闭防火墙和 SELinux,重新启动 httpd 服务。

(4) 在客户端浏览器中可以看到 http://192.168.0.2 和 http://192.168.0.3 两个网站的浏览效果。

2. 基于域名的虚拟主机的配置

基于域名的虚拟主机的配置只需服务器有一个 IP 地址即可,所有的虚拟主机共享同一个 IP,各虚拟主机之间通过域名进行区分。

要建立基于域名的虚拟主机,DNS 服务器中应建立多个主机资源记录,使它们解析到同一个 IP 地址。例如:

```
www.smile.com.  IN  A  192.168.0.3
www.long.com.   IN  A  192.168.0.3
```

【例 10-17】 假设 Apache 服务器 IP 地址为 192.168.0.3。在本地 DNS 服务器中该 IP 地址对应的域名分别为 www.smile.com 和 www.long.com。现需要创建基于域名的

虚拟主机,要求不同的虚拟主机对应的主目录不同,默认文档的内容也不同。配置步骤
如下:

(1) 分别创建"/var/www/smile"和"/var/www/long"两个主目录和默认文件。

```
[root@Server ~]#mkdir  /var/www/smile  /var/www/long
[root@Server ~]#echo "this is www.smile.com's web.">>/var/www/smile/index.html
[root@Server ~]#echo "this is www.long.com's web.">>/var/www/long/index.html
```

(2) 修改 httpd.conf 文件。该文件的修改内容如下。

```
NameVirtualhost 192.168.0.3    //指定虚拟主机所使用的 IP 地址,该 IP 地址将对应多个域名
<Virtualhost 192.168.0.3>      //VirtualHost 后面可以跟 IP 地址或域名
DocumentRoot /var/www/smile
DirectoryIndex index.html
ServerName  www.smile.com      //指定该虚拟主机的 FQDN
ServerAdmin  root@smile.com
ErrorLog  logs/www.smile.com-error_log
CustomLog  logs/www.smile.com-access_log common
</Virtualhost>

<Virtualhost 192.168.0.3>
DocumentRoot /var/www/long
DirectoryIndex index.html
ServerName  www.long.com       //指定该虚拟主机的 FQDN
ServerAdmin  root@long.com
ErrorLog   logs/www.long.com-error_log
CustomLog  logs/www. long .com-access_log common
</Virtualhost>
```

(3) 关闭防火墙和 SELinux,重新启动 httpd 服务。

注意:在本例的配置中,DNS 的正确配置至关重要,一定要确保 smile.com 和 long.com 域
名及主机的正确解析,否则无法成功。正向区域配置文件如下(参考)所示。

```
[root@RHEL 6 long]#vim /var/named/long.com.zone
$TTL 1D
@       IN SOA  dns.long.com . mail.long.com. (
                        0       ; serial
                        1D      ; refresh
                        1H      ; retry
                        1W      ; expire
                        3H )    ; minimum

@           IN      NS          dns.long.com.
@           IN      MX      10  mail.long.com.

dns         IN      A           192.168.1.30
www1        IN      A           192.168.1.30
www2        IN      A           192.168.1.30
```

3. 基于端口号的虚拟主机的配置

基于端口号的虚拟主机的配置只需服务器有一个 IP 地址即可,所有的虚拟主机共享同一个 IP,各虚拟主机之间通过不同的端口号进行区分。在设置基于端口号的虚拟主机的配置时,需要利用 Listen 语句设置所监听的端口。

【例 10-18】 假设 Apache 服务器 IP 地址为 192.168.0.3。现需要创建基于 8080 和 8090 两个不同端口号的虚拟主机,要求不同的虚拟主机对应的主目录不同,默认文档的内容也不同。配置步骤如下:

(1) 分别创建"/var/www/port8080"和"/var/www/port8090"两个主目录和默认文件。

```
[root@Server ~]#mkdir  /var/www/port8080  /var/www/port8090
[root@Server ~]#echo "this is 8000 ports web.">>/var/www/port8080/index.html
[root@Server ~]#echo "this is 8800 ports web.">>/var/www/port8090/index.html
```

(2) 修改 httpd.conf 文件。该文件的修改内容如下。

```
Listen 8080                          //设置监听端口
Listen 8090
<VirtualHost 192.168.0.3:8080>       //VirtualHost 后面跟上 IP 地址和端口号,二者之间用
                                       冒号分隔
DocumentRoot /var/www/port8080
DirectoryIndex index.html
ErrorLog    logs/port8080-error_log
CustomLog  logs/port8090-access_log common
</VirtualHost>

<VirtualHost 192.168.0.3:8090>
DocumentRoot /var/www/port8090
DirectoryIndex index.html
ErrorLog    logs/port8090-error_log
CustomLog  logs/port8090-access_log common
</VirtualHost>
```

(3) 关闭防火墙和 SELinux,重新启动 httpd 服务。

10.5.2 配置用户身份认证

1. .htaccess 文件控制存取

什么是.htaccess 文件呢? 简单地说,它是一个访问控制文件,用来配置相应目录的访问方法。不过,按照默认的配置是不会读取相应目录下的.htaccess 文件来进行访问控制的。这是因为 AllowOverride 中配置为:

```
AllowOverride    none
```

完全忽略了.htaccess 文件。该如何打开它呢? 很简单,将 none 改为 AuthConfig。

```
<Directory />
Options FollowSymLinks
AllowOverride AuthConfig
</Directory>
```

现在就可以在需要进行访问控制的目录下创建一个 .htaccess 文件了。需要注意的是，文件前有一个"."，说明这是一个隐藏文件（该文件名也可以采用其他的文件名，我们只需要在 httpd.conf 中进行设置就可以了）。

另外，在 httpd.conf 的相应目录中的 AllowOverride 主要用于控制 .htaccess 中允许进行的设置。其 Override 可不止一项，详细参数请参考表 10-4。

表 10-4　AllowOverride 指令所使用的指令组

指令组	可 用 指 令	说　　明
AuthConfig	AuthDBMGroupFile，AuthDBMUserFile，AuthGroupFile，AuthName，AuthType，AuthUserFile，Require	进行认证、授权以及安全的相关指令
FileInfo	DefaultType，ErrorDocument，ForceType，LanguagePriority，SetHandler，SetInputFilter，SetOutputFilter	控制文件处理方式相关指令
Indexes	AddDescription，AddIcon，AddIconByEncoding，DefaultIcon，AddIconByType，DirectoryIndex，ReadmeName ancyIndexing，HeaderName，IndexIgnore，IndexOptions	控制目录列表方式的相关指令
Limit	Allow，Deny，Order	进行目录访问控制相关指令
Options	Options，XBitHack	启用不能在主配置文件中使用的各种选项
All	全部指令组	可以使用以上所有指令
None	禁止使用所有指令	禁止处理 .htaccess 文件

假设在用户 clinuxer 的 Web 目录（public_html）下新建了一个 .htaccess 文件，该文件的绝对路径为 /home/clinuxer/public_html/.htaccess。其实 Apache 服务器并不会直接读取这个文件，而是从根目录下开始搜索 .htaccess 文件。

```
/.htaccess
/home/.htaccess
/home/clinuxer/.htaccess
/home/clinuxer/public_html/.htaccess
```

如果这个路径中有一个 .htaccess 文件，比如 /home/clinuxer/.htaccess，则 Apache 并不会去读 /home/clinuxer/public_html/.htaccess，而是 /home/clinuxer/.htaccess。

2. 用户身份认证

Apache 中的用户身份认证，也可以采取"整体存取控制"或者"分布式存取控制"方式，其中用得最广泛的就是通过 .htaccess 来进行。

（1）创建用户名和密码

在 /usr/local/httpd/bin 目录下，有一个 htpasswd 可执行文件，它就是用来创建 .htaccess 文件身份认证所使用的密码的。它的语法格式如下：

```
[root@Server ~]#htpasswd [-bcD] [-mdps] 密码文件名字 用户名
```

参数说明如下。

- -b：用批处理方式创建用户。htpasswd 不会提示用户输入密码,不过由于要在命令行输入可见的密码,因此并不是很安全。
- -c：新创建(create)一个密码文件。
- -D：删除一个用户。
- -m：采用 MD5 编码加密。
- -d：采用 CRYPT 编码加密,这是预设的方式。
- -p：采用明文格式的密码。因为安全的原因,目前不推荐使用。
- -s：采用 SHA 编码加密。

【例 10-19】 创建一个用于.htaccess 密码认证的用户 yy1。

```
[root@Server ~]#htpasswd -c -mb .htpasswd yy1 P@ssw0rd
```

在当前目录下创建一个.htpasswd 文件,并添加一个用户 yy1,密码为 P@ssw0rd。
(2) 实例

【例 10-20】 设置一个虚拟目录“/httest”,让用户必须输入用户名和密码才能访问。
① 创建一个新用户 smile,应该输入以下命令。

```
[root@Server ~]#mkdir  /virdir/test
[root@Server ~]#cd  /virdir/test
[root@Server test]#/usr/bin/htpasswd  -c  /usr/local/.htpasswd  smile
```

之后会要求输入该用户的密码并确认,成功后会提示 Adding password for user smile。
如果还要在.htpasswd 文件中添加其他用户,则直接使用以下命令。

```
[root@Server test]#/usr/bin/htpasswd .htpasswd user2
```

② 在 httpd.conf 文件中设置该目录允许采用.htaccess 进行用户身份认证。加入如下内容。

```
Alias  /httest    "/virdir/test"
<Directory "/virdir/test">
Options Indexes MultiView       //允许列目录
AllowOverride AuthConfig        //启用用户身份认证
Order deny,allow
Allow from all                  //允许所有用户访问
</Directory>
```

如果我们修改了 Apache 的主配置文件 httpd.conf,则必须重启 Apache 才会使新配置生效。可以执行 service httpd restart 命令重新启动它。
③ 在/virdir/test 目录下新建一个.htaccess 文件,内容如下：

```
[root@Server test]#cd  /virdir/test
[root@Server test]#touch  .htaccess          //创建.htaccess
[root@Server test]#vim .htaccess             //编辑.htaccess 文件并加入以下内容
AuthName "Test  Zone"
AuthType Basic
AuthUserFile  /usr/local/.htpasswd
require user smile
```

注意：如果.htpasswd 不在默认的搜索路径中，则应该在 AuthUserFile 中指定该文件的绝对路径。

④ 在客户端打开浏览器，访问 Apache 服务器上访问权限受限的目录时，就会出现认证窗口，只有输入正确的用户名和密码才能打开，如图 10-7 和图 10-8 所示。

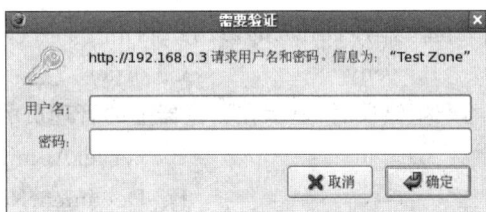

图 10-7 输入用户名和密码才能访问

图 10-8 正确输入后能够访问受限内容

10.6 练习题

1. 选择题

(1)（   ）命令可以用于配置 Red Hat Linux 启动时自动启动 httpd 服务。

　　A. service　　　　B. ntsysv　　　　C. useradd　　　　D. startx

(2) 在 Red Hat Linux 中手工安装 Apache 服务器时，默认的 Web 站点的目录为（   ）。

　　A. /etc/httpd　　B. /var/www/html　C. /etc/home　　　D. /home/httpd

(3) 对于 Apache 服务器,提供的子进程的默认用户是( )。

    A. root   B. apached   C. httpd   D. nobody

(4) 世界上排名第一的 Web 服务器是( )。

    A. apache   B. IIS   C. SunONE   D. NCSA

(5) apache 服务器默认的工作方式是( )。

    A. inetd   B. xinetd   C. standby   D. standalone

(6) 用户的主页存放的目录由文件 httpd.conf 的参数( )设定。

    A. UserDir   B. Directory

    C. public_html   D. DocumentRoot

(7) 设置 Apache 服务器时,一般将服务的端口绑定到系统的( )端口上。

    A. 10000   B. 23   C. 80   D. 53

(8) 下面( )不是 Apahce 基于主机的访问控制指令。

    A. allow   B. deny   C. order   D. all

(9) 用来设定当服务器产生错误时,显示在浏览器上的管理员的 E-mail 地址的是( )。

    A. Servername   B. ServerAdmin

    C. ServerRoot   D. DocumentRoot

(10) 在 Apache 基于用户名的访问控制中,生成用户密码文件的命令是( )。

    A. smbpasswd   B. htpasswd

    C. passwd   D. password

2. 填空题

(1) Web 服务器使用的协议是_____;英文全称是_____;中文名称是_____。

(2) HTTP 请求的默认端口是_____。

(3) 在 Linux 平台下,搭建动态网站的组合,采用最为广泛的为_____,即_____、_____、_____以及_____ 4 个开源软件构建,取英文第一个字母的缩写命名。

(4) Red Hat Enterprise Linux 5 采用了 SELinux 这种增强的安全模式,在默认的配置下,只有_____服务可以通过。

(5) 在命令行控制台窗口,输入_____命令打开 Linux 配置工具选择窗口。

10.7 项目实录

1. 录像位置

随书光盘。

2. 项目实训目的

- 掌握 Linux 系统中 Apache 服务器的安装与配置。
- 掌握个人主页、虚拟目录、基于用户和主机的访问控制及虚拟主机的实现方法。

3. 项目背景

假如你是某学校的网络管理员,学校的域名为 www.king.com,学校计划为每位教师开通个人主页服务,为教师与学生之间建立沟通的平台。该学校网络拓扑图如图 10-9 所示。

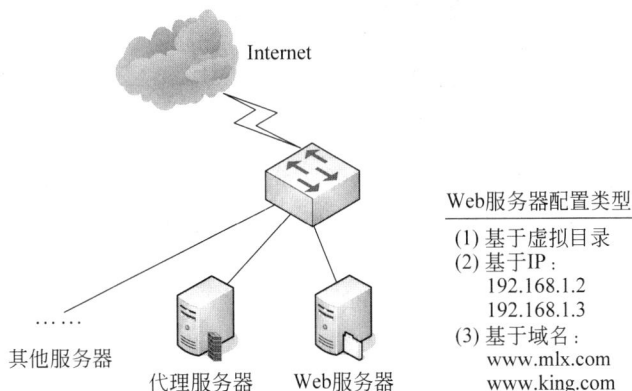

图 10-9　学校网络拓扑图

学校计划为每位教师开通个人主页服务,要求实现如下功能。

(1) 网页文件上传完成后,立即自动发布,URL 为 http://www.king.com/~用户名。

(2) 在 Web 服务器中建立一个名为 private 的虚拟目录,其对应的物理路径是/data/private,并配置 Web 服务器对该虚拟目录启用用户认证,只允许 kingma 用户访问。

(3) 在 Web 服务器中建立一个虚拟目录,其对应的物理路径是/dir1/test,并配置 Web 服务器仅允许来自网络 jnrp.net 域和 192.168.1.0/24 网段的客户机访问该虚拟目录。

(4) 使用 192.168.1.2 和 192.168.1.3 两个 IP 地址,创建基于 IP 地址的虚拟主机。其中 IP 地址为 192.168.1.2 的虚拟主机对应的主目录为/var/www/ip2,IP 地址为 192.168.1.3 的虚拟主机对应的主目录为/var/www/ip3。

4. 项目实训内容

练习 Linux 系统下 Web 服务器的配置方法。

5. 做一做

根据项目实录录像进行项目的实训,检查学习效果。

实训　Apache 服务器的配置训练

1. 实训目的

掌握 Apache 服务器的配置与应用方法。

2. 实训内容

练习利用 Apache 服务建立普通 Web 站点、基于主机和用户认证的访问控制。

3. 实训练习

(1) 配置 Apache 建立普通的 Web 站点

• 备份初始的/etc/httpd/conf/httpd.conf 文件。

• 停止 Apache 服务。编辑/etc/httpd/conf 目录下的 httpd.conf 文件,做如下最基本的设置。

　➤ ServerAdmin www.mlx.com(或是与 DNS 服务器结合,将 localhost 改为本机的域名)。

> ➢ ServerName 你所在计算机的域名或 IP 地址。

- 启动 Apache。
- 启动客户端浏览器,在地址栏中输入服务器的域名或 IP 地址,观察所看到的界面。

(2)设置用户主页

默认情况下,在用户主目录中创建目录 public_html,然后把所有网页文件放在该目录下即可,在 URL 中输入 http://servername/~username 进行访问,但是请注意以下几点。

- 利用 root 用户登录系统,修改用户主目录权限(♯chmod 705/home/~username),让其他人有权进入该目录浏览。
- 以自己的用户名登录,创建 public_html 目录,保证该目录也有正确的权限让其他人进入。
- 修改 httpd.conf 中 Apache 默认的主页文件为 index.htm。
- 用户自己在主目录下创建的目录最好把权限设为 0700,确保其他人不能进入访问。
- 在客户端浏览器中输入 http://servername/~username,看所链接的页面是否为用户的 index.htm 页面。

(3)配置用户认证授权

在/var/www/html 目录下创建一个 members 子目录。配置服务器,使用户 user1 可以通过密码访问此目录下的文件,而其他用户不能访问。

- 创建 members 子目录。
- 利用 htpasswd 命令新建 passwords 密码文件,并将 user1 用户添加到该密码文件。
- 修改主配置文件/etc/httpd/conf/httpd.conf,添加如下内容。

```
<Directory /var/www/html/members>
Allowoverride All
</Directory>
```

- 重新启动 apache。
- 在 members 目录下创建.htaccess 文件,内容如下:

```
AuthType   Basic
AuthName   membership
AuthUserFile  /etc/httpd/conf/passwords
AuthGroupFile  /etc/httpd/conf/groups
Require valid-user
Order allow,deny
Allow from all
```

- 重新启动 Apache。
- 在浏览器中测试刚才配置的信息。

(4)配置基于主机的访问控制

- 重新编辑.htaccess 文件,对此目录的访问再进行基于客户机 IP 地址的访问控制,禁止从前面测试使用的客户机的 IP 地址访问服务器。

```
AuthType  Basic
AuthName  membership
AuthUserFile  /etc/httpd/conf/passwords
AuthGroupFile  /etc/httpd/conf/groups
Require valid-user
Order allow,deny
Allow from 127.0.0.1
Deny from all
```

- 在浏览器中再次连接服务器,如果配置正确,则访问被拒绝。
- 重新编辑.htaccess 文件,使局域网内的用户可以直接访问 members 目录,局域网外的用户可以通过用户认证的方式访问 members 目录。

```
AuthType  Basic
AuthName  membership
AuthUserFile  /etc/httpd/conf/passwords
AuthGroupFile  /etc/httpd/conf/groups
Require valid-user
Order allow,deny
Allow from 192.168.203.0/24
```

- 在客户端浏览器中再次连接服务器,观察实验现象。

4. 实训报告

按要求完成实训报告。

第 11 章　FTP 服务器的配置

FTP(File Transfer Protocol)是文件传输协议的缩写,它是 Internet 最早提供的网络服务功能之一,利用 FTP 服务可以实现文件的上传及下载等相关的文件传输服务。本章将介绍 Linux 下 vsftpd 服务器的安装、配置及使用方法。

本章学习要点:
- FTP 服务的工作原理。
- vsftpd 服务器的配置。
- 基于虚拟用户的 FTP 服务器的配置。
- 典型的配置案例。

11.1　FTP 服务概述

以 HTTP 为基础的 WWW 服务功能虽然强大,但对于文件传输来说却略显不足。一种专门用于文件传输的服务 FTP 服务应运而生。

FTP 服务就是文件传输服务,即文件传输协议,具备更强的文件传输可靠性和更高的效率。

11.1.1　FTP 工作原理

FTP 大大简化了文件传输的复杂性,它能够使文件通过网络从一台主机传送到另外一台计算机上却不受计算机和操作系统类型的限制。无论是 PC、服务器、大型机,还是 iOS、Linux、Windows 操作系统,只要双方都支持协议 FTP,就可以方便、可靠地进行文件的传送。FTP 服务的具体工作过程如下,如图 11-1 所示。

(1) 客户端向服务器发出连接请求,同时客户端系统动态地打开一个大于 1024 的端口等候服务器连接(比如 1031 端口)。

(2) 若 FTP 服务器在端口 21 侦听到该请求,则会在客户端 1031 端口和服务器的 21 端口之间建立起一个 FTP 会话连接。

(3) 当需要传输数据时,FTP 客户端再动态地打开一个大于 1024 的端口(比如 1032 端口)连接到服务器的 20 端口,并在这两个端口之间进行数据的传输。当数据传输完毕后,这两个端口会自动关闭。

(4) 当 FTP 客户端断开与 FTP 服务器的连接时,客户端上动态分配的端口将自动释放。

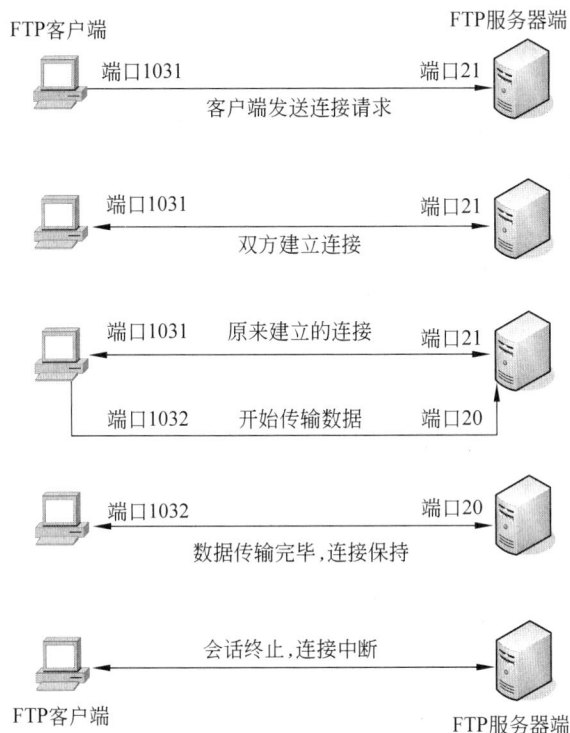

图 11-1　FTP 服务的工作过程

11.1.2　匿名用户

FTP 服务不同于 WWW,它首先要求登录到服务器上,然后再进行文件的传输,这对于很多公开提供软件下载的服务器来说十分不便,于是匿名用户访问就诞生了。通过使用一个共同的用户名 anonymous,密码不限的管理策略(一般使用用户的邮箱作为密码即可),让任何用户都可以很方便地从这些服务器上下载软件。

11.2　vsftpd 服务器配置

vsftpd 服务器的安装其实很简单,只要安装一个 RPM 软件包就可以了。

11.2.1　安装、启动与停止 vsftpd 服务

1. 安装 vsftpd 服务

```
[root@RHEL 6 桌面]# rpm -q vsftpd
[root@RHEL 6 桌面]# mkdir /iso
[root@RHEL 6 桌面]# mount /dev/cdrom /iso
[root@RHEL 6 桌面]# yum clean all                //安装前先清除缓存
[root@RHEL 6 桌面]# yum install vsftpd -y
```

```
[root@RHEL 6 桌面]#yum install ftp -y       //同时安装 ftp 软件包
[root@RHEL 6 桌面]#rpm -qa|grep vsftpd      //检查安装组件是否成功
```

可以使用下面的命令检查系统是否已经安装了 vsftpd 服务。

```
[root@RHEL 6 桌面]#rpm -qa |grep ftp
```

2. vsftpd 服务启动、重启、随系统启动、停止

安装完 vsftpd 服务后,下一步就是启动了。vsftpd 服务可以以独立或被动方式启动。在 Red Hat Enterprise Linux 6 中,默认以独立方式启动。所以输入下面的命令即可启动 vsftpd 服务。

```
[root@RHEL 6 桌面]#service vsftpd start
```

要想重新启动 vsftpd 服务、随系统启动、停止,可以输入下面的命令。

```
[root@RHEL 6 桌面]#service vsftpd restart
[root@RHEL 6 桌面]#chkconfig vsftpd on        //每次开机后自动启动
[root@RHEL 6 桌面]#service vsftpd stop
```

3. 在客户端 client 上测试 vsftpd 服务

vsftpd 服务器安装并启动服务后,用其默认配置就可以正常工作了。下面使用 ftp 命令登录 vsftpd 服务器 192.168.1.30,以检测该服务器能否正常工作。

ftp 命令是 FTP 客户端程序,在 RHEL 6 中可以使用 yum 进行安装。安装后,在 Linux 或 Windows 系统(自带)的字符界面下可以利用 FTP 命令登录 FTP 服务器,进行文件的上传、下载等操作。FTP 命令的格式如下。

```
ftp 主机名或 IP 地址
```

若连接成功,系统提示用户输入用户名和口令。在登录 FTP 服务器时,如果允许匿名用户登录,常见的匿名用户为 anonymous 和 ftp,密码为空或者是某个电子邮件的地址。vsftpd 默认的匿名用户账号为 ftp,密码也为 ftp。默认允许匿名用户登录,登录后所在的 FTP 站点的根目录为/var/ftp 目录。

(1) 在客户端 client 上安装好 vsftp 和 ftp 软件包,再进行测试,会出现错误。

```
[root@client 桌面]#ftp 192.168.1.30
ftp: connect: 没有到主机的路由                    //出现错误
ftp>exit
```

分析:只能是防火墙和 SELinux。一是让防火墙放行 FTP 服务,将 SELinux 设置为允许;二是关闭防火墙,同时将 SELinux 设置为允许。

请读者参考前面的 setup 命令和"setenforce 0"命令。同样的问题多次出现,不再一一列举。

(2) 关闭防火墙和 SELinux 后的测试结果如图 11-2 所示。默认 FTP 目录下有个文件

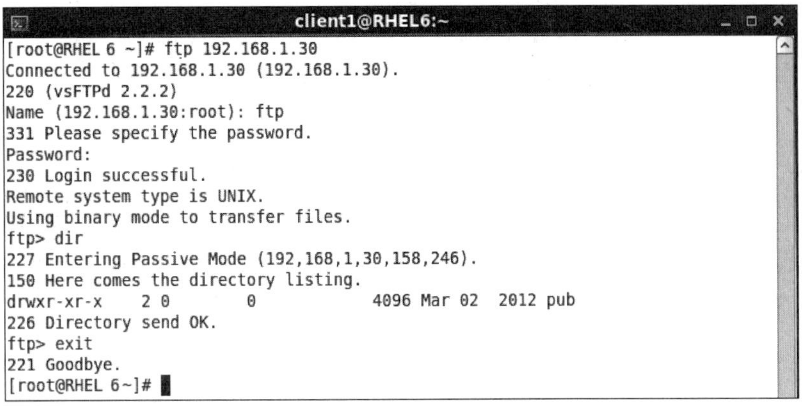

```
                          client1@RHEL6:~                      _ □ ×
[root@RHEL 6 ~]# ftp 192.168.1.30
Connected to 192.168.1.30 (192.168.1.30).
220 (vsFTPd 2.2.2)
Name (192.168.1.30:root): ftp
331 Please specify the password.
Password:
230 Login successful.
Remote system type is UNIX.
Using binary mode to transfer files.
ftp> dir
227 Entering Passive Mode (192,168,1,30,158,246).
150 Here comes the directory listing.
drwxr-xr-x    2 0        0            4096 Mar 02  2012 pub
226 Directory send OK.
ftp> exit
221 Goodbye.
[root@RHEL 6~]# ▮
```

图 11-2　测试 FTP 服务器 192.168.1.30

夹 pub。

（3）FTP 登录成功后，将出现 FTP 的命令行提示符 ftp＞。在命令行中输入 FTP 命令即可实现相关的操作。有关 FTP 命令的具体使用方法请参见相关资料。

11.2.2　认识 vsftpd 的配置文件

vsftpd 的配置主要通过以下几个文件来完成。

1. /etc/pam. d/vsftpd

这是 vsftpd 的 Pluggable Authentication Modules（PAM）配置文件，主要用来加强 vsftpd 服务器的用户认证。

2. /etc/vsftpd/vsftpd. conf

这是 vsftpd 的主配置文件。配置 FTP 服务器的主要工作要通过修改此文件来完成。

3. /etc/vsftpd/ftpusers

所有位于此文件内的用户都不能访问 vsftpd 服务。当然，为了安全起见，这个文件中默认已经包括了 root、bin 和 daemon 等系统账号。

4. /etc/vsftpd/user_list

这个文件中包括的用户有可能是被拒绝访问 vsftpd 服务的，也可能是允许访问的，这主要取决于 vsftpd 的主配置文件/etc/vsftpd/vsftpd. conf 中的 userlist_deny 参数是设置为 YES（默认值）还是 NO。

5. /var/ftp

这是 vsftpd 提供服务的文件集散地，它包括一个 pub 子目录。在默认配置下，所有的目录都是只读的，不过只有 root 用户有写权限。

11.2.3　配置 vsftpd 常规服务器

1. 配置监听地址与控制端口

有时候，也许你不想采用 FTP 的默认 21 端口来提供服务，可以使用如下的方法。

【例 11-1】　设置客户端访问通过 2121 端口，而不是默认的 21 端口来进行。

（1）用文本编辑器打开/etc/vsftpd/vsftpd. conf。

241

```
[root@server ~]#vim  /etc/vsftpd/vsftpd.conf
```

（2）在其中添加如下两行代码。

```
listen_address=192.168.0.3
listen_port=2121
```

重启 vsftpd 服务后,在 client 客户端测试结果如下。（测试结束,将上面两行语句删除,以免影响后面的实训。）

```
[root@RHEL 6 ~]#ftp 192.168.1.30 2121
Connected to 192.168.1.30 (192.168.1.30).
220 (vsftpd 2.2.2)
Name (192.168.1.30:root): anonymous          //也可以输入 ftp
331 Please specify the password.
Password:                                    //匿名访问,密码为空
230 Login successful.
Remote system type is UNIX.
Using binary mode to transfer files.
ftp>exit                                     //退出 FTP 交互方式
```

2. 配置 FTP 模式与数据端口

vsftpd 的主配置文件中还可以决定 FTP 采用的模式和数据传输端口。

（1）connect_from_port_20

设置以 port 模式进行数据传输时使用 20 端口。YES 表示使用,NO 表示不使用。

（2）pasv_address

定义 vsftpd 服务器使用 PASV 模式时使用的 IP 地址。未设置默认值。

（3）pasv_enable

默认值为 YES,也就是允许使用 PASV 模式。

（4）pasv_min_port 或 pasv_max_port

pasv_min_port 或 pasv_max_port 指定 PASV 模式可以使用的最小或最大端口,默认值为 0,就是未限制,请将它设置为不小于 1024 的数值（最大端口不能大于 65535）。

（5）pasv_promiscuous

pasv_promiscuous 设置为 YES 时,可以允许使用 FxP 功能。就是支持你的台式机作为客户控制端,让数据在两台服务器之间传输。

（6）port_enable

允许使用主动传输模式,默认值为 YES。

3. 配置 ASCII 模式

（1）ascii_download_enable

设置是否可用 ASCII 模式下载。默认值为 NO。

（2）ascii_upload_enable

设置是否可用 ASCII 模式上传。默认值为 NO。

4. 配置超时选项

vsftpd 中还有超时定义选项,以防客户端无限制地连接在 FTP 服务器上,占据宝贵的系统资源。

(1) data_connection_timeout

定义数据传输过程中被阻塞的最长时间(以秒为单位),一旦超出这个时间,客户端的连接将被关闭。默认值是 300。

(2) idle_session_timeout

定义客户端闲置的最长时间(以秒为单位,默认值是 300)。超过 300s 后,客户端的连接将被强制关闭。

(3) connect_timeout

设置客户端尝试连接 vsftpd 命令通道的超时时间。

【例 11-2】　设置客户端连接超时时间为 60s。

```
connect_timeout=60
```

5. 配置负载控制

当然,所有的服务器管理员都不希望 FTP 客户端占用过多的带宽,而影响了服务器的正常运行,通过以下参数就可以设置。

(1) anon_max_rate=5000

匿名用户的最大传输速率,单位是 bps。

(2) local_max_rate=20000

本地用户的最大传输速率,单位是 bps。

【例 11-3】　限制所有用户的下载速度为 60bps。

```
anon_max_rate=60000
local_max_rate=60000
```

注意:vsftpd 对于文件夹传输速度限制并不是绝对锁定在一个数值,而是在 80%～120% 变化。如果限制下载速度为 100KB/s,则实际下载速度在 80～120KB/s 变化。

6. 配置匿名用户

以下选项控制 anonymous(匿名用户)访问 vsftpd 服务器。

(1) anonymous_enable

当设置为 anonymous_enable=YES 时,表示启用匿名用户。当然,以下所有的控制匿名用户的选项,也只有在这项设置为 YES 时才生效。

【例 11-4】　拒绝匿名用户登录 FTP 服务器。

```
anonymous_enable=NO
```

(2) anon_mkdir_write_enable

本选项设置为 YES 时,匿名用户可以在一个具备写权限的目录中创建新目录。默认值为 NO。

（3）anon_root

当匿名用户登录 vsftpd 后,将它的目录切换到指定目录。默认值为未设置。

【例 11-5】 设置匿名用户的根目录为/var/ftp/temp。

```
anon_root=/var/ftp/temp
```

（4）anon_upoad_enable

当本选项设置为 YES 时,匿名用户可以向具备写权限的目录中上传文件。默认值为 NO。

（5）anon_world_readable_only

默认值为 YES,这代表着匿名用户只具备下载权限。

（6）ftp_username

指定匿名用户与本地的哪个账号相对应,该用户的/home 目录即为匿名用户访问 FTP 服务器时的根目录。默认值是 ftp。

（7）no_anon_password

设置为 YES 时,匿名用户不用输入密码。默认值为 NO。

（8）secure_email_1ist_enable

当设置为 YES 时(默认值为 NO),匿名用户只有采用特定的 E-mail 作为密码才能访问 vsftpd 服务。

【例 11-6】 搭建一台 FTP 服务器,允许匿名用户上传和下载文件,匿名用户的根目录设置为/var/ftp。

① 用文本编辑器打开/etc/vsftpd/vsftpd.conf。

```
[root@server ~]#vim  /etc/vsftpd/vsftpd.conf
```

② 在其中添加如下 3 行。

```
anonymous_enable=YES          #允许匿名用户登录
anon_root=/var/ftp            #设置匿名用户的根目录为/var/ftp
anon_upload_enable=YES        #允许匿名用户上传文件
```

③ 在 Windows 7 客户端的资源管理器中输入 ftp：//192.168.1.30,打开 pub 目录,新建一个文件夹,结果出错了,如图 11-3 所示。

这是什么原因呢? 系统的本地权限没有设置。

④ 设置本地系统权限,一是将属主设为 ftp;二是对 pub 目录赋予其他用户写的权限。

```
[root@RHEL 6 桌面]#ll -ld /var/ftp/pub
drwxr-xr-x. 2 root root 4096 1  3 12:36 /var/ftp/pub    //其他用户没有写入权限
[root@RHEL 6 桌面]#chown ftp /var/ftp/pub              //将属主改为匿名用户 ftp
[root@RHEL 6 桌面]#ll -ld /var/ftp/pub
drwxr-xr-x. 2 ftp root 4096 1月  3 12:36 /var/ftp/pub //已将属主改为匿名用户 ftp
[root@RHEL 6 桌面]#service vsftpd restart
```

⑤ 在 Windows 7 客户端再次测试,在 pub 目录下能够建立新文件夹。

图 11-3　测试 FTP 服务器 192.168.1.30 出错

注意：如果要实现匿名用户删除文件等功能，仅仅在配置文件中开启这些功能是不够的，还需要注意开放本地文件系统权限，使匿名用户拥有写权限才行。在项目实录中有针对此问题的解决方案。另外也要注意关闭防火墙和允许 SELinux，否则一样会出问题。切记！

7. 配置本地用户及目录

vsftpd 允许用户以本地用户或者匿名用户登录（其中本地用户就是服务器上有实际账号的那些用户），并且提供了丰富的控制选项。

(1) local_enable

是否允许本地用户登录，默认值为 YES，也就是允许本地用户访问 vsftpd 服务器。以下选项只有在 local enable＝YES 的前提下才有效。

【例 11-7】　允许本地用户登录 FTP 服务器。

```
local_enable=YES
```

(2) local_root

指定本地用户登录 vsftpd 服务器时切换到的目录。没有设置默认值。

(3) local_umask

设置文件创建的掩码（操作方法与 Linux 下文件属性设置相同），默认值是 022，也就是其他用户具有只读属性。

【例 11-8】　搭建一台只允许本地账户登录的 FTP 服务器。

① 用文本编辑器打开/etc/vsftpd/vsftpd.conf 主配置文件。

```
[root@server ~]#vim  /etc/vsftpd/vsftpd.conf
```

② 在其中添加如下 3 行。

```
anonymous_enable=NO          //不允许匿名用户登录
local_enable=YES             //允许本地用户登录 FTP 服务器
local_root=/home             //指定本地用户登录 FTP 服务器时切换到的目录
```

③ 建立不能在本地登录的用户 user1 和 user2,并设置用户密码。

```
[root@RHEL 6 桌面]#useradd -s /sbin/nologin user1
[root@RHEL 6 桌面]#useradd -s /sbin/nologin user2
[root@RHEL 6 桌面]#passwd user1
[root@RHEL 6 桌面]#passswd user2
```

④ 测试。

```
[root@client 桌面]#ftp 192.168.1.30
Connected to 192.168.1.30 (192.168.1.30).
220 (vsftpd 2.2.2)
Name (192.168.2.30:root): ftp              //匿名用户进行 ftp 登录
331 Please specify the password.
Password:
clos530 Login incorrect.
Login failed.                              //登录失败
ftp>close                                  //关闭该连接
221 Goodbye.
ftp>open 192.168.1.30                       //重新打开 ftp 服务器 192.168.1.30
Connected to 192.168.1.30 (192.168.1.30).
220 (vsftpd 2.2.2)
Name (192.168.1.30:root): user1            //输入本地用户 user1
331 Please specify the password.
Password:                                  //输入 user1 的用户密码
230 Login successful.
Remote system type is UNIX.
Using binary mode to transfer files.
ftp>ls                                     //登录成功,可以列出设置的根目录下的文件夹
227 Entering Passive Mode (192,168,1,30,248,129).
150 Here comes the directory listing.
drwx------    2   0    0    16384 Dec  03 18:12  lost+found
drwx------    4  501  501   4096 Dec  13 07:50  user1
drwx------    4  502  502   4096 Dec  13 07:51  user2
drwx------   26  500  500   4096 Dec  03 20:10  yyadmin
226 Directory send OK.
ftp>
```

测试结果表明,在使用匿名用户(anonymous)登录时出现错误,而使用本地用户登录成功。用户只能在其 home 目录上浏览和写入文件。

(4) chmod_enable

当设置为 YES 时,以本地用户登录的客户端可以通过 SITE CHMOD 命令来修改文件的权限。

(5) chroot_local_user

设置为 YES 时,本地用户只能访问到它的/home 目录,不能切换到/home 目录之外。

(6) chroot_list_enable

当设置为 YES 时,表示本地用户也有些例外,可以切换到它的/home 目录之外,例外的用户在 chroot_list_file 指定的文件中(默认文件是/etc/vsftpd/chroot_list)。

限制用户目录的意思就是把使用者的活动范围限制在某一个目录里,他可以在这个目录

范围内自由活动,但是不可以进入这个目录以外的任何目录。如果我们不限制 FTP 服务器使用者的活动范围,那么所有的使用者就可以随意地浏览整个文件系统,稍有设置不当就会给一些心怀不轨的用户制造机会,所以 vsftp 提供防止出现这类问题的功能,它就是限制用户目录。

【例 11-9】　限制用户目录只能在本人的/home 目录内。

① 建立用户 user1 和 user2。

```
[root@server ~]#useradd  -s  /sbin/nologin  user1
[root@server ~]#useradd  -s  /sbin/nologin  user2
```

② 修改主配置文件/etc/vsftpd/vsftpd.conf。

把 chroot_list_enable 和 chroot_list_file 前面的注释符号去掉即可。

```
chroot_list_enable=YES
# (default follows)
chroot_list_file=/etc/vsftpd/chroot_list
```

③ 编辑 chroot_list 文件。

编辑/etc/vsftpd/chroot_list,并添加需要锁定用户目录的账号(注意每个用户占一行)。

```
[root@server ~]#vim /etc/vsftpd/chroot_list
user1
user2
```

④ 重启服务及测试。

当使用 user1 账号登录的时候,发现可以成功登录,但是当使用 pwd 命令查看当前路径时,发现目前所处的位置是在“/”下,而使用 ls 命令后发现,实际现在所处的位置是在/home 目录下。这样一来,user1 这个用户就被完全锁定在/home 目录中了,即使 user1 账号被黑客或图谋不轨者盗取,也无法对服务器做出过大的危害,从而大大提高系统的安全性。

8. 配置虚拟用户

基于安全方面的考虑,vsftpd 除了支持本地用户和匿名用户之外,还支持虚拟用户,就是将所有非匿名用户(Non-anonymous)都映射为一个虚拟用户,从而统一限制其他用户的访问权限。

(1) guest_enable

当该选项设置为 YES 时(默认值为 NO),所有非匿名用户都被映射为一个特定的本地用户。该用户通过 guest_username 命令指定。

(2) guest_username

该选项设置虚拟用户映射到的本地用户,默认值为 ftp。

9. 配置用户登录控制

vsftpd 还提供了丰富的登录控制选项,包括登录后客户端可以显示的信息,允许执行的命令等,以及登录中的一些控制选项。

(1) banner_file

该选项设置客户端登录之后,服务器显示在客户端的信息,该信息保存在 banner_file

247

指定的文本文件中。

（2）cmds_allowed

该选项设置客户端登录 vsftpd 服务器后，客户端可以执行的命令集合。需要注意的是，如果设置了该命令，则其他没有列在其中的命令都拒绝执行。该选项没有设置默认值。

（3）ftpd_banner

该选项设置客户端登录 vsftpd 服务器后，客户端显示的欢迎信息或者其他相关信息。需要注意的是，如果设置了 banner_file，则本命令会被忽略。该选项没有设置默认值。

（4）userlist_enable 和 userlist_deny

userlist_deny 设置使用/etc/vsftpd/user_list 文件来控制用户的访问权限，当 userlist_deny 设置为 YES 时，user_list 中的用户都不能登录 vsftpd 服务器；设置为 NO 时，只有该文件中的用户才能访问 vsftpd 服务器。当然，这些都是在 userlist_enable 被设置为 YES 时才生效。

【例 11-10】 设置一个禁止登录的用户列表文件/etc/vsftpd/user_list，并让该文件可以正常工作。

```
[root@server ~]#vim  /etc/vsftpd/vsftpd.conf
userlist_enable=YES
userlist_file=/etc/vsftpd/user_list
```

10. 配置目录访问控制

vsftpd 还针对目录的访问设置了丰富的控制选项。

（1）dirlist_enable

设置是否允许用户列目录。默认值为 YES，即允许列目录。

（2）dirmessage_enable

设置当用户切换到一个目录时，是否显示目录切换信息。如果设置为 YES，则显示 message_file 指定文件中的信息（默认是显示. message 文件信息）。在项目实录中的子项目 3 对此有详细讲解。

（3）message_file

用于指定目录切换时显示的信息所在的文件，默认值为". message"。

【例 11-11】 设置用户进入/home/user1/目录后，提示"Welcome to user1's space!"。

① 用 vim 编辑/etc/vsftpd/vsftpd. conf 主配置文件。

```
[root@server ~]#vim  /etc/vsftpd/vsftpd.conf
dirmessage_enable=YES
message_file=.message                //指定信息文件为.message
```

② 创建提示性文件。

```
[root@server ~]#cd  /home/user1
root@server user1]#vim  .message
Welcome to user1's space!
```

③ 测试。测试结果表明，使用 user1 登录成功，当进入 user1 目录时，显示提示信息"Welcome to user1's space!"。

（4）force_dot_file

该选项设置是否显示以“.”开头的文件,默认值是不显示。

（5）hide_ids

该选项隐藏文件的所有者和组信息,匿名用户看到的文件所有者和组全部变成 ftp。

11. 配置文件操作控制

vsftpd 还提供了几个选项用于控制文件的上传和下载。

（1）download_enable

该选项设置是否允许下载。默认值是 YES,即允许下载。

（2）chown_uploads

当设置该选项为 YES 时,所有匿名用户上传的文件,其拥有者都会被设置为 chown_username 命令指定的用户。默认值是 NO。

（3）chown_username

设置匿名用户上传文件的拥有者。默认值是 root。

（4）write_enable

当设置为 YES 时,FTP 客户端登录后允许使用 DELE(删除文件)、RNFR(重命名)和 STOR(断点续传)命令。

12. 配置新增文件权限设置

vsftpd 服务器可以让我们设置上传过来的文件权限,以进行安全方面的设置。

（1）anon_umask

该选项设置匿名用户新增文件的 umask 数值。默认值为 077。

（2）file_open_mode

该选项设置上传文件的权限,与 chmod 所使用的数值相同。如果希望上传的文件可以执行,则设置此值为 0777。默认值为 0666。

（3）local_umask

该选项设置本地用户新增文件时的 umask 数值(默认值为 077)。不过,其他大多数的 FTP 服务器使用的都是 022。用户也可以修改该选项值为 022。

13. 日志设置

vsftpd 还可以让我们记录服务器的工作状态,以及客户端的上传、下载操作。

（1）dual_log_enable

如果启用该选项,将生成两个相似的日志文件,分别为/var/log/xferlog 和/var/logrolate. d/vsftpd. log。前者是 Wu-ftpd 类型的传输日志,可以用于标准工具分析;后者是 vsftpd 自己类型的日志。默认值为 NO。

（2）log_ftp_protocol

该选项设置是否记录所有的 FTP 命令信息。默认值为 NO。

（3）syslog_enable

该选项设置为 YES 时会将本来应记录在/var/logrolate. d/vsftpd. log 中的信息传给 syslogd daemon,由 syslogd 的配置文件决定存于什么位置。默认值为 NO。

（4）xferlog_enable

如果启用该选项,将会维护一日志文件,用于详细记录上传和下载操作。在默认情况下,这个日志文件是/var/logrolate. d/vsftpd. log,但是也可以通过配置文件中的 vsftpd_log_file 选项来指定。默认值为 NO。

（5）xferlog_std_format

如果启用该选项,传输日志文件将以标准 xferlog 的格式书写,如同 Wu-ftpd 一样。此格式的日志文件默认为/var/log/xferlog,但是也可以通过 xferlog_file 选项来设定。

14. 配置限制服务器的连接数

限制在同一时刻内允许连接服务器的数量是一种非常有效的保护服务器并减少负载的方式之一。主配置文件中常用的字段有以下两种。

（1）max_clients

该选项设置 FTP 同一时刻的最大连接数。默认值为 0,表示不限制最大连接数。

（2）max_per_ip

该选项设置每个 IP 的最大连接数。默认值为 0,表示不限制最大连接数。

11.3 典型 FTP 服务器配置案例

1. FTP 服务器配置要求

公司内部现在有一台 FTP 和 Web 服务器,FTP 的功能主要用于维护公司的网站内容,包括上传文件、创建目录、更新网页等。公司现有两个部门负责维护任务,它们分别使用 team1 和 team2 账号进行管理。先要求仅允许 team1 和 team2 账号登录 FTP 服务器,但不能登录本地系统,并将这两个账号的根目录限制为/var/www/html,不能进入该目录以外的任何目录。

2. 需求分析

将 FTP 和 Web 服务器做在一起是企业经常采用的方法,这样便于实现对网站的维护。为了增强安全性,首先需要使用仅允许本地用户访问,并禁止匿名用户登录。其次使用 chroot 功能将 team1 和 team2 锁定在/var/www/html 目录下。如果需要删除文件,则还需要注意本地权限。

3. 解决方案

（1）建立维护网站内容的 FTP 账号 team1 和 team2 并禁止本地登录,然后为其设置密码。

```
[root@server ~]#useradd  -s  /sbin/nologin  team1
[root@server ~]#useradd  -s  /sbin/nologin  team2
[root@server ~]#passwd  team1
[root@server ~]#passwd  team2
```

（2）配置 vsftpd. conf 主配置文件并作相应修改。

```
[root@server ~]#vim  /etc/vsftpd/vsftpd.conf
anonymous_enable=NO                    //禁止匿名用户登录
local_enable=YES                       //允许本地用户登录
local_root=/var/www/html               //设置本地用户的根目录为/var/www/html
chroot_list_enable=YES                 //激活 chroot 功能
chroot_list_file=/etc/vsftpd/chroot_list //设置锁定用户在根目录中的列表文件
```

保存主配置文件并退出。

(3) 建立/etc/vsftpd/chroot_list 文件,添加 team1 和 team2 账号。

```
[root@server ~]#touch  /etc/vsftpd/chroot_list
team1
team2
```

(4) 关闭防火墙和 SELinux。

① 利用 setup 命令打开"防火墙"对话框,按 Space 键将"启用"前面的"*"去掉,保存文件并退出即可。

② 编辑/etc/sysconfig/selinux 文件,将"SELINUX=enforcing"改为"SELINUX=disabled",存盘退出,重启系统即可。

(5) 重启 vsftpd 服务使配置生效。

```
[root@server ~]#service  vsftpd  restart
```

(6) 修改本地权限。

```
[root@server ~]#ll  -d  /var/www/html
[root@server ~]#chmod  -R  o+w  /var/www/html    //其他用户可以写入
[root@server ~]#ll  -d  /var/www/html
```

(7) 测试结果如图 11-4 所示。

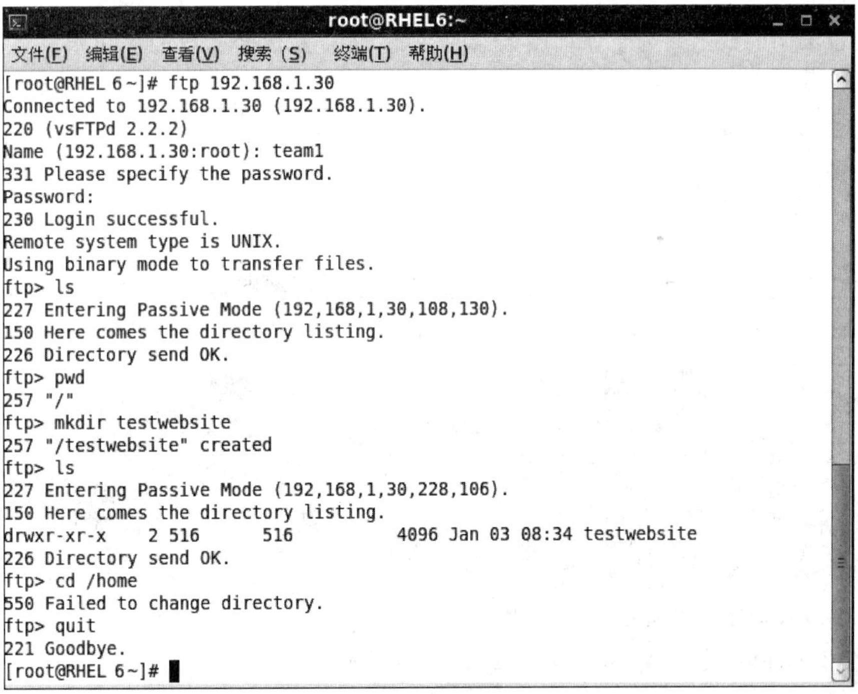

```
root@RHEL6:~
文件(F) 编辑(E) 查看(V) 搜索(S) 终端(T) 帮助(H)
[root@RHEL 6~]# ftp 192.168.1.30
Connected to 192.168.1.30 (192.168.1.30).
220 (vsFTPd 2.2.2)
Name (192.168.1.30:root): team1
331 Please specify the password.
Password:
230 Login successful.
Remote system type is UNIX.
Using binary mode to transfer files.
ftp> ls
227 Entering Passive Mode (192,168,1,30,108,130).
150 Here comes the directory listing.
226 Directory send OK.
ftp> pwd
257 "/"
ftp> mkdir testwebsite
257 "/testwebsite" created
ftp> ls
227 Entering Passive Mode (192,168,1,30,228,106).
150 Here comes the directory listing.
drwxr-xr-x    2 516      516          4096 Jan 03 08:34 testwebsite
226 Directory send OK.
ftp> cd /home
550 Failed to change directory.
ftp> quit
221 Goodbye.
[root@RHEL 6~]#
```

图 11-4　测试结果

11.4　配置基于虚拟用户的 FTP 服务器案例

FTP 服务器的搭建工作并不复杂,但需要按照服务器的用途合理规划相关配置。如果 FTP 服务器并不对因特网上的所有用户开放,则可以关闭匿名访问,而开启实体账户或者虚拟账户的验证机制。但实际操作中,如果使用实体账户访问,FTP 用户在拥有服务器真实用户名和密码的情况下,会对服务器产生潜在的危害,FTP 服务器如果设置不当,则用户有可能使用实体账号进行非法操作。所以,为了 FTP 服务器的安全,可以使用虚拟用户验证方式,也就是将虚拟的账号映射为服务器的实体账号,客户端使用虚拟账号访问 FTP 服务器。下面以一个企业实际应用案例来讲解。

11.4.1　企业环境

公司为了宣传最新的产品信息,计划搭建 FTP 服务器,为客户提供相关文档的下载。对所有互联网用户开放共享目录,允许下载产品信息,禁止上传。公司的合作单位能够使用 FTP 服务器进行上传和下载,但不可删除数据。并且为保证服务器的稳定性,需要进行适当优化设置。

11.4.2　需求分析

根据企业的需求,对于不同用户进行不同的权限限制,FTP 服务器需要实现用户的审核。而考虑服务器的安全性,所以关闭实体用户登录,使用虚拟账户验证机制,并对不同虚拟账号设置不同的权限。为了保证服务器的性能,还需要根据用户的等级限制客户端的连接数以及下载速度。

11.4.3　解决方案

1. 创建用户数据库

(1)创建用户文本文件。

首先建立用户文本文件 ftptestuser.txt,添加 2 个虚拟账户,公共账户为 ftptest,客户账户为 vip,如下所示。

```
[root@RHEL 6 桌面]#mkdir /ftptestuser
[root@RHEL 6 桌面]#vim /ftptestuser/ftptestuser.txt
ftptest
123
vip
nihao123
```

(2)生成数据库。

使用 db_load 命令生成 db 数据库文件,如下所示。

```
[root@RHEL 6 桌面]# db_load - T - t hash - f /ftptestuser/ftptestuser.txt /
ftptestuser/ftptestuser.db
```

（3）修改数据库文件的访问权限。

为了保证数据库文件的安全，需要修改该文件的访问权限，如下所示。

```
[root@RHEL 6 桌面] #chmod 700 /ftptestuser/ftptestuser.db
[root@RHEL 6 桌面] #ll /ftptestuser
total    16
-rwx------1    root    root    12288    Oct    21    10:47    ftptestuser.db
-rw-r-r--1    root    root    20       Oct    21    13:01    ftptestuser.txt
```

2. 配置 PAM 文件

修改 vsftp 对应的 PAM 配置文件/etc/pam.d/vsftpd，如下所示。

```
#% PAM —1.0
#session    optional    pam_keyinit.so    force revoke
#auth       required    pam_listfile.so   item=user sense=deny
#file =/etc/vsftpd/ftptestusers    onerr =succeed
#auth       required    pam_shells.so
#auth       include     system-auth
#account    include     system-auth
#session    include     svstem-auth
#session    required    pam_loginuid.so
auth required /lib64/security/pam_userdb.so db=/ftptestuser/ftptestuser
account required /lib64/security/pam_userdb.so db=/ftptestuser/ftptestuser
```

3. 创建虚拟账户对应的系统用户

对于公共账户和客户账户，因为需要配置不同的权限，所以可以将两个账户的目录进行隔离，控制用户的文件访问。公共账户 ftptest 对应系统账户 ftptestuser，并指定其主目录为/var/ftptest/share，而客户账户 vip 对应系统账户 ftpvip，并指定主目录为/var/ftptest/vip。

```
[root@RHEL 6 桌面]#mkdir /var/ftptest
[root@RHEL 6 桌面]#useradd -d /var/ftptest/share ftptestuser
[root@RHEL 6 桌面]#chown ftptestuser:ftptestuser /var/ftptest/share
[root@RHEL 6 桌面]#chmod o=r /var/ftptest/share          ①
[root@RHEL 6 桌面]#useradd -d /var/ftptest/vip ftpvip
[root@RHEL 6 桌面]#chown ftpvip:ftpvip /var/ftptest/vip
[root@RHEL 6 桌面]#chmod o=rw /var/ftptest/vip           ②
```

其后有序号的两行命令的功能说明如下：

① 公共账户 ftptest 只允许下载，修改 share 目录其他用户权限为 read（只读）。

② 客户账户 vip 允许上传和下载，所以对 vip 目录权限设置为 read 和 write（可读/写）。

4. 建立配置文件

设置多个虚拟账户的不同权限，若使用一个配置文件无法实现该功能，这时需要为每个虚拟账户建立独立的配置文件，并根据需要进行相应的设置。

（1）修改 vsftpd.conf。

配置主配置文件/etc/vsftpd/vsftpd.conf，添加虚拟账号的共同设置，并添加 user_

253

config_dir 字段,定义虚拟账号的配置文件目录,如下所示。

```
anonymous_enable=NO
anon_upload_enable=NO
anon_mkdir_write_enable=NO
anon_other_write_enable=NO
local_enable=YES
chroot_local_user=YES
listen=YES
pam_service_name=vsftpd                                        ①
user_config_dir=/ftpconfig                                    ②
max_clients=300                                               ③
max_per_ip=10                                                 ④
```

以上文件中其后带序号的几行代码的功能说明如下:

① 配置 vsftp 使用的 PAM 模块为 vsftpd。

② 设置虚拟账号的主目录为/ftpconfig。

③ 设置 FTP 服务器最大接入客户端数量为 300。

④ 每个 IP 地址最大连接数为 10。

(2) 建立虚拟账号的配置文件。

设置多个虚拟账号的不同权限,若使用一个配置文件无法实现此功能,需要为每个虚拟账号建立独立的配置文件,并根据需要进行相应的设置。

在 user_config_dir 指定路径下建立与虚拟账号同名的配置文件,并添加相应的配置字段。首先创建公共账号 ftptest 的配置文件,如下所示。

```
[root@RHEL 6 桌面]#mkdir /ftpconfig
[root@RHEL 6 桌面]#vim /ftpconfig/ftptest
guest_enable=yes                                             ①
guest_username=ftptestuser                                   ②
anon_world_readable_only=yes                                 ③
anon_max_rate=30000                                          ④
```

以上文件中其后带序号的几行代码的功能说明如下:

① 开启虚拟账号登录。

② 设置 ftptest 对应的系统账号为 ftptestuser。

③ 配置虚拟账号全局可读,允许其下载数据。

④ 限定传输速率为 30KB/s。

同理设置 ftpvip 的配置文件。

```
[root@RHEL 6 桌面]#vim /ftpconfig/vip
guest_enable=yes
guest_username=ftpvip                                        ①
anon_world_readable_only=no                                  ②
write_enable=yes                                             ③
anon_upload_enable=yes                                       ④
anon_max_rate=60000                                          ⑤
```

以上文件中其后带序号的几行代码的功能说明如下：

① 设置 vip 账户对应的系统账户为 ftpvip。

② 关闭匿名账户使其为只读。

③ 允许在文件系统使用 ftp 命令进行操作。

④ 开启匿名账户的上传功能。

⑤ 限定传输速度为 60KB/s。

5. 重启 vsftpd 服务

由于信息进行了变更，所以需重启 vsftpd 服务。

6. 测试

(1) 首先使用公共账户 ftptest 登录服务器，可以浏览及下载文件，但是当尝试上传文件时，会提示错误信息。

(2) 接着使用客户账号 vip 登录测试，vip 账号具备上传权限，上传"×××文件"，测试成功。

(3) 但是该账户删除文件时，会返回 550 的错误提示，表明无法删除文件。测试结果如下：

```
[root@RHEL 6 ~]# touch /up_file.tar //在"/"下创建一个供上传的文件 up_file.tar
[root@RHEL 6 ~]# touch /var/ftptest/vip/vipsample.tar      //建立测试文件
[root@RHEL 6 ~]# touch /var/ftptest/share/sharesample.tar
[root@RHEL 6 ~]# ftp 192.168.1.30
Connected to 192.168.1.30 (192.168.1.30).
220 (vsftpd 2.2.2)
Name (192.168.1.30:root): ftptest          //用 ftptest 登录
331 Please specify the password.
Password:
230 Login successful.
Remote system type is UNIX.
Using binary mode to transfer files.
ftp> ls
227 Entering Passive Mode (192,168,1,30,101,160).
150 Here comes the directory listing.
-rw-r--r--    1 0        0               0 Jan  04  10:32  sharesample.tar
226 Directory send OK.
ftp> put /up_file.tar            //上传根目录下的 up_file.tar 文件,出错
local: /up_file.tar remote: /up_file.tar
227 Entering Passive Mode (192,168,1,30,188,231).
550 Permission denied.            //ftptest 用户没有上传权限
ftp> close
221 Goodbye.
ftp> open 192.168.1.30
Connected to 192.168.1.30 (192.168.1.30).
220 (vsftpd 2.2.2)
Name (192.168.1.30:root): vip     //以 vip 用户登录 FTP 服务器
331 Please specify the password.
Password:
230 Login successful.
Remote system type is UNIX.
```

```
Using binary mode to transfer files.
ftp>ls
227 Entering Passive Mode (192,168,1,30,208,225).
150 Here comes the directory listing.
-rw-r--r--    1 0        0 0   Jan  04  10:31  vipsample.tar
226 Directory send OK.
ftp>put /up_file.tar        //上传文件
local: /up_file.tar remote: /up_file.tar
227 Entering Passive Mode (192,168,1,30,41,248).
150 Ok to send data.
226 Transfer complete.       //上传成功
ftp>ls
227 Entering Passive Mode (192,168,1,30,21,0).
150 Here comes the directory listing.
-rw-------    1 517      5170  Jan  04  10:33  up_file.tar
-rw-r--r--    1 0        0 0   Jan  04  10:31  vipsample.tar
226 Directory send OK.
ftp>rm vipsample.tar         //删除文件
550 Permission denied.       //没权限删除
ftp>quit
221 Goodbye.
```

注意：关闭防火墙，并且使用命令"setenforce 0"将 SELinux 的值设置为"Permissive"，否则会出现"530 login incorrect"的错误。

11.5　练习题

1. 选择题

(1) ftp 命令的(　　　)参数可以与指定的机器建立连接。

　　A. connect　　　　　B. close　　　　　C. cdup　　　　　D. open

(2) FTP 服务使用的端口是(　　　)。

　　A. 21　　　　　　　B. 23　　　　　　　C. 25　　　　　　D. 53

(3) 我们从 Internet 上获得软件最常采用的是(　　　)。

　　A. WWW　　　　　B. telnet　　　　　C. FTP　　　　　D. DNS

(4) 一次可以下载多个文件用(　　　)命令。

　　A. mget　　　　　　B. get　　　　　　C. put　　　　　D. mput

(5) 下面(　　　)不是 FTP 用户的类别。

　　A. real　　　　　　B. anonymous　　　C. guest　　　　D. users

(6) 修改文件 vsftpd.conf 的(　　　)可以实现 vsftpd 服务独立启动。

　　A. listen＝YES　　　B. listen＝NO　　C. boot＝standalone　D. ♯listen＝YES

(7) 将用户加入以下(　　　)文件中可能会阻止用户访问 FTP 服务器。

　　A. vsftpd/ftpusers　　　　　　　　B. vsftpd/user_list

　　C. ftpd/ftpusers　　　　　　　　　D. ftpd/userlist

2. 填空题

(1) FTP 服务就是＿＿＿＿＿服务，FTP 的英文全称是＿＿＿＿＿。

(2) FTP 服务通过使用一个共同的用户名＿＿＿＿＿、密码不限的管理策略，让任何用户都可以很方便地从这些服务器上下载软件。

(3) FTP 服务有两种工作模式：＿＿＿＿＿和＿＿＿＿＿。

(4) FTP 命令的格式如下：＿＿＿＿＿。

3. 简答题

(1) 简述 FTP 的工作原理。

(2) 简述 FTP 服务的传输模式。

(3) 简述常用的 FTP 软件。

11.6　项目实录

1. 录像位置

随书光盘。

2. 项目实训目的

- 掌握 vsftpd 服务器的配置方法。
- 熟悉 FTP 客户端工具的使用。
- 掌握常见的 FTP 服务器的故障排除方法。

3. 项目背景

某企业网络拓扑图如图 11-5 所示，该企业想构建一台 FTP 服务器，为企业局域网中的计算机提供文件传送任务，为财务部门、销售部门和 OA 系统提供异地数据备份。要求能够对 FTP 服务器设置连接限制、日志记录、消息、验证客户端身份等属性，并能创建用户隔离的 FTP 站点。

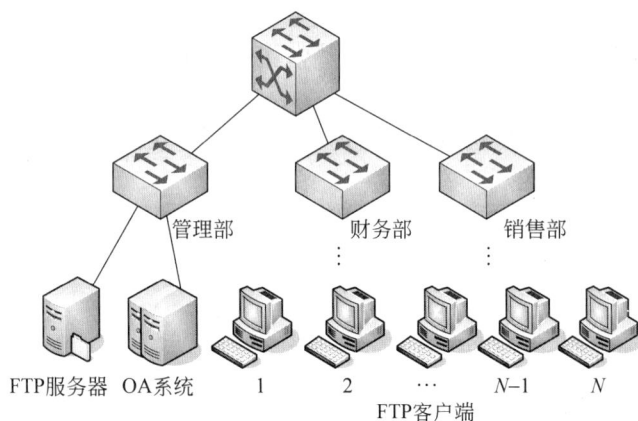

图 11-5　企业网络拓扑

4. 项目实训内容

练习 Linux 系统下 vsftpd 服务器的配置方法及 FTP 客户端工具的使用。

5. 做一做

根据项目实录录像进行项目的实训,检查学习效果。

实训　FTP 服务器的配置训练

1. 实训目的

掌握 Linux 下 vsftpd 服务器的架设方法。

2. 实训内容

练习 vsftpd 服务器的各种配置。

3. 实训环境

在 VMWare 虚拟机中启动一台 Linux 服务器作为 VSFTPD 服务器,在该系统中添加用户 user1 和 user2。

4. 实训练习

(1) 确保系统安装了 vsftpd 软件包。

(2) 设置匿名账号具有上传、创建目录权限。

(3) 利用/etc/vsftpd.ftpusers 文件,设置禁止本地 user1 用户登录 FTP 服务器。

(4) 设置本地用户 user2 在登录 FTP 服务器之后,在进入 dir 目录时显示提示信息 welcome。

(5) 设置将所有本地用户都锁定在 home 目录中。

(6) 设置只有在/etc/vsftpd.user_list 文件中指定本地用户 user1 和 user2 可以访问 FTP 服务器,其他用户都不可以。

(7) 配置基于主机的访问控制,实现如下功能。

- 拒绝 192.168.6.0/24 访问。
- 对域 smile.com 和 192.168.2.0/24 内的主机不做连接数和最大传输速率限制。
- 对其他主机的访问限制每 IP 的连接数为 1,最大传输速率为 20KB/s。

(8) 使用 PAM 实现基于虚拟用户的 FTP 服务器的配置。

- 创建虚拟用户口令库文件。
- 生成虚拟用户所需的 PAM 配置文件/etc/pam.d/vsftpd。
- 修改 vsftpd.conf 文件。
- 重新启动 vsftpd 服务。
- 测试。

5. 实训报告

按要求完成实训报告。

第 12 章　电子邮件服务器的配置

电子邮件服务是因特网上最受欢迎、应用最广泛的服务之一,用户可以通过电子邮件服务实现与远程用户的信息交流。能够实现电子邮件收发服务的服务器称为邮件服务器。本章将介绍基于 Linux 平台的 Sendmail 邮件服务器的配置及基于 Web 界面的 Open Webmail 邮件服务器的架设方法。

本章学习要点:

- 电子邮件服务的工作原理。
- Sendmail 和 POP3 邮件服务器的配置。
- 电子邮件服务器的测试。

12.1　电子邮件服务工作原理

电子邮件(Electronic Mail,E-mail)服务是 Internet 最基本也是最重要的服务之一。

12.1.1　电子邮件服务概述

与现实生活中的邮件传递类似,每个人必须有一个唯一的电子邮件地址。电子邮件地址的格式是 USER@SERVER.COM,其由 3 部分组成。第一部分 USER 代表用户邮箱账号,对于同一个邮件接收服务器来说,这个账号必须是唯一的;第二部分"@"是分隔符;第三部分"SERVER.COM"是用户信箱的邮件接收服务器域名,用于标志其所在的位置。这样的一个电子邮件地址表明该用户在指定的计算机(邮件服务器)上有一块存储空间。Linux 邮件服务器上的邮件存储空间通常是位于/var/spool/mail 目录下的文件。

12.1.2　电子邮件系统的组成

Linux 系统中的电子邮件系统包括 3 个组件:MUA(Mail User Agent,邮件用户代理)、MTA(Mail Transfer Agent,邮件传送代理)和 MDA(Mail Delivery Agent,邮件投递代理)。

1. MUA

MUA 是电子邮件系统的客户端程序。它是用户与电子邮件系统的接口,主要负责邮件的发送和接收以及邮件的撰写、阅读等工作。目前主流的用户代理软件有基于 Windows 平台的 Outlook、Foxmail 和基于 Linux 平台的 mail、elm、pine、Evolution 等。

2. MTA

MTA 是电子邮件系统的服务器端程序。它主要负责邮件的存储和转发。最常用的 MTA 软件有基于 Windows 平台的 Exchange 和基于 Linux 平台的 Sendmail、qmail 和 postfix 等。

3. MDA

MDA 有时也称为 LDA(Local Delivery Agent,本地投递代理)。MTA 把邮件投递到邮件接收者所在的邮件服务器,MDA 则负责把邮件按照接收者的用户名投递到邮箱中。

4. MUA、MTA 和 MDA 协同工作

总的来说,当使用 MUA 程序写信(如 elm、pine 或 mail)时,应用程序把信件传给 Sendmail 或 Postfix 这样的 MTA 程序。如果信件是寄给局域网或本地主机的,那么 MTA 程序应该从地址上就可以确定这个信息。如果信件是发给远程系统用户的,那么 MTA 程序必须能够选择路由,与远程邮件服务器建立连接并发送邮件。MTA 程序还必须能够处理发送邮件时产生的问题,并且能向发信人报告出错信息。例如,当邮件没有填写地址或收信人不存在时,MTA 程序要向发信人报错。MTA 程序还支持别名机制,使得用户能够方便地用不同的名字与其他用户、主机或网络通信。而 MDA 的作用主要是把接收者 MTA 收到的邮件信息投递到相应的邮箱中。

12.1.3 电子邮件传输过程

电子邮件与普通邮件有类似的地方,发信者注明收件人的姓名与地址(即邮件地址),发送方服务器把邮件传到收件方服务器,收件方服务器再把邮件发到收件人的邮箱中,如图 12-1 所示。

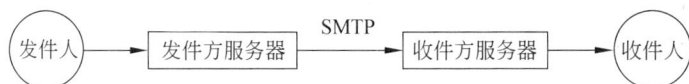

图 12-1　电子邮件发送示意

以一封邮件的传递过程为例,下面是邮件发送的基本过程,如图 12-2 所示。

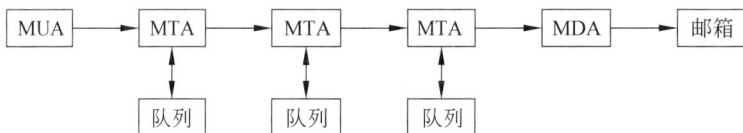

图 12-2　电子邮件传输过程

(1) 邮件用户在客户机使用 MUA 撰写邮件,并将写好的邮件提交给本地 MTA 上的缓冲区。

(2) MTA 每隔一定时间发送一次缓冲区中的邮件队列。MTA 根据邮件的接收者地址,使用 DNS 服务器的 MX(邮件交换器资源记录)解析邮件地址的域名部分,从而决定将邮件投递到哪一个目标主机。

(3) 目标主机上的 MTA 收到邮件以后,根据邮件地址中的用户名部分判断用户的邮箱,并使用 MDA 将邮件投递到该用户的邮箱中。

（4）该邮件的接收者可以使用常用的 MUA 软件登录邮箱，查阅新邮件，并根据自己的需要作相应的处理。

12.1.4　与电子邮件相关的协议

常用的与电子邮件相关的协议有 SMTP、POP3 和 IMAP4。

1. SMTP（Simple Mail Transfer Protocol）

SMTP 即简单邮件传输协议，该协议默认工作在 TCP 的 25 端口。SMTP 属于客户机/服务器模型，它是一组用于由源地址到目的地址传送邮件的规则，由它来控制信件的中转方式。SMTP 属于 TCP/IP 协议簇，它帮助每台计算机在发送或中转信件时找到下一个目的地。通过 SMTP 所指定的服务器，就可以把电子邮件寄到收件人的服务器上了。SMTP 服务器则是遵循 SMTP 的发送邮件服务器，用来发送或中转发出的电子邮件。SMTP 仅能用来传输基本的文本信息，不支持字体、颜色、声音、图像等信息的传输。为了传输这些内容，目前在 Internet 网络中广为使用的是 MIME（Multipurpose Internet Mail Extension，多用途 Internet 邮件扩展）协议。MIME 弥补了 SMTP 的不足，解决了 SMTP 仅能传送 ASCII 码文本的限制。目前，SMTP 和 MIME 协议已经广泛应用于各种电子邮件系统中。

2. POP3（Post Office Protocol 3）

POP3 即邮局协议的第 3 个版本，该协议默认工作在 TCP 的 110 端口。POP3 同样也属于客户机/服务器模型，它是规定怎样将个人计算机连接到 Internet 的邮件服务器和下载电子邮件的协议。它也是 Internet 电子邮件的第一个离线协议标准。POP3 允许从服务器上把邮件存储到本地主机即自己的计算机上，同时删除保存在邮件服务器上的邮件。遵循 POP3 来接收电子邮件的服务器是 POP3 服务器。

3. IMAP4（Internet Message Access Protocol 4）

IMAP4 即 Internet 信息访问协议的第 4 个版本，该协议默认工作在 TCP 的 143 端口。是用于从本地服务器上访问电子邮件的协议，它也是一个客户机/服务器模型协议，用户的电子邮件由服务器负责接收保存，用户可以通过浏览信件头来决定是否要下载此信件。用户也可以在服务器上创建或更改文件夹或邮箱，删除信件或检索信件的特定部分。

注意：虽然 POP3 和 IMAP4 都用于处理电子邮件的接收，但二者在机制上却有所不同。在用户访问电子邮件时，IMAP4 需要持续访问邮件服务器，而 POP3 则是将信件保存在服务器上。当用户阅读信件时，所有内容都会被立即下载到用户的机器上。

12.1.5　邮件中继

前面讲解了整个邮件转发的流程，实际上邮件服务器在接收到邮件以后，会根据邮件的目的地址判断该邮件是发送至本域还是外部，然后再分别进行不同的操作，常见的处理方法有以下两种。

1. 本地邮件发送

当邮件服务器检测到邮件发往本地邮箱时，如 yun@smile.com 发送至 ph@smile.com，处理方法比较简单，会直接将邮件发往指定的邮箱。

2. 邮件中继

中继是指要求你的服务器向其他服务器传递邮件的一种请求。一个服务器处理的邮件只有两类:一类是外发的邮件;另一类是接收的邮件;前者是本域用户通过服务器要向外部转发的邮件,后者是发给本域用户的。

一个服务器不应该处理过路的邮件,就是既不是你的用户发送的,也不是发给你的用户的,而是一个外部用户发给另一个外部用户的。这一行为称为第三方中继。如果是不需要经过验证就可以中继邮件到组织外,称为 OPEN RELAY(开放中继),“第三方中继”和“开放中继”是要禁止的,但中继是不能关闭的。这里需要了解几个概念。

(1) 中继。用户通过服务器将邮件传递到组织外。

(2) OPEN RELAY。不受限制的组织外中继,即无验证的用户也可提交中继请求。

(3) 第三方中继。由服务器提交的 OPEN RELAY 不是从客户端直接提交的。比如我的域是 A,我通过服务器 B(属于 B 域)中转邮件到 C 域。这时在服务器 B 上看到的是连接请求来源于 A 域的服务器(不是客户),而邮件既不是服务器 B 所在域用户提交的,也不是发 B 域的,这就属于第三方中继。这是垃圾邮件的根本。如果用户通过直接连接你的服务器发送邮件,这是无法阻止的,比如群发软件。但如果关闭了 OPEN RELAY,那么他只能发信到你的组织内用户,无法将邮件中继出组织。

3. 邮件认证机制

如果关闭了 OPEN RELAY,那么必须是该组织成员通过验证后才可以提交中继请求。也就是说,你的用户要发邮件到组织外,一定要经过验证。要注意的是不能关闭中继,否则邮件系统只能在组织内使用。邮件认证机制,要求用户在发送邮件时,必须提交账号及密码,邮件服务器验证该用户属于该域合法用户后,才允许转发邮件。

12.2 电子邮件服务器的安装、启动与停止

前面讲过,在 E-mail 系统中 MTA 是指系统中负责处理邮件收发工作的程序,在 Linux 中比较广泛使用的是 Sendmail。如果想要自行架设邮件主机,则必须对 Sendmail 电子邮件服务器配置有进一步的了解。

1. 安装 Sendmail 服务

```
[root@RHEL 6 桌面]#rpm -q sendmail
[root@RHEL 6 桌面]#mkdir /iso
[root@RHEL 6 桌面]#mount /dev/cdrom /iso
mount: block device /dev/sr0 is write-protected, mounting read-only
[root@RHEL 6 桌面]#yum clean all              //安装前先清除缓存
[root@RHEL 6 桌面]#yum install sendmail -y
[root@RHEL 6 桌面]#rpm -qa|grep sendmail      //检查安装组件是否成功
```

可以使用下面的命令检查系统是否已经安装了 sendmail 服务(成功安装)。

```
[root@RHEL 6 桌面]#rpm -qa |grep sendmailS
sendmail-8.14.4-8.el6.x86_64
```

提示:为了后续实训的正常进行,请关闭防火墙和 SELinux(其值设为 0)。相关内容参

考前面的介绍。

2. 切换 MTA，让 Sendmail 随系统启动

RHEL 6 默认已经安装了 postfix，所以需要切换 MTA。步骤如下：

```
[root@RHEL 6 桌面]#alternatives --config mta
共有 2 个程序提供 mta。

   选择                 命令
-----------------------------------------------------------
   1            /usr/sbin/sendmail.postfix
 * +2           /usr/sbin/sendmail.sendmail

按 Enter 键来保存当前选择[+]，或输入选择号码 2
[root@RHEL 6 桌面]#service postfix stop
关闭 postfix：                         [确定]
[root@RHEL 6 桌面]#chkconfig postfix off
[root@RHEL 6 桌面]#service sendmail start
正在启动 sendmail：                     [确定]
启动 sm-client：                        [确定]
[root@RHEL 6 桌面]#chkconfig sendmail on
```

3. Sendmail 相关配置文档

- sendmail.cf：Sendmail 核心配置文件，位于/etc/mail/sendmail.cf 中。
- sendmail.mc：Sendmail 提供 Sendmail 文件模板，通过编辑此文件后再使用 m4 工具将结果导入 sendmail.cf，完成配置 sendmail 核心配置文件，降低配置复杂度，其位于/etc/mail/sendmail.mc 中。
- local-host-names：定义收发邮件服务器的域名和主机别名，位于/etc/mail/local-host-names 中。
- access.db：用来设置 Sendmail 服务器为哪些主机进行转发邮件，位于/etc/mail/access.db 中。
- aliases.db：用来定义邮箱别名，位于/etc/mail/aliases.db 中。
- virtusertable.db：用来设置虚拟账户，位于/etc/mail/virtusertable.db 中。

12.3　Sendmail 服务器配置

如果想要成功地架设 Sendmail 服务器，除了需要理解其工作原理外，还需要清楚整个设定流程，以及在整个流程中每一步的作用。

12.3.1　Sendmail 常规服务器配置

1. Sendmail 服务器配置步骤

如果想要成功地架设 Sendmail 服务器，除了需要理解其工作原理外，还需要清楚整个设定流程，以及在整个流程中每一步的作用。一个简易 Sendmail 服务器设定流程主要包含以下几个步骤。

(1) 配置好 DNS。

(2) 检查是否安装 Sendmail。

(3) 修改/etc/mail/sendmail.mc。

(4) 修改/etc/mail/access 文件。

(5) 编译生成 access.db。

(6) 修改/etc/mail/local-host-names。

(7) 修改 dovecot 文件。

(8) 使用 m4 工具编译产生 sendmail.cf 文件,启动 Sendmail 服务器。

(9) 创建用户。

(10) 测试。

2. sendmail.cf 和 sendmail.mc

sendmail.cf 是 Sendmail 的核心配置文件,有关 Sendmail 参数的设定大都需要修改该文件。因为 sendmail.mc 文件的可读性远远大于 sendmail.cf 文件,并且在默认情况下,Sendmail 提供了 sendmail.mc 文件模板。所以,只需要通过编辑 Sendmail.mc 文件,然后使用 m4 工具将结果导入 sendmail.cf 文件中即可。通过这种方法可以大大降低配置复杂度,并且可以满足环境需求。

这一节将主要介绍 sendmail.mc 中的常用设置。m4 工具的使用将在下一小节中介绍。

使用 Vim 命令打开/etc/mail/sendmail.mc 文件。sendmail.mc 内容非常庞大,但大部分已经被注释。以 dnl 开头的信息无效。我们先把注意力集中在第 116 行。

```
DAEMON_OPTIONS('Port=smtp,Addr=127.0.0.1,Name=MTA')dnl
```

如果只需要搭建简单的 Sendmail 服务器,sendmail.mc 文件只需要在这行做修改即可。括号中的 Addr 字段表示 SMTP 协议侦听的地址为 127.0.0.1。

配置邮件服务器时,需要更改 IP 地址为公司内部网段或者 0.0.0.0,这样可以扩大侦听范围(通常都设置为 0.0.0.0)。否则,服务器无法正常发送信件,代码如下所示。

```
DAEMON_OPTIONS('Port=smtp,Addr-0.0.0.0,Name=MTA')dnl
```

注意括号内的标点符号。Port 前面的标点符号为表示字符引用开始的单引号(键盘左上角 1 左边那一个键),而 Name=MTA 后面是表示字符引用结束的单引号(与开始的单引号不同,英文状态双引号的下档键)。sendmail.mc 文件不可随意加入空格符号。

3. m4 工具的使用

m4 是一个强大的宏处理过滤器,它的复杂性完全不亚于 sendmail.cf。虽然最开始这个工具是用来作为预处理器而编写的,但是后来证明 m4 即使作为独立的工具来使用也是非常有用的。事实上,m4 结合了许多工具的功能,比如 eval、tr 和 awk,除此之外,它还使得宏扩展变得更加容易。

在使用 m4 工具前,请先确认服务器上已经安装了该软件包。默认情况下,m4 工具是被安装好的。可以使用 rpm -qa 命令检测,代码如下所示。

```
[root@server ~]#rpm -qa  m4
m4-1.4.5-3.el5.1
```

如果服务器上未安装该软件包,请先安装后再进行后面的配置过程。

在配置 Sendmail 过程中,需要利用 m4 工具将编辑后的 sendmail.mc 文件内容重定向到 sendmail.cf 文件中。这样可避免去直接编辑复杂的 sendmail.cf 文件,代码如下所示。

```
[root@RHEL 6 桌面]#m4 /etc/mail/sendmail.mc >/etc/mail/sendmail.cf
m4:/etc/mail/sendmail.mc:10: cannot open '/usr/share/sendmail-cf/m4/cf.m4': No
such file or directory
```

意外出现了,sendmail.mc 文件的第 10 行有错误信息! 出现这个问题的原因是:没有安装 sendmail-cf 软件包,安装完成该软件包后再一次生成 sendmail.cf 就不会出问题。

```
[root@RHEL 6 桌面]#yum install sendmail-cf -y
```

使用 m4 工具很容易完成对主配置文件 sendmail.cf 文件的修改。这里需要注意的是,每当我们修改过 sendmail.mc 文件后,都需要使用 m4 工具再次将结果导入到 sendmail.cf 文件中。

4. local-host-names 文件

local-host-names 文件用来定义收发邮件的主机别名。默认情况下该文件位于/etc/mail/目录中。为了使 Sendmail 服务正常工作,必须在该文件中添加主机名称或主机别名,否则提示错误。那么,应该如何在/etc/sendmail/local-host-names 文件中添加主机名呢?假设邮件服务器有两个主机名称,分别是 mail.smile.com 和 hui.long.com,而只想收到发给 mail.smile.com 的信件,发给 hui.long.com 的信件不收,那么需要添加 mail.smile.com 到 local-host-names 文件中,代码如下所示。

```
[root@server ~]#vim  /etc/mail/local-host-names
smile.com
mail.smile.com
```

如果想要所有主机别名都可以收发邮件,请参照上述例子把所有的主机别名都添加到该文件中即可。但是,如非必要,建议不要这样做,否则可能导致因此收到多封垃圾邮件。

5. POP3 和 IMAP

在 Sendmail 服务器进行基本配置以后,Mail Server 就可以完成 E-mail 的邮件发送工作,但是如果需要使用 POP3 和 IMAP 协议接收邮件,还需要安装 Dovecot 软件包,代码如下所示。

(1) 安装 POP3 和 IMAP。

```
[root@RHEL 6 桌面]#yum install dovecot -y
[root@RHEL 6 桌面]#rpm -qa |grep dovecot
dovecot-2.0.9-5.el6.x86_64
```

(2) 启动 POP3 服务。

安装过 dovecot 软件包后,使用 service 命令启动 dovecot 服务。如果还需要让 dovecot 服务每次随系统启动而启动,则使用 chkconfig 命令修改,如下所示。

```
[root@RHEL 6 桌面]#service dovecot restart
[root@RHEL 6 桌面]#chkconfig dovecot on
```

(3) 测试。

使用 netstat 命令测试是否开启 POP3 的 110 端口和 IMAP 的 143 端口,如下所示。

```
[root@RHEL 6 桌面]#netstat -an|grep 110
tcp    0    0:::110              :::*          LISTEN
[root@RHEL 6 桌面]#netstat -an|grep 143
tcp    0    0:::143              :::*          LISTEN
```

如果显示 110 和 143 端口开启,则表示 POP3 以及 IMAP 服务已经可以正常工作。

6. 别名和群发设置

用户别名是经常用到的一个功能。顾名思义,别名就是给用户起另外一个名字。例如,给用户 A 起个别名为 B,则以后发给 B 的邮件实际是 A 用户来接收。为什么说这是一个经常用到的功能呢?第一,root 用户无法收发邮件,如果有发给 root 用户的信件必须为 root 用户建立别名。第二,群发设置需要用到这个功能。企业内部在使用邮件服务的时候,经常会按照部门群发信件,发给财务部门的信件只有财务部所有人才会收到,其他部门的则无法收到。

如果要使用别名设置功能,首先需要在/etc/mail/目录下建立文件 aliases。然后编辑文件内容,其格式如下。

```
alias: recipient[,recipient,...]
```

其中,alias 为邮件地址中的用户名(别名),而 recipient 是实际接收该邮件的用户。下面通过几个例子来说明用户别名的设置方法。

【例 12-1】 为 user1 账号设置别名为 zhangsan,为 user 账号设置别名为 lisi。方法如下:

```
[root@server ~]#vim /etc/mail/aliases
//添加下面两行
zhangsan: user1
lisi: user
```

【例 12-2】 假设网络组的每位成员在本地 Linux 系统中都拥有一个真实的电子邮件账户,现在要给网络组的所有成员发送一封相同内容的电子邮件。可以使用用户别名机制中的邮件列表功能实现。方法如下:

```
[root@server ~]#vim /etc/mail/aliases
network_group: net1,net2,net3,net4
```

这样,通过给 network_group 发送信件就可以给网络组中的 net1、net2、net3 和 net4 发送一封同样的信件。

最后,在设置过 aliases 文件后,还要使用 newaliases 命令生成 aliases.db 数据库文件。

```
[root@server ~]#newaliases
```

7. 利用 Access 文件设置邮件中继

Access 文件的内容会以列表形式体现出来。其格式如下:

```
对象　处理方式
```

对象和处理方式的表现形式并不单一,每一行都包含对象和对它们的处理方式。下面对常见的对象和处理方式的类型做简单介绍。

Access 文件中的每一行都具有一个对象和一种处理方式,我们需要根据环境需要进行二者的组合。来看一个现成的示例,使用 vim 命令来查看默认的 Access 文件。

```
[root@server ~]#vim  /etc/mail/aliases
(略)
Connect: localhost.localmain           RELAY
Connect: localhost                     RELAY
Connect: 127.0.0.1                     RELAY
```

默认的设置表示来自本地的客户端允许使用 Mail 服务器收发邮件。通过修改 Access 文件,可以设置邮件服务器对 E-mail 的转发行为,但是配置后必须使用 makemap 建立新的 access.db 数据库。

【例 12-3】　允许 192.168.0.0 网段自由发送邮件,但拒绝客户端 clm.long.com,以及除 192.168.2.100 以外的 192.168.2.0 网段所有主机。

```
Connect: localhost.localmain           RELAY
Connect: localhost                     RELAY
Connect: 127.0.0.1                     RELAY
192.168.2                              REJECT
clm.long.com                           REJECT
192.168.2.100                          OK
```

最后使用 makemap 命令生成新的 access.db 数据库。

```
[root@server ~]#cd  /etc/mail
[root@server mail]#makemap  hash   access.db <access
```

8. 设置 SMTP 验证

利用 access.db 文件实现邮件中继代理时,对于利用拨号上网的用户不太现实。因为此类用户的 IP 地址是通过 DHCP 服务器分配的,是动态变化的。此时可以使用 SMTP 验证机制对指定的用户进行邮件中继。

利用 SMTP 验证机制,可以实现用户级别的邮件中继控制。在 Red Hat Enterprise

Linux 5 中,利用 saslauthd 服务提供 SMTP 身份验证,该服务由 cyrus-sasl 软件包提供。一般情况下这些软件包是默认安装的。可以使用下面的命令查看系统是否安装了相应的软件包。

```
[root@server mail]#rpm -qa |grep sasl
cyrus-sasl-plain-2.1.22-5.el5
cyrus-sasl-2.1.22-5.el5
cyrus-sasl-lib-2.1.22-5.el5
```

可以使用下面的命令查看其支持的验证方法。

```
[root@server mail]#saslauthd  -v
saslauthd 2.1.22
authentication mechanisms: getpwent kerberos5 pam rimap shadow ldap
```

为了使 Sendmail 服务器支持 SMTP 身份验证功能,需要执行以下的操作步骤。
(1) 编辑/etc/mail/sendmail.mc 文件,修改和认证相关的配置行。

```
[root@server mail]#vim  /etc/mail/Sendmail.mc
//修改和认证相关的配置行(删除每行开始的 dnl 注释符)
TRUST_AUTH_MECH('EXTERNAL DIGEST-MD5 CRAM-MD5 LOGIN PLAIN')dnl
define('confAUTH_MECHANISMS', 'EXTERNAL GSSAPI DIGEST-MD5 CRAM-MD5 LOGIN
PLAIN')dnl
FEATURE('no_default_msa')dnl
DAEMON_OPTIONS('Port=submission,Name=MSA,M=Ea')dnl
```

注意:FEATURE 要加在 MAILER 语句的前面,否则可能造成邮件服务器运行错误。
① TRUST_AUTH_MECH 的作用是使 Sendmail 不管 Access 文件中如何设置,都能延迟那些通过 LOGIN、PLAIN 或 DIGEST-MD5 方式验证的邮件。
② confAUTH_MECHANISMS 的作用是确定系统的认证方式。
③ Port=submission,Name=MSA,M=Ea 的作用是开启认证,并以子进程运行 MSA,实现邮件的账户和密码的验证。
(2) 使用 m4 命令重新生成/etc/mail/sendmail.cf 文件。

```
[root@server mail]#m4  /etc/mail/sendmail.mc >/etc/mail/sendmail.cf
```

(3) 利用 service sendmail restart 命令重新启动服务,以使设置生效。
(4) 利用下面的命令启动 saslauthd 服务。

```
[root@server mail]#service saslauthd start
启动 saslauthd:                              [确定]
```

接下来用户可以在 Outlook 或者 Foxmail 等客户端测试。有关 SMTP 认证的配置界面如图 12-3 所示。

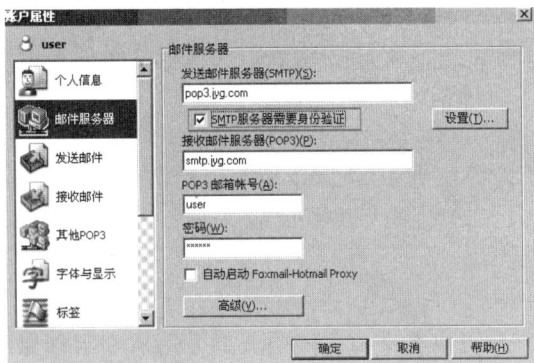

图 12-3　Foxmail 中 SMTP 认证的设置

12.3.2　设置邮箱容量

1. 配置 sendmail.mc

（1）设置用户邮件的大小限制。

原来限制为 2MB，建议改为 20MB，注意这里容量单位为字节，2000000byte＝2MB，20000000byte＝20MB。

```
define('UUCP_MAILER_MAX', '20000000')dnl
```

（2）设置本地邮箱的域名。

```
LOCAL_DOMAIN MASQUERADE_AS('smile.com')dnl
```

设置完毕，使用 m4 工具生成新的 sendmail.cf 文件。

```
[root@server mail]#m4 /etc/mail/sendmail.mc >/etc/mail/sendmail.cf
```

首先使用 Vim 编辑器修改/etc/fstab 文件，如图 12-4 所示（一定保证/var 是单独的 ext 3 分区）。

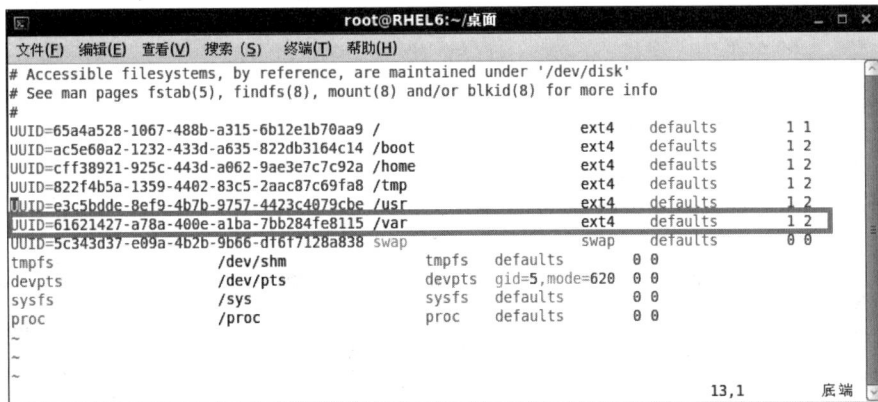

图 12-4　/etc/fstab 文件

在第 1 章中的硬盘分区中我们已经考虑了独立分区的问题,这样保证了该实训的正常进行。从图 12-4 可以看出,/var 已经自动挂载了,我们只要加上配额选项就可以了。即将"defaults"改为"defaults,usrquota,grpquota"。

usrquota 为用户的配额参数,grpquota 为组的配额参数。

保存文件并退出,重新启动机器,使操作系统按照新的参数挂载文件系统。重新启动过程中因为缺失配额文件,所以操作系统会在装载文件系统时报错,通过下面的步骤创建配额文件工作后,将消除该错误。

2. 创建配额文件

使用 quotacheck 命令,可以在文件系统中分别为用户和组创建配额文件。如果针对邮件服务器进行配额设置,并且存放邮件信息的/var 目录在独立的分区,那么,就需要在/var 目录下创建配额文件,如下所示。

```
[root@RHEL 6 mail]#cd  /var
[root@RHEL 6 mail]#quotacheck  -cugm  /var
```

配置结果如图 12-5 所示。

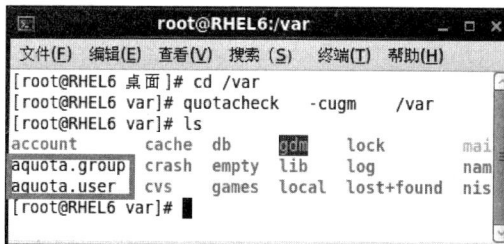

图 12-5　建立配额文件

3. 设置磁盘配额

下面为用户和组配置详细的配额限制,使用 edquota 命令进行磁盘配额的设置,命令格式如下:

```
edquota  -u  用户名
```

或

```
edquota  -g  组名
```

为用户 bob 配置磁盘配额限制,执行了 edquota 命令,打开用户配额编辑文件。代码如下所示(bob 用户一定是存在的 Linux 系统用户)。

```
[root@server mail]#edquota  -u  bob
Disk quota for user bob (uid 501):
   Filesystem  blocks  soft  hard  inodes  soft  hard
   /dev/sda1    0      0     0     0       0     0
```

磁盘配额参数的含义如表 12-1 所示。

表 12-1　磁盘配额参数

列　　名	解　　释
Filesystem	文件系统的名称
blocks	用户当前使用的块数(磁盘空间),单位为 KB
soft	可以使用的最大磁盘空间。可以在一段时期内超过软限制规定
hard	可以使用的磁盘空间的绝对最大值。达到了该限制后,操作系统将不再为用户或组分配磁盘空间
inodes	用户当前使用的 inode 节点数量(文件数)
soft	可以使用的最大文件数。可以在一段时期内超过软限制规定
hard	可以使用的文件数的绝对最大值。达到了该限制后,用户或组将不能再建立文件

设置磁盘空间或者文件数限制,需要修改对应的 soft、hard 值,而不要修改 blocks 和 inodes 值,根据当前磁盘的使用状态,操作系统会自动设置这两个字段的值。

注意：如果 soft 或者 hard 值设置为 0,则表示没有限制。

这里将磁盘空间的硬限制设置为 100MB,如图 12-6 所示。

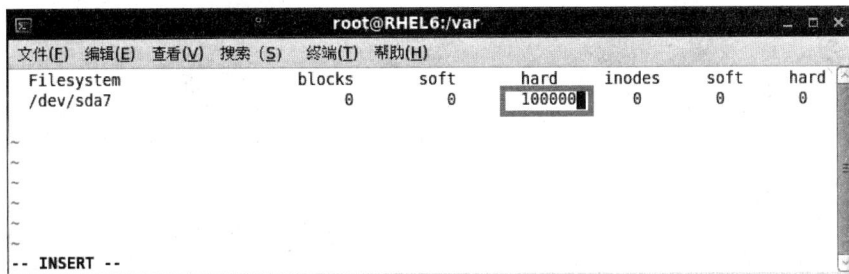

图 12-6　将磁盘空间的硬限制设为 100MB

12.3.3　设置虚拟域用户

使用虚拟域,可以将发给虚拟域的邮件投递到真实域的用户邮箱中。利用虚拟域也可以实现邮件列表的功能。这里的虚拟域可以是实际并不存在的域,而真实域既可以是本地域,也可以是远程域或 Internet 中的域。虚拟域是真实域的别名,通过虚拟域用户表/etc/mail/virtusertable.db,实现了虚拟域的邮件地址到真实域的邮件地址的重定向。虚拟域用户表文件/etc/mail/virtusertable.db 是通过/etc/mail/virtusertable 文件生成的。该文件的格式类似于 aliases 文件,如下所示。

```
虚拟域地址　真实域地址
```

虚拟域地址和真实域地址之间用 Tab 键或者 Space 键分隔。该文件中虚拟域地址和真实域地址可以写完整的邮件地址格式,也可以只有域名或者只有用户名。如下所示的几种格式都是正确的。

```
@sales.com  @smile.com
user1@smile.com user2
user1@smile.com user2,user3,user4
```

如果要实现邮件列表功能,则各个真实域地址之间用逗号分隔。

下面通过一个例子说明虚拟域用户的配置方法。

【例 12-4】 Sendmail 邮件服务器 192.168.1.30 的域为 smile.com,为该邮件服务器设置虚拟域 long.com,并为 user1@smile.com 指定虚拟域别名 user1@long.com。具体配置步骤如下所示。

(1) 配置 DNS 服务器,并设置虚拟域的 MX 资源记录。具体步骤如下所示。

① 编辑 named.conf 文件。

该文件在/var/named/chroot/etc 目录下。把 options 选项中的侦听 IP 127.0.0.1 改成 any,把允许查询网段 allow-query 后面的 localhost 改成 any。在 include 语句中指定主配置文件为 named.zones。

```
[root@RHEL 6 named]#vim /var/named/chroot/etc/named.conf

    listen-on port 53 { any; };

        ...(中间略)

    allow-query   { any; };
    recursion yes;

        ...(中间略)

include "/etc/named.zones";              //必须更改!!
include "/etc/named.root.key";
```

② 配置主配置文件。

在/var/named/chroot/etc 目录下,使用 vim named.zones 编辑增加以下内容。

```
[root@RHEL 6 named]#vim /var/named/chroot/etc/named.zones
zone "long.com" IN {
      type master;
      file "long.com.zone";
      allow-update { none; };
};

zone "168.192.in-addr.arpa" IN {
      type master;
      file "192.168.zone";
      allow-update { none; };
};
```

③ 创建 long.com.zone 正向区域文件。

位于/var/named/chroot/var/named 目录下,编辑修改如下:

```
[root@RHEL 6 mail]#vim /var/named/chroot/var/named/long.com.zone
$TTL 1D
@       IN SOA long.com. root.long.com. (
                                2013120800    ; serial
                                1D            ; refresh
                                1H            ; retry
                                1W            ; expire
                                3H )          ; minimum

@               IN      NS                      dns.long.com.
@               IN      MX      10              mail.long.com.
dns             IN      A                       192.168.1.30
mail            IN      A                       192.168.1.30
smtp            IN      A                       192.168.1.30
pop3            IN      A                       192.168.1.30
```

④ 创建 192.168.zone 反向区域文件(略)。

⑤ 利用下面的命令重新启动 DNS 服务,使配置生效。

```
[root@RHEL 6 mail]#service named restart
```

(2) 将虚拟域 long.com 添加到/etc/mail/local-host-names 文件中。

```
[root@RHEL 6 mail]#echo "long.com" >>/etc/mail/local-host-names
```

(3) 配置邮件中继。

① 利用 vim 编辑器编辑/etc/mail/access 文件。

```
[root@RHEL 6 mail]#vim /etc/mail/access
long.com RELAY
```

② 使用 makemap 命令生成/etc/mail/access.db 文件。

```
[root@RHEL 6 mail]#makemap hash /etc/mail/access.db </etc/mail/access
```

(4) 设置虚拟域用户表/etc/mail/virtusertable,并生成/etc/mail/virtusertable.db。

① 利用 vim 编辑器编辑/etc/mail/virtusertable 文件。

```
[root@RHEL 6 mail]#vim /etc/mail/virtusertable
user1@long.com user1@smile.com
```

② 使用 makemap 命令生成/etc/mail/virtusertable.db 文件。

```
[root@RHEL 6 mail]#makemap hash/etc/mail/virtusertable.db </etc/mail/virtusertable
```

(5) 利用 service sendmail restart 命令,重新启动 sendmail 服务即可。

12.3.4 Sendmail 服务器安装与调试的完整实例

1. 使用 Telnet 登录服务器并发送邮件

当 Sendmail 服务器搭建好之后,应该尽可能快地保证服务器的正常使用,一种快速有效的测试方法是使用 Telnet 命令直接登录服务器的 25 端口,并收发信件以及对 Sendmail 进行测试。

在测试之前,先要确保 Telnet 的服务器端软件和客户端软件已经安装。

(1) 依次安装 telnet 所需软件包。(提前挂载光盘到/iso 中。)

```
[root@RHEL 6 桌面]#rpm -qa|grep telnet
[root@RHEL 6 桌面]#yum install telnet-server -y      //安装 Telnet 服务器软件
[root@RHEL 6 桌面]#yum install telnet -y              //安装 Telnet 客户端软件
[root@RHEL 6 桌面]#rpm -qa|grep telnet                //检查安装组件是否成功
telnet-0.17-47.el6_3.1.x86_64
telnet-server-0.17-47.el6_3.1.x86_64
```

(2) 启动 Telnet 服务。

① 使用 Vim 编辑/etc/xinetd.d/telnet,找到 disable = yes,将 yes 改成 no。

② 激活服务。

```
[root@RHEL 6 mail]#service  xinetd  start
[root@RHEL 6 mail]#service  sendmail  restart
[root@RHEL 6 mail]#service  dovecot  restart
```

或者使用 ntsysv,在出现的窗口之中将 telnet 选中,确定离开。

Telnet 服务所使用的端口默认是 23 端口。到这里为止,服务器至少已经开启了 23、25 和 110 端口(Telnet、Sendmail 和 dovecot 服务)。请确定这些端口已经处在监听状态,之后使用 Telnet 命令登录服务器 25 端口。

查看 23、25 和 110 端口是否处于监听状态,如下所示。

```
[root@RHEL 6 mail]#netstat  -an|grep  tcp
tcp      0      0.0.0.0:23          0.0.0.0:*          LISTEN
tcp      0      0.0.0.0:25          0.0.0.0:*          LISTEN
tcp      0      0.0.0.0:110         0.0.0.0:*          LISTEN
```

如果监听端口没有打开,请对相应的服务进行调试。

(3) 使用 Telnet 命令登录 Sendmail 服务器 25 端口,并进行邮件发送测试。

【例 12-5】 Sendmail 电子邮件服务器地址为 192.168.1.30,利用 Telnet 命令完成邮件地址为 client1@long.com 的用户向邮件地址为 clienta@long.com 的用户发送主题为 "The first mail"的邮件。具体过程如下所示。

① 配置好 DNS(DNS 服务器和 Sendmail 服务器 IP 地址都是 192.168.1.30)。不再详细叙述。配置正确的结果如图 12-7 所示。

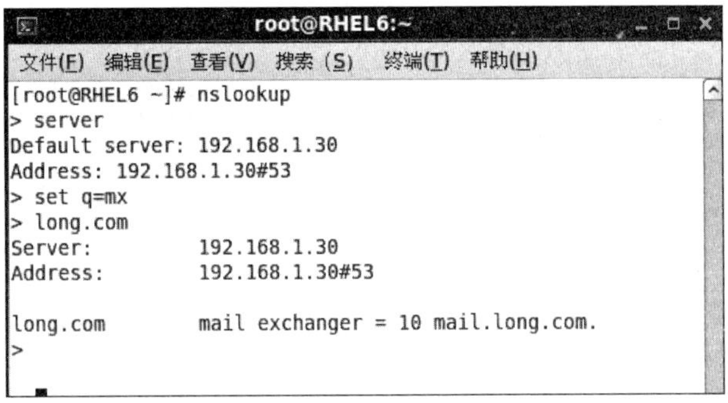

图 12-7　正确配置 DNS 的结果

② 检查是否安装 Sendmail、dovecot、Sendmail-cf、Telnet、cyrus-sasl 等服务。安装各种服务并切换到 MTA。（各种服务缺一不可！）

③ 修改/etc/mail/sendmail.mc。

a. 将第 52、53 两行的配置文件前面的 dnl 去掉。

```
[root@RHEL 6 ~]#cd /etc/mail
[root@RHEL 6 mail]#vim /etc/mail/sendmail.mc

TRUST_AUTH_MECH('EXTERNAL DIGEST-MD5 CRAM-MD5 LOGIN PLAIN')dnl
define('confAUTH_MECHANISMS', 'EXTERNAL GSSAPI DIGEST-MD5 CRAM-MD5 LOGIN P
LAIN')dnl
```

b. 将第 116 行中 smtp 的侦听范围从 127.0.0.1 改为 0.0.0.0,或将这行前面加 dnl 注释掉,且前面不要带空格。

```
DAEMON_OPTIONS('Port=smtp,Addr=0.0.0.0,Name=MTA')dnl
```

c. 第 155 行中将"LOCAL_DOMAIN(' localhost. localdomain')dnl"修改成如下内容。

```
LOCAL_DOMAIN('long.com')dnl          //这里是本地邮箱的域名
```

④ 修改/etc/mail/access 文件。

```
[root@RHEL 6 mail]#vim /etc/mail/access
Connect:localhost.localdomain          RELAY
Connect:localhost                      RELAY
Connect:127.0.0.1                      RELAY

Connect:long.com                       RELAY     //这是你要接收和发送的域名
Connect:192.168.1.0                    RELAY     //这是你要接收和发送的网段
```

⑤ 编译生成 access.db。

```
[root@RHEL 6 mail]#makemap hash /etc/mail/access.db </etc/mail/access
```

⑥ 修改/etc/mail/local-host-names。

```
[root@RHEL 6 mail]#vim /etc/mail/local-host-names

long.com
192.168.1.30
```

如果想用 IP 地址接收邮件,则需要在该文件中写入 IP。

⑦ 创建用户。

```
[root@RHEL 6 mail]#useradd clienta
[root@RHEL 6 mail]#useradd client1
[root@RHEL 6 mail]#passwd clienta
[root@RHEL 6 mail]#passwd client1
```

⑧ 修改 dovecot 主配置文件。

a. 修改 dovecot. conf。

```
[root@rhel6 ~]#vim /etc/dovecot/dovecot.conf
! include conf.d/ * .conf
//该配置项说明 conf.d 下的所有 conf 结尾的文件均有效,注意最前面的"!"号
protocols =imap pop3 lmtp
login_trusted_networks =192.168.1.0/24   //指定允许登录的网段地址
```

修改以上 2 行参数,若未设置 login_trusted_networks 参数值,使用 Telnet 登录 110 端口,将会出现错误。

b. 修改/etc/dovecot/conf. d/10-mail. conf 文件。

```
[root@rhel6 ~]#vim /etc/dovecot/conf.d/10-mail.conf

mail_location =mbox:~/mail:INBOX=/var/mail/% u
mbox_write_locks =fcntl
```

注意:修改以上几行参数时,如未设置 mail_location 参数值,将会出现如下错误。

```
[root@rhel6 ~]#tail -f /var/log/maillog

Dec 21 16:52:50 rhel6 dovecot: pop3(clienta): Error: user oracle: Initialization
failed:
mail_location not set and autodetection failed: Mail storage autodetection failed
with
home=/home/clienta
Dec 21 16:52:50 rhel6 dovecot: pop3(clienta): Error: Invalid user settings. Refer
to server log for more information.
```

另外,设置完 mail_location 值后,需要重启 dovecot 服务,同时需要创建相关的目录,第一次登录会出现如下错误,但是再登录就不会报错了。

```
[root@rhel6 ~]#tail -f /var/log/maillog

Dec 21 16:56:41 rhel6 dovecot: pop3(clienta):
Error: chown(/home/clienta /mail/.imap/INBOX,-1, 12(mail)) failed: Operation not
permitted (egid= 501(clienta), group based on /var/mail/oracle) Dec 21 16:56:41
rhel6 dovecot: pop3(clienta):
Error: mkdir (/home/clienta /mail/.imap/INBOX) failed: Operation not permitted
Dec 21 16:56:41 rhel6 dovecot: pop3(clienta):
Error: Couldn't open INBOX: Internal error occurred. Refer to server log for more
information. [2010-12-21 16:56:40]
Dec 21 16:56:41 rhel6 dovecot: pop3(clienta): Couldn't open INBOX top=0/0, retr=0/
0, del=0/0, size=0
```

c. 创建目录 INBOX。

```
[root@RHEL 6 mail]#su clienta
[clienta@RHEL 6 mail]$mkdir -p /home/clienta/mail/.imap/INBOX
[clienta@RHEL 6 mail]$su client1
[client1@RHEL 6 mail]$mkdir -p /home/client1/mail/.imap/INBOX
```

技巧：为了使新创建的用户可以自动创建这个目录，可以修改/etc/skel/. bash_profile 文件的内容。

```
[root@rhel6 mail]#vim /etc/skel/.bash_profile
```

添加如下内容。

```
if [ ! -d ~/mail/.imap/INBOX ];then
    mkdir -p ~/mail/.imap/INBOX
fi
```

⑨ 转换到 root 用户，使用 m4 工具编译产生 sendmail. cf 文件，启动 Sendmail 服务器。

```
[root@RHEL 6 mail]#su root
[root@RHEL 6 mail]#m4 /etc/mail/sendmail.mc >/etc/mail/sendmail.cf
```

⑩ 启动 named、dovecot、sendmail、telnet、saslauthd 服务。

```
[root@RHEL 6 mail]#service named restart
[root@RHEL 6 mail]#service dovecot restart
[root@RHEL 6 mail]#service sendmail restart
[root@RHEL 6 mail]#service xinetd restart
[root@RHEL 6 mail]#service saslauthd start
```

注意：如果不启动 saslauthd 服务，利用 Telnet 收邮件时将出现如下错误。

```
user clienta
+OK
pass 123456
-ERR Authentication failed.
```

⑪ 测试。

```
[root@RHEL 6 mail]#telnet 192.168.1.30 25    //利用 Telnet 命令连接邮件服务器的 25 端口
Trying 192.168.1.30...
Connected to 192.168.1.30.
Escape character is '^]'.
220 RHEL 6 ESMTP sendmail 8.14.4/8.14.4; Sat, 2 Jan 2016 12:48:11 +0800
helo long.com           //利用 helo 命令向邮件服务器表明身份,不是 hello
250 RHEL 6 Hello [192.168.1.30], pleased to meet you
mail from:"test"<client1@long.com>       //设置信件标题以及发信人地址。其中信件标题为
                                          test,发信人地址为 client1@smile.com
250 2.1.0 "test"<client1@long.com>... Sender ok
rcpt to:clienta@long.com       //利用 rcpt to 命令输入收件人的邮件地址
250 2.1.5 clienta@long.com... Recipient ok
data     //data 表示要求开始写信件内容了。当输入完 data 指令后,会提示以一个单行的“.”结
          束信件
354 Enter mail, end with "." on a line by itself
The first mail          //信件内容
.                       //“.”表示结束信件内容。千万不要忘记输入“.”
250 2.0.0 u024wEN2005863 Message accepted for delivery
quit                    //退出 Telnet 命令
221 2.0.0 RHEL 6 closing connection
Connection closed by foreign host.
```

你一定注意到,每当输入指令后,服务器总会回应一个数字代码。熟知这些代码的含义对于我们判断服务器的错误是很有帮助的。下面介绍常见的回应代码以及相关含义,如表 12-2 所示。

表 12-2   邮件回应代码

回应代码	说　明	回应代码	说　明
220	表示 SMTP 服务器开始提供服务	500	表示 SMTP 语法错误,无法执行指令
250	表示命令指定完毕,回应正确	501	表示指令参数或引述的语法错误
354	可以开始输入信件内容,并以“.”结束	502	表示不支持该指令

2. 利用 Telnet 命令接收电子邮件

【例 12-6】 利用 Telnet 命令从 IP 地址为 192.168.1.30 的 POP3 服务器接收电子邮件。

```
[root@RHEL 6 mail]#telnet 192.168.1.30 110      //利用 telnet 命令连接邮件服务器的 110
                                                  端口
Trying 192.168.1.30...
Connected to 192.168.1.30.
Escape character is '^]'.
+OK Dovecot ready.
user clienta            //利用 user 命令输入用户的用户名为 clienta
+OK
pass 123456             //利用 pass 命令输入 clienta 账户的密码为 123456
```

```
+OK Logged in.
list            //利用 list 命令获得 clienta 账户邮箱中各邮件的编号
+OK 1 messages:
1 543
.

retr 1          //利用 retr 命令收取邮件编号为 1 的邮件信息,下面各行为邮件信息
+OK 394 octets
Return-Path: <client1@long.com>
Received: from [192.168.1.30] ([192.168.1.30])
    by RHEL 6 (8.14.4/8.14.4) with SMTP id u024wEN2005863
    for clienta@long.com; Sat, 2 Jan 2016 12:59:05 +0800
Date: Sat, 2 Jan 2016 12:58:14 +0800
From: client1@long.com
Message-Id: <201601020459.u024wEN2005863@RHEL 6>
X-Authentication-Warning: RHEL 6: [192.168.1.30] didn't use HELO protocol

The first mail
.
quit            //退出 Telnet 命令
+OK Logging out.
Connection closed by foreign host.
```

Telnet 命令有以下命令可以使用,其命令格式及参数说明如下。

- stat 命令格式：stat(无须参数)
- list 命令格式：list [n](参数 n 可选,n 为邮件编号)
- uidl 命令格式：uidl [n](同上)
- retr 命令格式：retr n(参数 n 不可省略。n 为邮件编号)
- dele 命令格式：dele n(同上)
- top 命令格式：top n m(参数 n、m 不可省略。n 为邮件编号,m 为行数)
- noop 命令格式：noop(无须参数)
- quit 命令格式：quit(无须参数)

12.4　练习题

1. 选择题

(1) 以下(　　)协议用来将电子邮件下载到客户机。

　　A. SMTP　　　　B. IMAP4　　　C. POP3　　　　D. MIME

(2) 要转换宏文件 sendmail. mc 为 sendmail. cf,需要使用命令(　　)。

　　A. makemap　　B. m4　　　　C. access　　　D. macro

(3) 用来控制 Sendmail 服务器邮件中继的文件是(　　)。

　　A. sendmail. mc　B. sendmail. cf　C. sendmail. conf　D. access. db

(4) 邮件转发代理也称邮件转发服务器,可以使用 SMTP,也可以使用(　　)。

  A. FTP   B. TCP   C. UUCP   D. POP

 (5)( )不是邮件系统的组成部分。

  A. 用户代理   B. 代理服务器 C. 传输代理   D. 投递代理

 (6) Linux 下可用的 MTA 服务器是( )。

  A. Sendmail   B. qmail   C. imap   D. postfix

 (7) Sendmail 常用 MTA 软件有( )。

  A. Sendmail   B. postfix   C. qmail   D. exchange

 (8) Sendmail 的主配置文件是( )。

  A. sendmail.cf   B. sendmail.mc

  C. access   D. local-host-name

 (9) Access 数据库中访问控制操作有( )。

  A. OK   B. REJECT   C. DISCARD D. RELAY

 (10) 默认的邮件别名数据库文件是( )。

  A. /etc/names   B. /etc/aliases

  C. /etc/mail/aliases   D. /etc/hosts

2. 填空题

(1) 电子邮件地址的格式是 user@server.com。一个完整的电子邮件由 3 部分组成，第 1 部分代表_____;第 2 部分_____ 是分隔符;第 3 部分是_____。

(2) Linux 系统中的电子邮件系统包括 3 个组件:_____、_____和_____。

(3) 常用的与电子邮件相关的协议有_____、_____和_____。

(4) SMTP 工作在 TCP 协议上默认端口为_____,POP3 默认工作在 TCP 协议的_____端口。

3. 简述题

(1) 简述电子邮件系统的构成。

(2) 简述电子邮件的传输过程。

(3) 简述 SMTP 和 POP3 的功能。

(4) 安装 Dovecot 软件包时如何处理软件依赖问题?

实训 电子邮件服务器的配置训练

1. 实训目的

掌握 Sendmail 服务器的安装与配置。

2. 实训内容

练习 Sendmail 和 OpenWebmail 的安装、配置与管理。

3. 实训环境

在 VMWare 虚拟机中启动两台 Linux 服务器,一台作为 DNS 服务器,一台作为 Sendmail 邮件服务器。DNS 服务器负责解析的域为 mlx.com,Sendmail 服务器是 mlx.com 域的邮件服务器。

4. 实训练习

（1）安装并启动 POP3 服务

- 检查系统是否安装了 dovecot 软件包，如果没有安装，则安装此软件包。
- 修改/etc/dovecot.conf 文件，使其监听 POP3 服务。
- 启动 dovecot 服务，以启动 POP3 服务。

（2）Sendmail 服务器的基本配置

- 安装必要的软件包：sendmail、sendmail-cf、sendmail-doc 和 m4。
- 配置 Sendmail：编辑宏配置文件 sendmail.mc，并生成 Sendmail 的主配置文件 sendmail.cf，实现基本的 mail 服务器功能。
- 新建一个账户 user1，用于检测设置；为用户 user1 设置一个别名 mailuser，并检测设置；对远程 mail 服务器开放中继权限，并检测设置。
- 配置 DNS 服务器，并为其配置 MX 记录，并确保此服务器的域名在文件中有 A 记录。
- 配置基本的 Sendmail 服务器，设置别名和中继。
- 在客户端利用 Foxmail 客户端软件，检测 Sendmail 服务器的设置。

（3）配置带认证的 Sendmail

在服务器上配置 Sendmail，启用 SMTP 认证功能。使用户能够通过 SMTP 认证从远程客户机收发 E-mail。

- 检测服务器上是否安装了 SASL 软件包，如果没有安装，则需先安装该软件包。
- 重新编辑 Sendmail 的宏配置文件 sendmail.mc，使其支持认证功能。
- 重新生成 sendmail.cf 文件，并重新启动 Sendmail。
- 利用 Foxmail 客户端软件检测配置。

5. 实训报告

按要求完成实训报告。

第 13 章　配置防火墙与代理服务器

防火墙是一种非常重要的网络安全工具,利用防火墙可以保护企业内部网络免受外网的威胁,作为网络管理员,掌握防火墙的安装与配置非常重要。本章重点介绍 IPTABLES和 SQUID 两类防火墙的配置。

本章学习要点:

- 防火墙的分类及工作原理。
- Iptables 防火墙的配置。
- NAT。
- SQUID 代理服务器的配置。
- 透明代理的实现。

13.1　防火墙概述

防火墙的本义是指一种防护建筑物。古代建造木质结构房屋的时候,为防止火灾的发生和蔓延,人们在房屋周围将石块堆砌成石墙,这种防护构筑物就被称为"防火墙"。

13.1.1　防火墙的概念

通常所说的网络防火墙是套用了古代防火墙的喻义,它指的是隔离在本地网络与外界网络之间的一道防御系统。防火墙可以使企业内部局域网与 Internet 之间或者与其他外部网络间互相隔离、限制网络互访,以此来保护内部网络。

13.1.2　防火墙的种类

防火墙的分类方法多种多样,不过从传统意义上讲,防火墙大致可以分为三大类,分别是"包过滤""应用代理"和"状态检测",无论防火墙的功能多么强大,性能多么完善,归根结底都是在这 3 种技术的基础之上进行功能扩展的。

1. 包过滤防火墙

包过滤是最早使用的一种防火墙技术,它检查每一个接收的数据包,查看包中可用的基本信息,如源地址和目的地址、端口号、协议等。然后将这些信息与设立的规则相比较,符合规则的数据包通过,否则将被拒绝,数据包被丢弃。

2. 代理防火墙

代理防火墙接受来自内部网络用户的通信请求,然后建立与外部网络服务器单独的连接，其采取的是一种代理机制，可以为每个应用服务建立一个专门的代理，所以内外部网络之间的通信不是直接的，而都需先经过代理服务器审核，通过审核后再由代理服务器代为连接，内、外部网络主机没有任何直接会话的机会，从而加强了网络的安全性。应用代理技术并不是单纯地在代理设备中嵌入包过滤技术，而是一种被称为"应用协议分析"的新技术。

3．状态检测技术

状态检测技术是继"包过滤"和"应用代理"技术之后发展的防火墙技术，它是基于"动态包过滤"技术之上发展而来的新技术。这种防火墙加入了一种被称为"状态检测"的模块，它会在不影响网络正常工作的情况下，采用抽取相关数据的方法对网络通信的各个层进行监测，并根据各种过滤规则做出安全决策。

13.2　iptables

早期的 Linux 系统采用过 ipfwadm 作为防火墙，但在 2.2.0 核心中被 ipchains 所取代。

13.2.1　iptables 简介

Linux 2.4 版本发布后，netfilter/iptables 信息包过滤系统正式使用。

netfilter/iptables IP 数据包过滤系统实际由 netfilter 和 iptables 两个组件构成。netfilter 是集成在内核中的一部分，它的作用是定义、保存相应的规则。而 iptables 是一种工具，用以修改信息的过滤规则及其他配置。用户可以通过 iptables 来设置适合当前环境的规则，而这些规则会保存在内核空间中。如果将 nefilter/iptable 数据包过滤系统比作一辆功能完善的汽车，那么 netfilter 就像是发动机以及车轮等部件，它可以让车发动、行驶。而 iptables 则像方向盘、刹车、油门，汽车行驶的方向、速度都要靠 iptables 来控制。

对于 Linux 服务器而言，采用 netfilter/iptables 数据包过滤系统，能够节约软件成本，并可以提供强大的数据包过滤控制功能，iptables 是理想的防火墙解决方案。

13.2.2　iptables 的工作原理

netfilter 是 Linux 核心中的一个通用架构，它提供了一系列的"表"（tables），每个表由若干"链"（chains）组成，而每条链可以由一条或数条"规则"（rules）组成。实际上，netfilter 是表的容器，表是链的容器，而链又是规则的容器。

1．iptables 名词解释

（1）规则（rules）。设置过滤数据包的具体条件，如 IP 地址、端口、协议以及网络接口等信息，iptables 规则如表 13-1 所示。

表 13-1　iptables 规则

条　件	说　　　明
Address	针对封包内的地址信息进行比对。可对来源地址（Source Address）、目的地址（Destination Address）与网络卡地址（MAC Address）进行比对
Port	封包内存放于 Transport 层的 Port 信息设定比对的条件，可用来比对的 Port 信息包含：来源 Port（Source Port）、目的 Port（Destination Port）

条 件	说 明
Protocol	通信协议指的是某一种特殊种类的进行通信的协议。Netfilter 可以比对 TCP、UDP 或者 ICMP 等协议
Interface	接口,指的是封包接收,或者输出的网络适配器名称
Fragment	不同 Network Interface 的网络系统,会有不同的封包长度的限制。如封包跨越至不同的网络系统时,可能会将封包进行裁切(Fragment)。可以针对裁切后的封包信息进行监控与过滤
Counter	可针对封包的计数单位进行条件比对

(2) 动作(target)。当数据包经过 Linux 时,若 netfilter 检测该包符合相应规则,则会对该数据包进行相应的处理,iptables 动作如表 13-2 所示。

表 13-2　iptables 动作

动 作	说 明	动 作	说 明
ACCEPT	允许数据包通过	LOG	将符合该规则的数据包写入日志
DROP	丢弃数据包	QUEUE	传送给应用和程序处理该数据包
REJECT	丢弃包,并返回错误信息		

(3) 链(chain)。数据包传递过程中,不同的情况下所要遵循的规则组合形成了链。规则链可以分为以下两种。

• 内置链(Build-in Chains)。

• 用户自定义链(User-Defined Chains)。

netfilter 常用的为内置链,其一共有 5 个链,如表 13-3 所示。

表 13-3　netfilter 内置链

动 作	说 明	动 作	说 明
PREROUTING	数据包进入本机,进入路由表之前	FORWARD	通过路由表后,目的地不为本机
INPUT	通过路由表后,目的地为本机	POSTROUTING	通过路由表后,发送至网卡接口之前
OUTPUT	由本机产生,向外转发		

netfilter 的 5 条链相互关联,如图 13-1 所示。

(4) 表(table)。接收数据包时,netfilter 会提供以下 3 种数据包处理的功能。

• 过滤。

• 地址转换。

• 变更。

netfilter 根据数据包的处理需要,将链(chain)进行组合,设计了 3 个表(table):filter、nat 以及 mangle。

① filter。这是 netfilter 默认的表,通常使用该表进行过滤的设置,它包含以下内置链。

• INPUT:应用于发往本机的数据包。

• FORWARD:应用于路由经过本地的数据包。

• OUTPUT:本地产生的数据包。

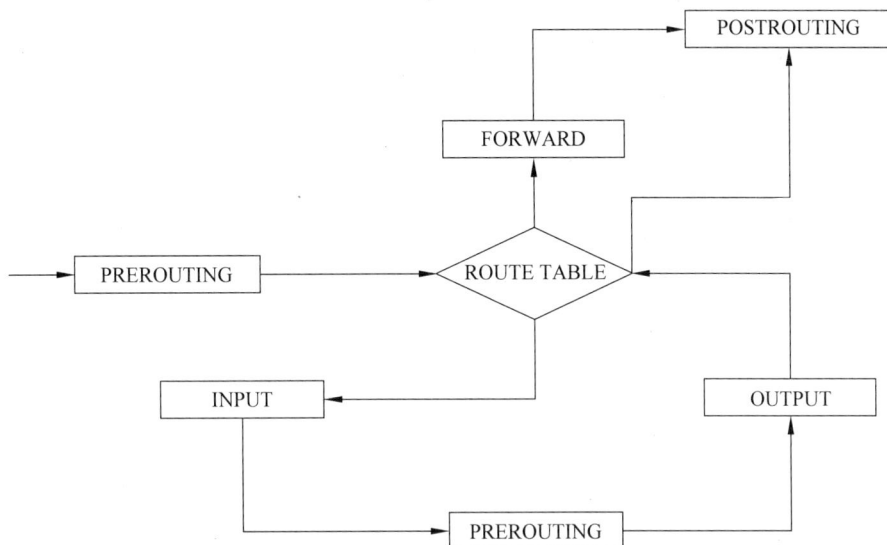

图 13-1　iptables 数据包转发流程

filter 表过滤功能强大，几乎能够设定所有的动作（target）。

② nat。当数据包建立新的连接时，该 nat 表能够修改数据包，并完成网络地址转换。它包含以下 3 个内置链。

* PREROUTING：修改到达的数据包。
* OUTPUT：路由之前，修改本地产生的数据包。
* POSTROUTING：数据包发送前，修改该包。

nat 表仅用于网络地址转换，也就是转换包的源或目标地址，其具体的动作有 DNAT、SNAT 以及 MASQUERADE，下面的内容将会详细介绍。

③ mangle。该表用在数据包的特殊变更操作，如修改 TOS 等特性。Linux 2.4.17 内核以前，它包含两个内置链：PREROUTING 和 OUTPUT，内核 2.4.18 发布后，mangle 表对其他 3 个链提供了支持。

* PREROUTING：路由之前，修改接收的数据包。
* INPUT：应用于发送给本机的数据包。
* FORWARD：修改经过本机路由的数据包。
* OUTPUT：路由之前，修改本地产生的数据包。
* POSTROUTING：数据包发送出去之前，修改该包。

mangle 表能够支持 TOS、TTL 以及 MARK 的操作。

TOS 操作用来设置或改变数据包的服务类型。这常用来设置网络上的数据包如何被路由等策略。注意这个操作并不完善，而且很多路由器不会检查该设置，所以不必进行该操作。

TTL 操作用来改变数据包的生存时间，可以让所有数据包共用一个 TTL 值。这样，能够防止通过 TTL 检测连接网络的主机数量。

MARK 用来给包设置特殊的标记，并根据不同的标记（或没有标记）决定不同的路由。用这些标记可以做带宽限制和基于请求的分类。

2. iptables 的工作流程

iptables 拥有 3 个表和 5 个链,其整个工作流程如图 13-2 所示。

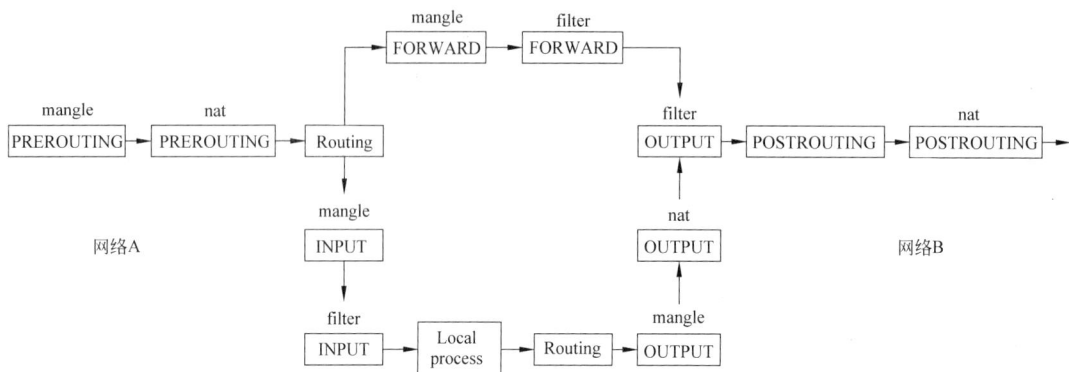

图 13-2　iptables 工作流程

(1) 数据包进入防火墙以后,首先进入 mangle 表的 PREROUTING 链,如果有特殊设定,会更改数据包的 TOS 等信息。

(2) 数据包进入 nat 表的 PREROUTING 链,如有规则设置,通常进行目的地址转换。

(3) 数据包经过路由,判断该包是发送给本机,还是需要向其他网络转发。

(4) 如果是转发,就发送给 mangle 表的 FORWARD 链,根据需要进行相应的参数修改,再送给 filter 表的 FORWARD 链进行过滤,然后转发给 mangle 表的 POSTROUTING 链。如有设置,则进行参数调整,然后发给 nat 表的 POSTROUTING 链。根据需要,可能会进行网络地址转换,修改数据包的源地址。最后数据包发送给网卡,转发给外部网络。

(5) 如果目的地为本机,数据包则会进入 mangle 的 INPUT 链,经过处理,进入 filter 表的 INPUT 链,经过相应的过滤,进入本机的处理进程。

(6) 本机产生的数据包,首先进入路由,然后分别经过 mangle、nat 以及 filter 的 OUTPUT 链进行相应的操作,再进入 mangle、nat 的 POSTROUTING 链并向外发送。

13.2.3　安装 iptables

1. 检查 iptables 是否已经安装,没有安装则使用 yum 命令安装

在默认情况下,iptables 已经被安装好了。可以使用 rpm -qa 命令来查看默认安装了哪些软件,如下所示。(iptables 默认已经安装。)

```
[root@RHEL 6 ~]#rpm -qa | grep iptables
iptables-1.3.5-5.3.el5
iptables-ipv6-1.3.5-5.3.el5
[root@RHEL 6 桌面]#yum clean all                    //安装前先清除缓存
[root@RHEL 6 ~]#yum install iptables -y             //若没有安装,则使用 yum 安装
```

2. iptables 服务的启动、停止、重新启动、随系统启动

```
[root@RHEL 6 ~]#service  iptables start
[root@RHEL 6 ~]#service  iptables stop
```

```
[root@RHEL 6 ~]#service      iptables restart
[root@RHEL 6 ~]#chkconfig  --level  3  iptables  on    #运行级别 3 自动加载
[root@RHEL 6 ~]#chkconfig  --level  3  iptables  off   #运行级别 3 不自动加载
```

提示：也可使用 ntsysv 命令,利用文本图形界面对 iptables 自动加载进行配置。

13.2.4   iptables 命令

一个 iptables 命令基本包含五个部分。

(1) 希望工作在哪张表上。

(2) 希望使用该表的哪个链。

(3) 进行的操作(插入、添加、删除、修改等)。

(4) 匹配数据报的条件。

(5) 对特定规则的目标动作。

例如,希望在 filter 表中的 INPUT 链中添加一条规则,允许所有的主机连接本地 SMTP 端口的命令为:

```
[root@Server ~]#iptables -t filter -A INPUT -p tcp --dport 25 -j ACCEPT
```

iptables 命令格式为:

```
iptables  [-t 表名]  -命令 [链名]   匹配条件   目标动作
```

注意：iptables 命令的所有参数和选项都区分大小写。例如,-I 代表插入,而-i 代表网络接口。

表名用于指定应用于哪个 iptables 表,iptables 内置了 filter、nat 和 mangle 等 3 张表,用户也可以自定义表名。如果没有用-t 参数指定表名,则默认为 filter 表。

1. iptables 命令中的常用操作命令

表 13-4 列出了 iptables 的常用操作命令。

表 13-4   iptables 的常用操作命令

命　　　令	说　　　明
-P 或--policy <链名>	定义默认策略
-L 或--list [链名]	查看 iptables 规则列表,如果不指定链,则列出所有链中的所有规则
-A 或--append <链名>	在规则列表的最后增加一条规则
-I 或--insert <链名>	在指定的链中插入一条规则
-D 或--delete <链名>	从规则列表中删除一条规则
-R 或--replace <链名>	替换规则列表中的某条规则
-F 或--flush [链名]	清除指定链和表中的所有规则,如果不指定链,则所有链都被清空
-Z 或--zero [链名]	将表中数据包计数器和流量计数器归零

续表

命　　　令	说　　　明
-N 或--new-chain ＜链名＞	创建一个用户自定义的链
-X 或--delete-chain ［链名］	删除链
-C 或--check ＜链名＞	检查给定的包是否与指定链的规则相匹配
-E 或--rename-chain ＜旧链名＞ ＜新链名＞	更改用户自定义的链的名称
-h	显示帮助信息

2. iptables 命令中的常见规则匹配

表 13-5 列出了 iptables 命令中的常见匹配规则。

表 13-5　iptables 命令中的常见匹配规则

匹 配 条 件	说　　　明
-i 或--in-interface ＜网络接口＞	指定数据包从哪个网络接口进入,如 eth0、eth1 或 ppp0 等
-o 或--out-interface ＜网络接口＞	指定数据包从哪个网络接口输出,如 eth0、eth1 或 ppp0 等
-p 或--protocol ［!］＜协议类型＞	指定数据包匹配的协议,如 tcp、udp 和 icmp 等。!表示除去该协议之外的其他协议
-s 或--source ［!］address［/mask］	指定数据包匹配的源 IP 地址或子网。!表示除去该 IP 地址或子网
-d 或--destination ［!］address［/mask］	指定数据包匹配的目的 IP 地址或子网。!表示除去该 IP 地址或子网
--sport ［!］port［:port］	指定匹配的源端口或端口范围
--dport ［!］port［:port］	指定匹配的目标端口或端口范围

更多的匹配条件可以利用 man 命令列出 iptables 命令的使用说明手册进行查看。命令如下所示。

```
[root@Server ~]#man iptables
```

3. 目标动作选项

目标动作用于指定数据包与规则匹配时,应该做什么操作,如接收、丢弃等。如表 13-6 所示。

表 13-6　目标动作选项

匹 配 条 件	说　　　明
ACCEPT	接收数据包
DROP	丢弃数据包
REDIRECT	将数据包重定向到本机或另一台主机的某个端口,通常用于实现透明代理或对外开放内网的某些服务
SNAT	源地址转换,即改变数据包的源 IP 地址
DNAT	目标地址转换,即改变数据包的目的 IP 地址
MASQUERADE	IP 伪装,即 NAT。MASQUERADE 只用于 ADSL 拨号上网的 IP 伪装。如果主机的 IP 地址静态的,则应使用 SNAT

续表

匹 配 条 件	说　　　明
LOG	日志功能。将符合规则的数据包的相关信息记录在日志中以便管理员进行分析和排错

4. 制定永久性规则

利用 iptables 配置的规则集只对本次登录有效。iptables 提供了两个命令，分别用于保存和恢复规则集。可以使用下面的命令转储在内存中的规则集。

```
[root@Server ~]#iptables-save>/etc/sysconfig/iptables
```

这样在下次启动机器时，直接利用下面的命令恢复规则库就可以了。

```
[root@Server ~]#iptables-restore</etc/sysconfig/iptables
```

其中，/etc/sysconfig/iptables 是 iptables 守护进程调用的默认规则集文件。

13.2.5　iptables 命令使用举例

【例 13-1】　清除 filter 表中所有链中的规则。

```
[root@Server ~]#iptables  -F
```

【例 13-2】　设置 filter 表中 3 个链的默认配置策略为拒绝。

```
[root@Server ~]#iptables  -P  INPUT  DROP
[root@Server ~]#iptables  -P  OUTPUT  DROP
[root@Server ~]#iptables  -P  FORWARD  DROP
```

【例 13-3】　查看 filter 表中所有链的规则列表。

```
[root@Server ~]#iptables  -L
```

【例 13-4】　添加一个用户自定义的链 custom。

```
[root@Server ~]#iptables  -N custom
```

【例 13-5】　向 filter 表的 INPUT 链的最后添加一条规则，对来自 192.168.1.1 这台主机的数据包进行丢弃处理。

```
[root@Server ~]#iptables  -A  INPUT -s 192.168.1.1  -j DROP
```

【例 13-6】　向 filter 表中 INPUT 链的第 3 条规则前面插入一条规则，允许来自非 192.168.3.0/24 网段的主机对本机 25 端口的访问。

```
[root@Server ~]#iptables -I  INPUT  3-s ! 192.168.3.0/24  -p tcp  --dport
25  -j  ACCEPT
```

【例 13-7】 向 filter 表的 INPUT 链中添加一条规则,拒绝外界主机访问本机 TCP 协议的 100～1024 端口。

```
[root@Server ~]#iptables -A INPUT -p tcp --dport 100:1024 -j DROP
```

【例 13-8】 向 filter 表的 INPUT 链中添加一条规则,拒绝来自其他主机的 ping 请求。

```
[root@Server ~]#iptables -A INPUT -p icmp --icmp-type 8 -j DROP
```

【例 13-9】 假设某单位租用 DDN 专线上网,网络拓扑如图 13-3 所示。iptables 防火墙的 eth0 接口连接外网,IP 地址为 222.206.160.100;eth1 接口连接内网,IP 地址为 192.168.1.1。假设在内网中存在 Web、DNS 和 E-mail 等 3 台服务器,这 3 台服务器都有公有 IP 地址。设置防火墙规则以加强对内网服务器的保护,并允许外网的用户可以访问此 3 台服务器。

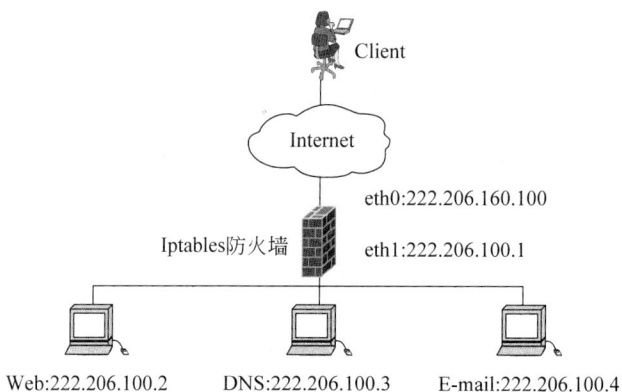

图 13-3 iptables 应用网络拓扑

下面的实施方案主要是对内网的服务器进行保护,步骤如下:

```
//1. 清空所有的链规则
[root@Server ~]#iptables -F
//2. 禁止 iptables 防火墙转发任何数据包
[root@Server ~]#iptables -P FORWARD DROP
//3. 建立来自 Internet 网络的数据包的过滤规则
#iptables -A FORWARD -d 222.206.100.2 -p tcp --dport 80 -i eth0 -j ACCEPT
#iptables -A FORWARD -d 222.206.100.3 -p tcp --dport 53 -i eth0 -j ACCEPT
#iptables -A FORWARD -d 222.206.100.4 -p tcp --dport 25 -i eth0 -j ACCEPT
#iptables -A FORWARD -d 222.206.100.4 -p tcp --dport 110 -i eth0 -j ACCEPT
//4. 接收来自内网的数据包通过
[root@Server ~]#iptables -A FORWARD -s 222.206.100.0/24 -j ACCEPT
//5. 对于所有的 ICMP 数据包进行限制,允许每秒通过一个数据包,该限制的触发条件是 10 个包
[root@Server ~]#iptables -A FORWARD -p icmp -m limit --limit 1/s --limit-burst
10 -j ACCEPT
```

13.3　NAT

NAT 是解决内网用户访问互联网常用的方式,本节将主要介绍 NAT 的基本知识及在 Linux 系统下利用 iptables 实现 NAT 等内容。

13.3.1　NAT 的基本知识

网络地址转换器 NAT(Network Address Translator)位于使用专用地址的 Intranet 和使用公用地址的 Internet 之间,主要具有以下几种功能。

(1) 从 Intranet 传出的数据包由 NAT 将它们的专用地址转换为公用地址。

(2) 从 Internet 传入的数据包由 NAT 将它们的公用地址转换为专用地址。

(3) 支持多重服务器和负载均衡。

(4) 实现透明代理。

这样在内网中计算机使用未注册的专用 IP 地址,而在与外部网络通信时使用注册的公用 IP 地址,大大降低了连接成本。同时 NAT 也起到将内部网络隐藏起来并保护内部网络的作用,因为对外部用户来说,只有使用公用 IP 地址的 NAT 是可见的,类似于防火墙的安全措施。

1. NAT 的工作过程

(1) 客户机将数据包发送给运行 NAT 的计算机。

(2) NAT 将数据包中的端口号和专用的 IP 地址换成它自己的端口号和公用的 IP 地址,然后将数据包发给外部网络的目的主机,同时记录一个跟踪信息在映像表中,以便向客户机发送回答信息。

(3) 外部网络发送回答信息给 NAT。

(4) NAT 将所收到的数据包的端口号和公用 IP 地址转换为客户机的端口号和内部网络使用的专用 IP 地址并转发给客户机。

以上步骤对于网络内部的主机和网络外部的主机都是透明的,对它们来讲就如同直接通信一样,如图 13-4 所示。

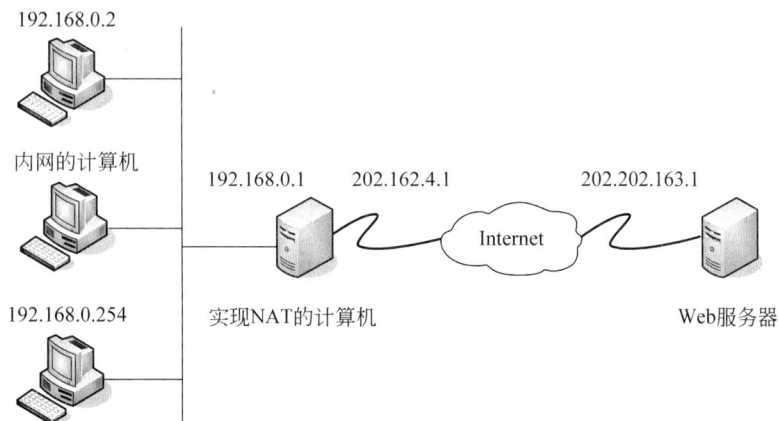

图 13-4　NAT 的工作过程

几个工程案例介绍如下:

(1) 192.168.0.2 用户使用 Web 浏览器连接到位于 202.202.163.1 的 Web 服务器,则用户计算机将创建带有下列信息的 IP 数据包。

目标 IP 地址:202.202.163.1

源 IP 地址:192.168.0.2

目标端口:TCP 端口 80

源端口:TCP 端口 1350

(2) IP 数据包转发到运行 NAT 的计算机上,它将传出的数据包地址转换成下面的形式。

目标 IP 地址:202.202.163.1

源 IP 地址:202.162.4.1

目标端口:TCP 端口 80

源端口:TCP 端口 2500

(3) NAT 协议在表中保留了{192.168.0.2,TCP 1350}到{202.162.4.1,TCP 2500}的映射,以便回传。

(4) 转发的 IP 数据包是通过 Internet 发送的。Web 服务器响应通过 NAT 协议发回和接收。当接收时,数据包包含下面的公用地址信息。

目标 IP 地址:202.162.4.1

源 IP 地址:202.202.163.1

目标端口:TCP 端口 2500

源端口:TCP 端口 80

(5) NAT 协议检查转换表,将公用地址映射到专用地址,并将数据包转发给位于 192.168.0.2 的计算机。转发的数据包包含以下地址信息。

目标 IP 地址:192.168.0.2

源 IP 地址:202.202.163.1

目标端口:TCP 端口 1350

源端口:TCP 端口 80

对于来自 NAT 协议的传出数据包,源 IP 地址(专用地址)被映射到 ISP 分配的地址(公用地址),并且 TCP/UDP 端口号也会被映射到不同的 TCP/UDP 端口号。

对于到 NAT 协议的传入数据包,目标 IP 地址(公用地址)被映射到源 Internet 地址(专用地址),并且 TCP/UDP 端口号被重新映射回源 TCP/UDP 端口号。

2. NAT 的分类

(1) 源 NAT(Source NAT,SNAT)。SNAT 指修改第一个包的源 IP 地址。SNAT 会在包送出之前的最后一刻做好 Post-Routing 的动作。Linux 中的 IP 伪装(MASQUERADE)就是 SNAT 的一种特殊形式。

(2) 目的 NAT(Destination NAT,DNAT)。DNAT 是指修改第一个包的目的 IP 地址。DNAT 总是在包进入后立刻进行 Pre-Routing 动作。端口转发、负载均衡和透明代理均属于 DNAT。

13.3.2 使用 iptables 实现 NAT

1. iptables 中 NAT 的工作过程

用户使用 iptables 命令设置 NAT 规则,这些规则都存储在 nat 表中。设置的这些规则都具有目标动作,它们告诉内核对特定的数据包做什么操作。根据规则所处理的信息包类型,可以将规则分组存放在链中。

- 要做源 IP 地址转换的数据包的规则被添加到 POSTROUTING 链中。
- 要做目的 IP 地址转换的数据包的规则被添加到 PREROUTING 链中。
- 直接从本地出去的数据包的规则被添加到 OUTPUT 链中。

NAT 工作要经过以下的步骤,如图 13-5 所示。

- DNAT。若包是被送往 PREROUTING 链的,并且匹配了规则,则执行 DNAT 或 REDIRECT 目标。为了使数据包得到正确的路由,必须在路由之前进行 DNAT。
- 路由。内核检查信息包的头信息,尤其是信息包的目的地。
- 处理本地进程产生的包。对 nat 表 OUTPUT 链中的规则进行规则匹配,对匹配的包执行目标动作。
- SNAT。若包是被送往 POSTROUTING 链的,并且匹配了规则,则执行 SNAT(公网 IP 地址为静态获得的)或 MASQUERADE(公网 IP 地址为从 ISP 处动态分配)目标。系统在决定了数据包的路由之后才执行该链中的规则。

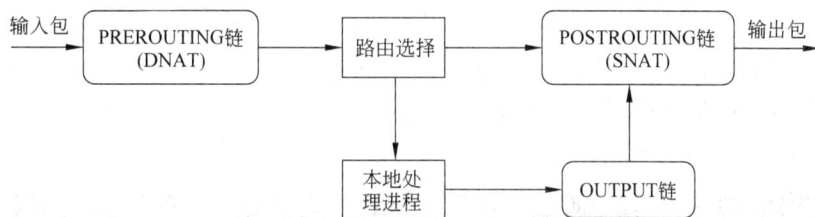

图 13-5 数据包穿越 NAT 的流程

2. 使用 iptables 实现 NAT 的方法

下面的设置过程将结合具体的实例进行讲解。

【例 13-10】 公司内部主机使用 10.0.0.0/8 网段的 IP 地址,并且使用 Linux 主机作为服务器连接因特网,外网地址为固定地址 212.212.12.12,现需要修改相关设置,以保证内网用户能够正常访问 Internet,如图 13-6 所示。

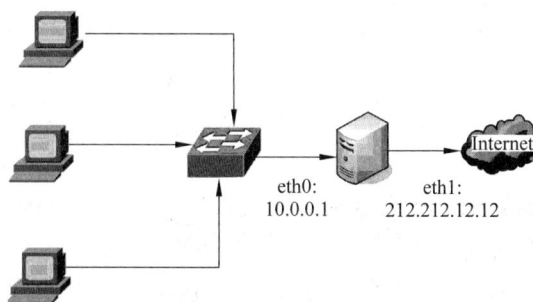

图 13-6 NAT 服务网络拓扑

(1) 在 NAT 服务器 RHEL 6 上添加双网卡

由于安装系统时没有添加第二块网卡,所以此时需要单独在虚拟机中添加。在虚拟机中添加第二块网卡完成后,重启系统,却发现:无论是使用 setup 命令检查网络配置,还是直接单击"系统"→"首选项"→"网络连接",都无法找到新添加的第二块网卡。在终端窗口中,使用 ifconfig 命令也无法浏览第二块网卡的配置信息。仔细想来,都是由于安装系统时没有直接添加一块网卡。这个问题的解决方法如下:

① /etc/udev/rules. d/70-persistent-net. rules 文件是网卡序号等信息的配置文件,记录了 MAC 地址和对应的网卡服务名的关系。添加第二块网卡之前,先将该文件的所有内容清空。重启系统后该文件会根据网卡的实际情况重建。

② 重启系统后,打开/etc/udev/rules. d/70-persistent-net. rules 文件,如图 13-7 所示。

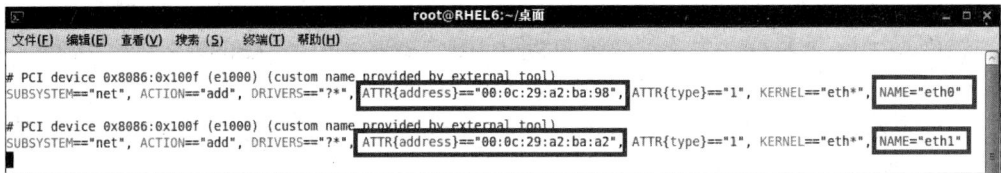

图 13-7　70-persistent-net. rules 文件

提示:请特别注意"ATTR{address} = ="00:0c:29:a2:ba:a2""和"NAME = "eth1""这两条语句!

③ 复制 eth0 网卡配置文件到 eth1 中,并对 eth1 的网卡配置文件进行修改。

首先将 MAC 地址和 Device 用 70-persistent-net. rules 中 eth1 的相关内容替代;其次去掉 UUID 那一行;最后重新设置 IP 地址,本例设为 212.212.12.12/24,保存文件并退出。设置结果如图 13-8 所示。

图 13-8　网卡 eth1 的配置文件

④ 用 service network restart 命令重启网络,用 ifconfig 命令检查可知双网卡生效。

(2) 部署网络环境的配置

本实训由 3 台 Linux 虚拟机组成,一台是 NAT 服务器(RHEL 6),双网卡(eth0:10.0.0.1/8 连接 VMnet0,eth1:212.212.12.12/24 连接 VMnet1);1 台是安装 Linux 操作系统

的 NAT 客户端(客户端,IP 为 10.0.0.2/8,连接 VMnet1);还有 1 台是互联网上的 Web 服务器,也安装了 Linux(RHEL 5 的 IP 为 212.212.12.100/24,连接 VMnet2)。

(3) 测试网络的连通情况

① 在 RHEL 6 测试与另外两台计算机的连通性,发现都能连通。

```
[root@RHEL 6 桌面]#ping -c 3 10.0.0.2
[root@RHEL 6 桌面]#ping -c 3 212.212.12.100
```

② 在 client(内网:10.0.0.2/8)上只能 ping 通 RHEL 6。

```
[root@client ~]#ping -c 3 10.0.0.  1              //网络畅通
[root@client ~]#ping -c 3 212.212.12.100          //无法通信
```

③ 在 RHEL 5 上(外网:212.212.12.100/24)只能 ping 通 RHEL 6。

```
[root@RHEL 5 ~]#ping -c 3 212.212.12.12           //网络畅通
[root@RHEL 5 ~]#ping -c 3 10.0.0.2                //无法通信
```

(4) 搭建过程

① 开启内核路由转发功能。

先在内核里打开 IP 转发功能,如下所示。

```
[root@RHEL 6 etc]#vim /etc/sysctl.conf
net.ipv4.ip_forward =1                            //数值改为 1
[root@RHEL 6 etc]#sysctl -p                       //启用转发功能
net.ipv4.ip_forward =1
net.ipv4.conf.default.rp_filter =1
...(后面略)
```

② 添加 SNAT 规则。

设置 iptables 规则,将数据包的源地址改为公网地址,如下所示。

```
[root@RHEL 6 ~]#iptables -t nat -A POSTROUTING -o eth1 -s 10.0.0.0/8 -j SNAT --to
                -source 212.212.12.12
[root@RHEL 6 ~]#service iptables save             #保存配置信息
Saving firewall rules to /etc/sysconfig/iptables:              [确定]
```

③ 指定客户端 10.0.0.2 的默认网关(其他客户端类似)。在网卡中直接设定也可以。

```
[root@client1 ~]#route add default gw 10.0.0.1
```

(5) 测试过程

在 client(内网:10.0.0.2/8)上能 ping 通 RHEL 6 和外网计算机 RHEL 5。

```
[root@client ~]#ping -c 3 10.0.0.  1              //网络畅通
[root@client ~]#ping -c 3 212.212.12.100          //网络畅通
```

【例 13-11】 接例 13-10,NAT 服务器安装了双网卡,eth1 连接外网,IP 地址为 212.212.12.12/24;eth0 连接内网,IP 地址为 10.0.0.1/8。企业内部网络 Web 服务器 client 的 IP 地址为 10.0.0.2/8。要求当 Internet 网络中的用户在浏览器中输入 http://212.212.12.12 时可以访问到内网的 Web 服务器,如图 13-6 所示。

根据题目要求可知,应该做 DNAT。所以,应该向 PREROUTING 链添加规则。此时 iptables 命令的-j 参数的语法格式为:

```
-j DNAT --to-destination/--to IP1[-IP2]:[port1] [-port2]]
```

具体步骤如下:

(1) 部署网络环境,请参考例 13-10,不再详述。

(2) 在 Web 服务器上配置。

① 启用安装并启用 Apache 服务。

② 在 Web 本机上测试安装是否成功。

(3) 在外网计算机上测试是否能成功访问内网的 Web 服务器。

在外网用户计算机(RHEL 5)上测试内网的 Web 服务。由于没有启用 DNAT,不能成功访问 Web 服务器。测试结果如图 13-9 所示。

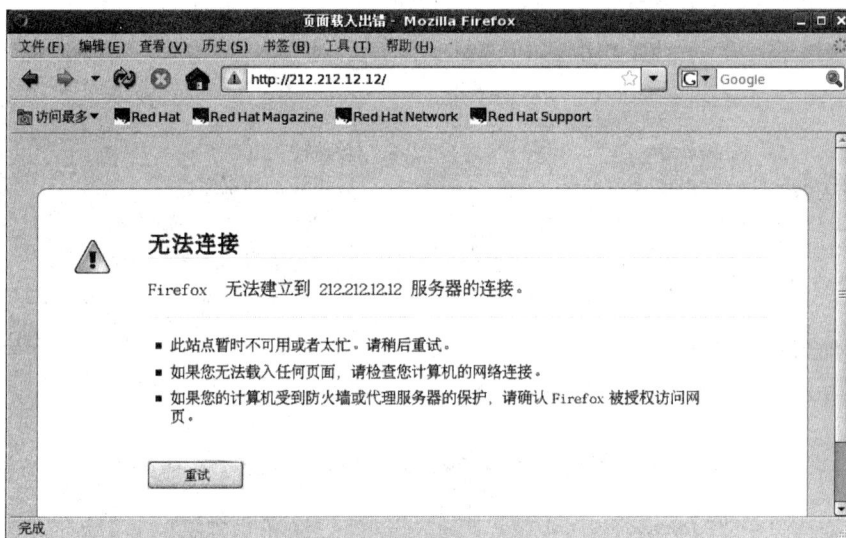

图 13-9 外网用户无法访问 Web 服务器

(4) 在 NAT 服务器 RHEL 6 上进行配置。

① 先清除 NAT 的 PREROUTING。

```
[root@RHEL 6 ~]#iptables -t nat -F PREROUTING
```

② 在 NAT 服务器 RHEL 6 上配置 DNAT。

```
[root@RHEL 6 ~]#iptables -t nat -A PREROUTING -p tcp -d 212.212.12.12 --dport 80
            -j DNAT --to 10.0.0.2:80
```

或者

```
[root@RHEL 6 ~]#iptables -t nat -A PREROUTING -p tcp -i eth1 --dport 80 -j DNAT --
                -to 10.0.0.2:80
```

或者

```
[root@RHEL 6 ~]#iptables -t nat -A PREROUTING -d 212.212.12.12 -p tcp --dport 80
                -j DNAT --to-destination 10.0.0.2
```

（5）在外网计算机 RHEL 5(IP 为 212.212.12.100)上测试,结果如图 13-10 所示。

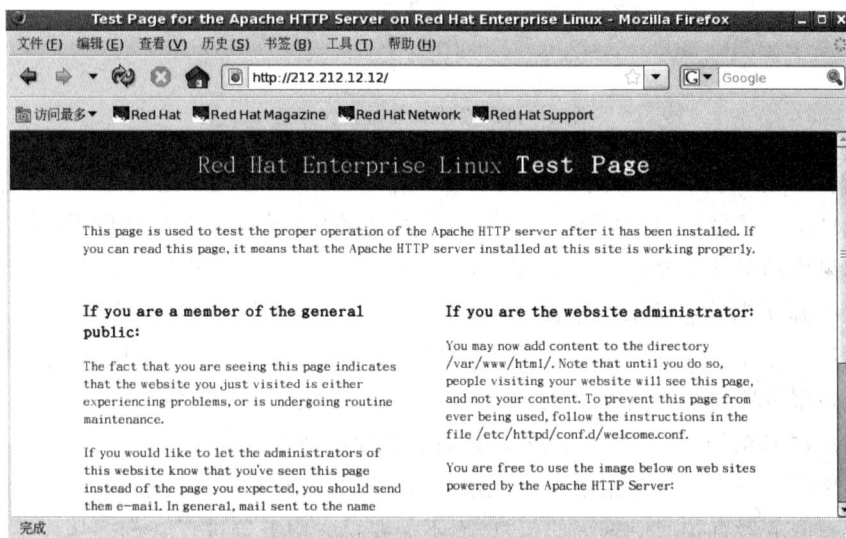

图 13-10　外网用户成功访问内网的 Web 服务器

13.4　squid 代理服务器

代理服务器(Proxy Server)等同于内网与 Internet 的桥梁。普通的 Internet 访问是一个典型的客户机与服务器结构:用户利用计算机上的客户端程序,如浏览器发出请求,远端 WWW 服务器程序响应请求并提供相应的数据。而 Proxy 处于客户机与服务器之间,对于服务器来说,Proxy 是客户机,Proxy 提出请求,服务器响应;对于客户机来说,Proxy 是服务器,它接受客户机的请求,并将服务器上传来的数据转给客户机。它的作用如同现实生活中的代理服务商。

13.4.1　代理服务器的工作原理

当客户端在浏览器中设置好 Proxy 服务器后,所有使用浏览器访问 Internet 站点的请求都不会直接发给目的主机,而是首先发送至代理服务器,代理服务器接收到客户端的请求以后,由代理服务器向目的主机发出请求,并接收目的主机返回的数据,存放在代理服务器的硬盘上，然后再由代理服务器将客户端请求的数据转发给客户端。具体流程如图 13-11 所示。

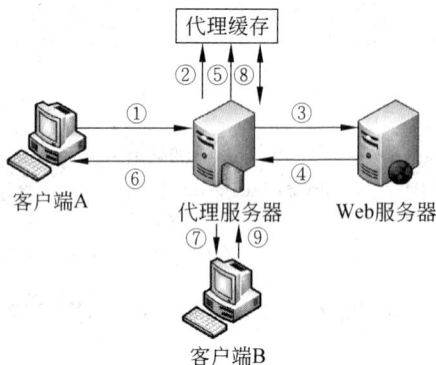

图 13-11　代理服务器工作原理

① 当客户端 A 对 Web 服务器端提出请求时，此请求会首先发送到代理服务器。

② 代理服务器接收到客户端请求后，会检查缓存中是否存有客户端所需要的数据。

③ 如果代理服务器没有客户端 A 所请求的数据，它将会向 Web 服务器提交请求。

④ Web 服务器响应请求的数据。

⑤ 代理服务器从服务器获取数据后，会保存至本地的缓存，以备以后查询使用。

⑥ 代理服务器向客户端 A 转发 Web 服务器的数据。

⑦ 客户端 B 访问 Web 服务器，向代理服务器发出请求。

⑧ 代理服务器查找缓存记录，确认已经存在 Web 服务器的相关数据。

⑨ 代理服务器直接回应查询的信息，而不需要再去服务器进行查询。从而达到节约网络流量和提高访问速度的目的。

注意：由于代理服务器中需要一块单独的缓存空间存储经常访问的信息，所以 squid 服务器对于硬盘和内存的要求比较高。另外，squid 使用硬盘作为缓存(cache)，所以对硬盘的存取速度要求也比较高。

13.4.2　安装、启动与停止 squid 服务

squid 的官方网站是 http：//www．squid．cache．org。

1. squid 软件包与常用配置项

(1) squid 软件包

- 软件包名：squid
- 服务名：squid
- 主程序：/usr/sbin/squid
- 配置目录：/etc/squid/
- 主配置文件：/etc/squid/squid．conf
- 默认监听端口：TCP 3128
- 默认访问日志文件：/var/log/squid/access．log

（2）常用配置项

- http_port 3128
- access_log /var/log/squid/access.log
- visible_hostname proxy.example.com

2. 安装、启动、停止 squid 服务

```
[root@RHEL 6 ~]#rpm -qa |grep squid
[root@RHEL 6 ~]#mount /dev/cdrom /iso
[root@RHEL 6 ~]#yum clean all              //安装前先清除缓存
[root@RHEL 6 ~]#yum install squid -y
[root@RHEL 6 ~]#service squid start        //启动 squid 服务
[root@RHEL 6 ~]#service squid stop         //停止 squid 服务
[root@RHEL 6 ~]#service squid restart      //重新启动 squid 服务
[root@RHEL 6 ~]#service squid reload       //重新加载 squid 服务
[root@RHEL 6 ~]#/etc/rc.d/init.d/squid reload  //重新加载 squid 服务
[root@RHEL 6 ~]#chkconfig --level 3 squid on   //运行级别 3 自动加载
[root@RHEL 6 ~]#chkconfig --level 3 squid off  //运行级别 3 不自动加载
```

3. 使用 ntsysv

使用 ntsysv 命令，利用文本图形界面对 squid 自动加载进行配置，在 squid 选项前按 Space 键加上"＊"。

注意：让防火墙放行 squid 或直接关闭，同时让 SELinux 失效或允许（命令为 setenforce 0）。

13.4.3　配置 Squid 服务器

Squid 服务的主配置文件是/etc/squid/squid.conf，用户可以根据自己的实际情况修改相应的选项。

1. 几个常用的选项

（1）http_port 3128

定义 Squid 监听 HTTP 客户连接请求的端口。默认是 3128，如果使用 HTTPD 加速模式则为 80。可以指定多个端口，但是所有指定的端口都必须在一条命令行上，各端口间用空格分开。

http_port 字段还可以指定监听来自某些 IP 地址的 HTTP 请求，这种功能经常被使用，当 Squid 服务器有两块网卡，一块用于和内网通信，另一块和外网通信的时候，管理员希望 Squid 仅监听来自内网的客户端请求，而不是监听来自外网的客户端请求，在这种情况下，就需要使用 IP 地址和端口号写在一起的方式，例如，让 Squid 在 8080 端口只监听内网接口上的请求，如下所示。

```
http_port  192.168.2.254:8080
```

（2）cache_mem 512MB

内存缓冲设置是指需要使用多少内存来作为高速缓存。这是一个不太好设置的数值，因为每台服务器内存的大小和服务群体都不相同，但有一点是可以肯定的，就是缓存设置越大，对于提高客户端的访问速度就越有利。究竟配置多少合适呢？如果设置过大可能导致服务器的整体性能下降,设置太小客户端访问速度又得不到实质性的提高。在这里,建议根据服务器提供的功能多少而定,如果服务器只是用作代理服务器,平时只是共享上网用,可以把缓存设置为实际内存的一半甚至更多(视内存总容量而定)。如果服务器本身还提供其他而且较多的服务,那么缓存的设置最好不要超过实际内存的 1/3。

(3) cache_dir ufs /var/spool/squid 4096 16 256

用于指定硬盘缓冲区的大小。其中 ufs 指缓冲的存储类型,一般为 ufs;/var/spool/squid 是指硬盘缓冲存放的目录;4096 指缓存空间的最大为 4096MB。16 代表在硬盘缓存目录下建立的第一级子目录的个数,默认为 16;256 代表可以建立的二级子目录的个数,默认为 256。当客户端访问网站的时候,Squid 会从自己的缓存目录中查找客户端请求的文件。可以选择任意分区作为硬盘缓存目录,最好选择较大的分区,例如/usr 或者/var 等。不过建议使用单独的分区,可以选择闲置的硬盘,将其分区后挂载到/cache 目录下。

(4) cache_effective_user squid

设置使用缓存的有效用户。在利用 RPM 格式的软件包安装服务时,安装程序会自动建立一个名为 squid 的用户供 Squid 服务使用。如果系统没有该用户,管理员可以自行添加,或者更换其他权限较小的用户,如 nobody 用户所示。

```
cache_effective_user nobody
```

(5) cache_effective_group squid

设置使用缓存的有效用户组,默认为 squid 组,也可更改。

(6) dns_nameservers 220.206.160.100

设置有效的 DNS 服务器的地址。为了能使 Squid 代理服务器正确地解析出域名,必须指定可用的 DNS 服务器。

(7) cache_access_log /var/log/squid/access.log

设置访问记录的日志文件。该日志文件主要记录用户访问 Internet 的详细信息。

(8) cache_log /var/log/squid/cache.log

设置缓存日志文件。该文件记录缓存的相关信息。

(9) cache_store_log /var/log/squid/store.log

设置网页缓存日志文件。网页缓存日志记录了缓存中存储对象的相关信息,例如存储对象的大小、存储时间、过期时间等。

(10) visible_hostname 192.168.0.3

visible_hostname 字段用来帮助 Squid 得知当前的主机名,如果不设置此项,在启动 Squid 的时候就会碰到"FATAL:Could not determine fully qualified hostname. Please set 'visible hostname'"这样的提示。当访问发生错误时,该选项的值会出现在客户端错误提示网页中。

(11) cache_mgr master@smile.com

设置管理员的邮件地址。当客户端出现错误时,该邮件地址会出现在网页提示中,这样用户就可以写信给管理员来告知发生的事情。

2. 设置访问控制列表

Squid 代理服务器是 Web 客户机与 Web 服务器之间的中介,它实现访问控制,决定哪一台客户机可以访问 Web 服务器以及如何访问。Squid 服务器通过检查具有控制信息的主机和域的访问控制列表(ACL)来决定是否允许某客户机进行访问。ACL 是要控制客户的主机和域的列表。使用 acl 命令可以定义 ACL,该命令在控制项中创建标签。用户可以使用 http_access 等命令定义这些控制功能,可以基于多种 ACL 选项,如源 IP 地址、域名、甚至时间和日期等来使用 acl 命令定义系统或者系统组。

(1) acl

acl 命令的格式如下:

acl　列表名称　列表类型　[- i]　列表值

其中,列表名称用于区分 Squid 的各个访问控制列表,任何两个访问控制列表不能用相同的列表名称。一般来说,为了便于区分列表的含义,应尽量使用意义明确的列表名称。

列表类型用于定义可被 Squid 识别的类别。例如,可以通过 IP 地址、主机名、域名、日期和时间等。常见的列表类型如表 13-7 所示。

表 13-7　ACL 列表类型选项

ACL 列表类型	说　　明
src ip-address/netmask	客户端源 IP 地址和子网掩码
src addr1-addr4/netmask	客户端源 IP 地址范围
dst ip-address/netmask	客户端目标 IP 地址和子网掩码
myip ip-address/netmask	本地套接字 IP 地址
srcdomain domain	源域名(客户机所属的域)
dstdomain domain	目的域名(Internet 中的服务器所属的域)
srcdom_regex expression	对来源的 URL 做正则匹配表达式
dstdom_regex expression	对目的 URL 做正则匹配表达式
Time	指定时间。用法: acl aclname time [day-abbrevs] [h1:m1-h2:m2] 其中,day-abbrevs 可以为: S(Sunday)、M(Monday)、T(Tuesday)、W(Wednesday)、H(Thursday)、F(Friday)、A(Saturday) 注意: h1:m1 一定要比 h2:m2 小
port	指定连接端口,如 acl SSL_ports port 443
Proto	指定所使用的通信协议,如 acl allowprotolist proto HTTP
url_regex	设置 URL 规则匹配表达式
urlpath_regex:URL-path	设置略去协议和主机名的 URL 规则匹配表达式

更多的 ACL 类型表达式可以查看 squid.conf 文件。

(2) http_access

设置允许或拒绝某个访问控制列表的访问请求。格式如下:

http_access　[allow|deny]　访问控制列表的名称

Squid 服务器在定义了访问控制列表后,会根据 http_access 选项的规则允许或禁止满足一定条件的客户端的访问请求。

【例 13-12】 拒绝所有的客户端的请求。

```
acl  all  src  0.0.0.0/0.0.0.0
http_access deny  all
```

【例 13-13】 禁止 192.168.1.0/24 网络的客户机上网。

```
acl  client1  src  192.168.1.0/255.255.255.0
http_access  deny  client1
```

【例 13-14】 禁止用户访问域名为 www.playboy.com 的网站。

```
acl  baddomain  dstdomain  www.playboy.com
http_access  deny  baddomain
```

【例 13-15】 禁止 192.168.1.0 网络的用户在周一到周五的 9:00～18:00 上网。

```
acl  client1  src  192.168.1.0/255.255.255.0
acl  badtime  time  MTWHF  9:00-18:00
http_access deny  client1  badtime
```

【例 13-16】 禁止用户下载 *.mp3、*.exe、*.zip 和 *.rar 类型的文件。

```
acl  badfile  urlpath_regex  -i  \.mp3$\.exe$\.zip$\.rar$
http_access  deny  badfile
```

【例 13-17】 屏蔽 www.whitehouse.gov 站点。

```
acl  badsite  dstdomain  -i  www.whitehouse.gov
http_access  deny  badsite
```

其中,-i 表示忽略大小写字母,默认情况下 Squid 是区分大小写的。

【例 13-18】 屏蔽所有包含 sex 的 URL 路径。

```
acl  sex  url_regex  -i  sex
http_access  deny  sex
```

【例 13-19】 禁止访问 22、23、25、53、110、119 这些危险端口。

```
acl  dangerous_port  port  22  23  25  53  110  119
http_access  deny  dangerous_port
```

如果不确定哪些端口具有危险性,也可以采取更为保守的方法,就是只允许访问安全的端口。

默认的 squid.conf 包含了下面的安全端口 ACL,如下所示。

```
acl  safe_port1  port  80                    //http
acl  safe_port2  port  21                    //ftp
acl  safe_port3  port  443 563               //https,snews
```

```
acl  safe_port4   port  70                         //gopher
acl  safe_port5   port  210                        //wais
acl  safe_port6   port  1025- 65535                //unregistered  ports
acl  safe_port7   port  280                        //http-mgmt
acl  safe_port8   port  488                        //gss-http
acl  safe_port9   port  591                        //filemaker
acl  safe_port10  port  777                        //multiling  http
acl  safe_port11  port  210                        //waisp
http_access  deny  !safe_port1
http_access  deny  !safe_port2
...(略)
http_access  deny  !safe_port11
```

"http_access deny !safe_port1"表示拒绝所有的非 safe_ports 列表中的端口。这样设置使系统的安全性得到了进一步的保障。其中"!"叹号表示取反。

注意：由于 Squid 是按照顺序读取访问控制列表的，所以合理地安排各个访问控制列表的顺序至关重要。

13.4.4　配置透明代理

利用 squid 和 NAT 功能可以实现透明代理。透明代理的意思是客户端根本不需要知道有代理服务器的存在，客户端不需要在浏览器或其他的客户端工作中做任何设置，只需要将默认网关设置为 Linux 服务器的 IP 地址即可（eth0 是内网网卡）。透明代理服务的典型应用环境如图 13-12 所示。

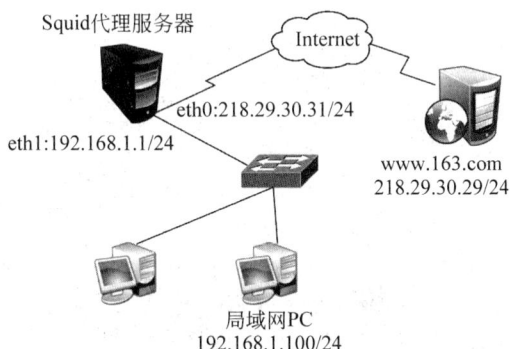

图 13-12　透明代理服务的典型应用环境

1. 企业需求

如图 13-12 所示，要求如下：

（1）客户端在设置代理服务器地址和端口的情况下能够访问因特网上的 Web 服务器。

（2）客户端不需要设置代理服务器地址和端口就能够访问因特网上的 Web 服务器，即透明代理。

2. 客户端需要配置代理服务器的解决方案

（1）部署网络环境配置

本实训由 3 台 Linux 虚拟机组成，一台是 squid 代理服务器（RHEL 6），双网卡（eth1 的

IP 为 192.168.1.1/24,连接 VMnet1;eth0 的 IP 为 218.29.30.31/24,连接 VMnet2);1 台是安装 Linux 操作系统的 squid 客户端(client 的 IP 为 192.168.1.100/24,连接 VMnet1);还有 1 台是互联网上的 Web 服务器,也安装了 Linux(RHEL 5 的 IP 为 218.29.30.29/24,连接 VMnet2)。

① 在 RHEL 5 上。

先关闭防火墙,同时在 RHEL 5 上启用 Web 服务供测试用。(采用默认设置就可以,可以复习前面的相关内容。)

```
[root@localhost ~]#vim /etc/sysconfig/network-scripts/ifcfg-eth0
IPADDR=218.29.30.29
NETMASK=255.255.255.0
[root@localhost ~]#service network restart
[root@localhost ~]#service httpd restart
[root@localhost ~]#ifconfig eth0
```

② 在 client 上。

配置网卡,关闭防火墙,设置 SELinux 为"允许"。

```
[root@client ~]#vim /etc/sysconfig/network-scripts/ifcfg-eth0
NETMASK=255.255.255.0
IPADDR=192.168.1.100
GATEWAY=192.168.1.1                    //别忘了设置默认网关
[root@client 桌面]#service nwrwork restart
```

③ 在 RHEL 6 上。

```
[root@RHEL 6 ~]#vim /etc/sysconfig/network-scripts/ifcfg-eth0
NETMASK=255.255.255.0
IPADDR=218.29.30.31
[root@RHEL 6 ~]#vim /etc/sysconfig/network-scripts/ifcfg-eth1
NETMASK=255.255.255.0
IPADDR=192.168.1.1
[root@RHEL 6 ~]#service network restart
[root@RHEL 6 ~]#ping 218.29.30.29
[root@RHEL 6 ~]#ping 192.168.1.100
[root@RHEL 6 ~]#iptables -F                    //清除防火墙的影响
```

(2) 在 RHEL 6 上安装、配置、重启 squid 服务

```
[root@RHEL 6 ~]#vim /etc/squid/squid.conf
#保证文件中有以下两行
http_port 3128
visible_hostname RHEL 6
[root@RHEL 6 ~]#service squid restart
[root@RHEL 6 ~]#chkconfig squid on
```

（3）在 Linux 客户端(client)上测试代理设置是否成功

① 打开 Firefox 浏览器，配置代理服务器。在浏览器中，依次选择"编辑"→"首选项"→"高级"→"网络"→"设置"命令，打开"连接设置"对话框，单击"手动配置代理"，将代理服务器地址设为 192.168.1.1，端口设为 3128，如图 13-13 所示。设置完成后单击"确定"按钮退出。

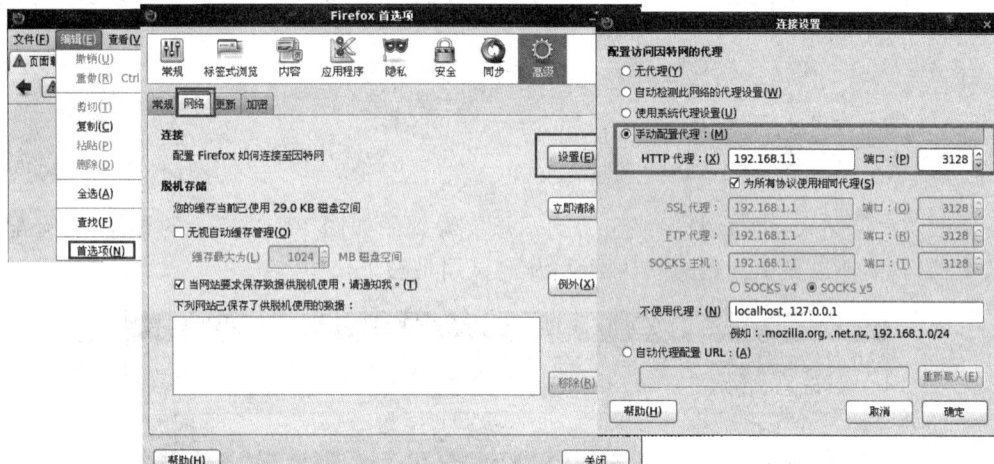

图 13-13　在 Firefox 中配置代理服务器

② 在浏览器地址栏中输入 http：//218.29.30.29，按 Enter 键。结果出现如图 13-14 所示的错误界面。

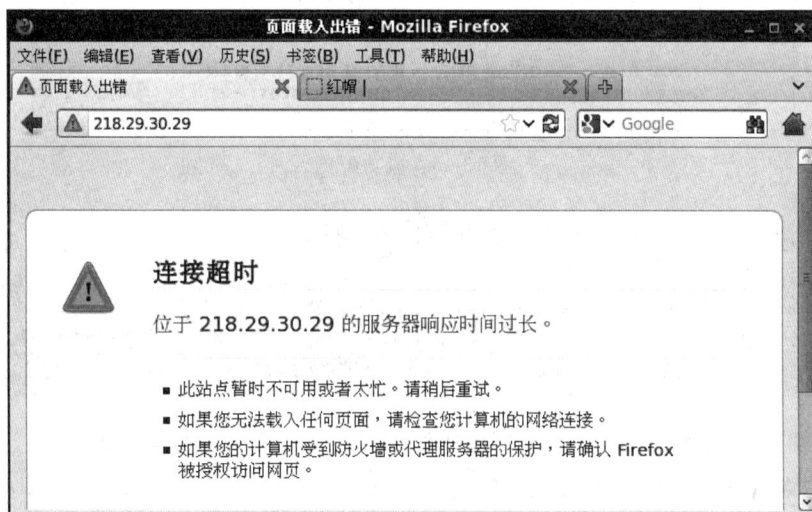

图 13-14　出现错误、连接超时的界面

探究：为什么出现错误？先查配置过程，没有发现问题。忽然想到，上次做 iptables 实训时，设了默认策略。又是防火墙的事。立即检查 RHEL 6 那台安装 squid 服务器的计算机。

```
[root@RHEL 6 桌面]#iptables -L
Chain INPUT (policy DROP)        //看到 DROP 了吧！全丢弃了,肯定不能连接到网站上了。其他
                                   实训也要注意
target     prot opt source              destination

Chain FORWARD (policy ACCEPT)
target     prot opt source              destination

Chain OUTPUT (policy ACCEPT)
target     prot opt source              destination
[root@RHEL 6 桌面]#iptables -P INPUT ACCEPT
[root@RHEL 6 桌面]#iptables -L
```

修改防火墙结束,再次浏览,终于得到了想要看到的如图 13-15 所示的界面(没有配置默认文档内容,所以显示红帽的默认网页,作测试用足够了)。

图 13-15　成功浏览

(4) 在 Linux 服务器端 RHEL 6 上查看日志文件

```
[root@RHEL 6 桌面]#vim /var/log/squid/access.log
387181853.563                69    192.168.1.100    TCP_MISS/304 258 GET
http://218.29.30.29/icons/apache_pb2.gif -DIRECT/218.29.30.29 -
```

思考：在 Web 服务器 RHEL 5 上的日志文件有何记录？不妨做一做。

3. 客户端不需要配置代理服务器的解决方案

(1) 在 RHEL 6 上配置 squid 服务

① 修改 squid.conf 配置文件,将"http_port 3128"改为如下内容并重新加载该配置。

```
[root@RHEL 6 桌面]#vim /etc/squid/squid.conf
http_port 192.168.1.1:3128 transparent
```

② 添加 iptables 规则。

```
[root@RHEL 6 桌面]#iptables -t nat -I PREROUTING -i eth1 -s 192.168.1.0/24 -p tcp
--dport 80 -j REDIRECT --to-ports 3128
```

（2）在 Linux 客户端（client）上测试代理设置是否成功

① 打开 Firefox 浏览器，配置代理服务器。在浏览器中，依次选择"编辑"→"首选项"→"高级"→"网络"→"设置"命令，打开"连接设置"对话框，单击"无代理"，将代理服务器设置清空。

② 设置 client 的网关为 192.168.1.1。

③ 在浏览器地址栏中输入 http：//218.29.30.29，按 Enter 键。测试成功。

（3）在 Web 服务器端 RHEL 5 上查看日志文件

```
[root@RHEL 5 ~]#vim /var/log/httpd/access_log
218.29.30.31 -- [16/Dec/2013:16:37:03 +0800] "GET /icons/apache_pb2.gif HTTP/1.1"
304 -"http://218.29.30.29/" "Mozilla/5.0 (X11; Linux x86_64; rv:10.0.12) Gecko/
20130104 Firefox/10.0.12"
```

注意：RHEL 5 的 Web 服务器日志文件是/var/log/httpd/access_log，RHEL 6 中的 Web 服务器的日志文件是/var/log/httpd/access.log。

思考：在 squid 服务器 RHEL 6 上的日志文件有何记录？不妨做一做。

13.5 练习题

1. 选择题

（1）在 Linux 2.4 以后的内核中，提供 TCP/IP 包过滤功能的软件是（　　）。

　　A. rarp　　　　B. route　　　　C. iptables　　　　D. filter

（2）在 Linux 操作系统中，可以通过 iptables 命令来配置内核中集成的防火墙，若在配置脚本中添加 iptables 命令：#iptables -t nat -A PREROUTING -p tcp -s 0/0 -d 61.129.3.88 --dport 80 -j DNAT --to -destination 192.168.0.18，其作用是（　　）。

　　A. 将对 192.168.0.18 的 80 端口的访问转发到内网的 61.129.3.88 主机上

　　B. 将对 61.129.3.88 的 80 端口的访问转发到内网的 192.168.0.18 主机上

　　C. 将对 192.168.0.18 的 80 端口映射到内网的 61.129.3.88 的 80 端口

　　D. 禁止对 61.129.3.88 的 80 端口的访问

（3）下面（　　）配置选项在 Squid 的配置文件中用于设置管理员的 E-mail 地址。

　　A. cache_effective_user　　　　B. cache_mem

　　C. cache_effective_group　　　　D. cache_mgr

（4）John 计划在他的局域网建立防火墙，防止 Internet 直接进入局域网，反之亦然。在防火墙上他不能用包过滤或 SOCKS 程序，而且他想要提供给局域网用户仅有的几个 Internet 服务和协议。John 应该使用的防火墙类型，下面描述最好的是（　　）。

　　A. 使用 SQUID 代理服务器　　　　B. NAT

　　C. IP 转发　　　　D. IP 伪装

307

(5) 从下面选择关于 IP 伪装的适当描述:(　　)。

  A. 它是一个转化包的数据的工具

  B. 它的功能就像 NAT 系统:转换内部 IP 地址到外部 IP 地址

  C. 它是一个自动分配 IP 地址的程序

  D. 它是一个连接内部网到 Internet 的工具

(6) 不属于 iptables 操作的是(　　)。

  A. ACCEPT   B. DROP 或 REJECT

  C. LOG   D. KILL

(7) 假设要控制来自 IP 地址 199.88.77.66 的 ping 命令,可用的 iptables 命令是(　　)。

  A. iptables -a INPUT -s 199.88.77.66 -p icmp -j DROP

  B. iptables -A INPUT -s 199.88.77.66 -p icmp -j DROP

  C. iptables -A input -s 199.88.77.66 -p icmp -j drop

  D. iptables -A input -S 199.88.77.66 -P icmp -J DROP

(8) 如果想要防止 199.88.77.0/24 网络用 TCP 分组连接端口 21,iptables 命令(　　)。

  A. iptables -A FORWARD -s 199.88.77.0/24 -p tcp -dport 21 -j REJECT

  B. iptables -A FORWARD -s 199.88.77.0/24 -p tcp -dport 21 -j REJECT

  C. iptables -a forward -s 199.88.77.0/24 -p tcp -dport 21 -j reject

  D. iptables -A FORWARD -s 199.88.77.0/24 -p tcp -dport 21 -j DROP

2. 填空题

(1) _____可以使企业内部局域网与 Internet 之间或者与其他外部网络间互相隔离、限制网络互访,以此来保护_____。

(2) 防火墙大致可以分为 3 大类,分别是_____、_____和_____。

(3) _____是 Linux 核心中的一个通用架构,它提供了一系列的表(tables),每个表由若干_____组成,而每条链可以由一条或数条_____组成。实际上,netfilter 是_____的容器,表是链的容器,而链又是_____的容器。

(4) 接收数据包时,netfilter 提供 3 种数据包处理的功能:_____、_____和_____。

(5) netfilter 设计了 3 个表(table):_____、_____以及_____。

(6) _____表仅用于网络地址转换,其具体的动作有_____、_____以及_____。

(7) _____是 netfilter 默认的表,通常使用该表进行过滤的设置,它包含以下内置链:_____、_____和_____。

(8) 网络地址转换器 NAT(Network Address Translator)位于使用专用地址的_____和使用公用地址的_____之间。

(9) 代理服务器(Proxy Server)等同于内网与_____的桥梁。普通的 Internet 访问是一个典型的_____结构。

3. 简答题

(1) 简述防火墙的概念、分类及作用。

(2) 简述 iptables 的工作过程。

(3) 简述 NAT 的工作过程。

（4）简述代理服务器工作原理。

13.6　项目实录

1．录像位置

随书光盘。

2．项目实训目的

- 能熟练利用 iptables 防火墙架设企业 NAT 服务器。
- 能熟练完成企业 Squid 代理服务器的架设与维护。

3．项目背景

项目 1：假如某公司需要接入 Internet，由 ISP 分配 IP 地址 202.112.113.112。采用 iptables 作为 NAT 服务器接入网络，内部采用 192.168.1.0/24 地址，外部采用 202.112.113.112 地址。为确保安全需要配置防火墙功能，要求内部仅能够访问 Web、DNS 及 E-mail 三台服务器；内部 Web 服务器 192.168.1.100 通过端口映像方式对外提供服务。网络拓扑结构如图 13-16 所示。

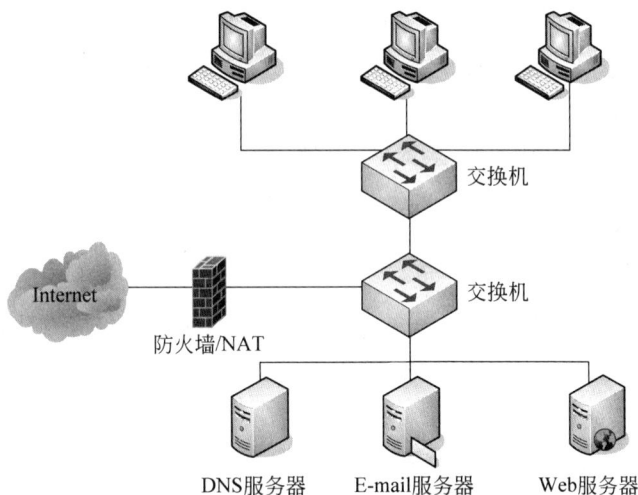

图 13-16　公司网络拓扑

项目 2：某公司用 Squid 作代理服务器（内网 IP 地址为 192.168.1.2），该代理服务器配置为奔腾 1.6GHz/512MB/80GB，公司所用 IP 地址段为 192.168.1.0/24，并且想用 8080 作为代理端口。

4．项目实训内容

练习 Linux 系统下 NAT 及 iptables 防火墙的配置。

5．做一做

根据项目实录录像进行项目的实训，检查学习效果。

实训 　Linux 防火墙的配置训练

1. 实训目的

(1) 掌握 iptables 防火墙的配置。

(2) 掌握 NAT 的实现方法。

(3) 掌握 Squid 代理服务器的配置。

(4) 掌握透明代理的实现方法。

2. 实训内容

配置 iptables 防火墙、NAT、Squid 代理服务器及透明代理。

3. 实训环境

(1) 网络中包括两个子网 A 和 B。子网 A 的网络地址为 192.168.1.0/24,网关为 hostA。hostA 有两个接口为 eth0 和 eth1。eth0 连接子网 A,IP 地址为 192.168.1.1。 eth1 连接外部网络,IP 地址为 10.0.0.11。子网 B 的网络地址为 192.168.10.0/24,网关为 hostB。hostB 有两个网络接口为 eth0 和 eth1。eth0 连接子网 B,IP 地址为 192.168.10.1。 eth1 连接外部网络,IP 地址为 10.0.0.101。hostA 和 hostB 构成子网 C,网络地址是 10.0. 0.0/24,通过集线器连接到 hostC,然后通过 hostC 连接 Internet。hostC 的内部网络接口为 eth0,IP 地址为 10.0.0.1。

(2) 在 hostA、hostB 和 hostC 上都已经安装好 Linux 系统,并且在 hostC 上设置 Squid 代理服务器。

4. 实训练习

(1) 配置路由器

在 hostA、hostB 和 hostC 上配置路由器,使子网 A 和子网 B 之间能够互相通信,同时 子网 A 和子网 B 内的主机也能够和 hostC 相互通信。

(2) 配置防火墙

在 hostA 上用 iptables 配置防火墙,实现如下规则。

- 允许转发数据包,保证 hostA 的路由功能。
- 允许所有来自子网 A 内的数据包通过。
- 允许子网 A 内的主机对外发出请求后返回的 TCP 数据包进入子网 A。
- 只允许子网 A 外的客户机连接子网 A 内的客户机的 22 号 TCP 端口,也就是只允 许子网 A 外的主机对子网 A 内的主机进行 SSH 连接。
- 禁止子网 A 外的主机 ping 子网 A 内的主机,也就是禁止子网 A 外的 ICMP 包进入 子网 A。

(3) 配置 NAT

重新配置 hostA 和 hostB 上的路由规则和防火墙规则,启用 IP 伪装功能。在 hostA 上对子网 A 内的 IP 地址进行伪装,实现 NAT,使子网 A 内的主机能够访问外部 网络。

（4）配置 Squid 及透明代理

在 hostC 上设置防火墙规则，把来自子网 A 和 B 中的客户机的发往 Internet 的端口为 80 的数据包，重定向到 hostC 的 Squid 的端口，实现透明代理。

5．实训报告

按要求完成实训报告。

第 14 章　VPN 服务器的配置

本章重点介绍 VPN 工作原理、Linux 下 VPN 服务器的配置与使用方法、VPN 客户端的配置。

本章学习要点：
- VPN 工作原理。
- Linux 下 VPN 服务器的配置。

14.1　VPN 概述

VPN(Virtual Private Network，虚拟专用网络)是专用网络的延伸，它模拟点对点专用连接的方式通过 Internet 或 Intranet 在两台计算机之间传送数据，是"线路中的线路"，具有良好的保密性和抗干扰能力。

14.1.1　VPN 工作原理

虚拟专用网使用 Internet 或其他公共网络来连接分散在各个不同地理位置的本地网络，在效果上和真正的专用网一样。如图 14-1 所示说明了如何通过隧道技术实现 VPN。

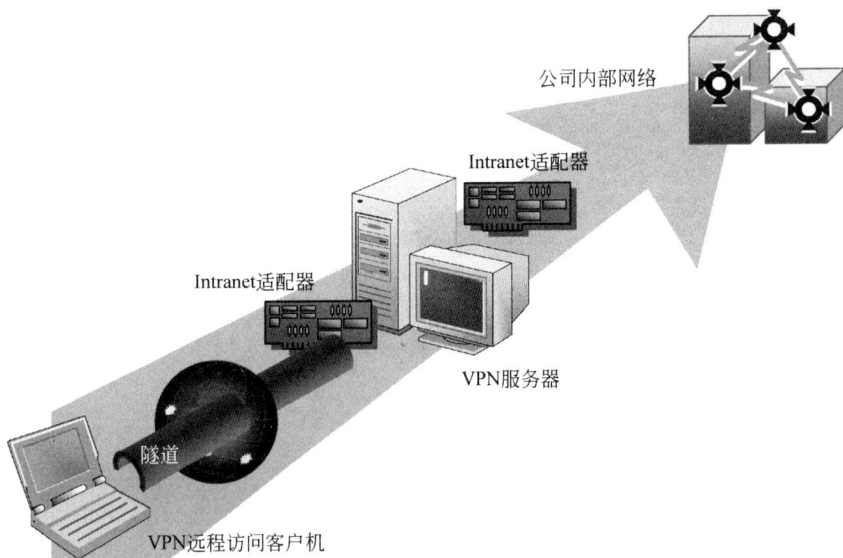

图 14-1　VPN 工作原理

假设现在有一台主机想要通过 Internet 网络连入公司的内部网。首先该主机通过拨号等方式连接到 Internet 网络,然后再通过 VPN 拨号方式与公司的 VPN 服务器建立一条虚拟连接,在建立连接的过程中,双方必须确定采用何种 VPN 协议和链接线路的路由路径等。当隧道建立完成后,用户与公司内部网之间要利用该虚拟专用网进行通信时,发送方会根据所使用的 VPN 协议,对所有的通信信息进行加密,并重新添加上数据报的报头封装成为在公共网络上发送的外部数据报。然后通过公共网络将数据发送至接收方。接收方在接收到该信息后也根据所使用的 VPN 协议对数据进行解密。由于在隧道中传送的外部数据报的数据部分(即内部数据报)是加密的,因此在公共网络上所经过的路由器都不知道内部数据报的内容,确保了通信数据的安全。同时也因为会对数据报进行重新封装,所以可以实现其他通信协议数据报在 TCP/IP 网络中传输。

14.1.2　VPN 的应用

一般来说 VPN 服务主要应用于以下两种场合。

(1) 总公司的网络已经连接到 Internet,用户在远程拨号连接到 Internet 网络后,就可以通过 Internet 来与总公司的 VPN 服务器建立 PPTP 或 L2TP 的 VPN 连接,并通过 VPN 安全地传输数据。

(2) 两个物理上分离的局域网的 VPN 服务器都连接到 Internet 网络,并且通过 Internet 建立 PPTP 或 L2TP 的 VPN 连接,就可以实现两个局域网之间的安全数据传输。

14.1.3　VPN 协议

隧道技术是 VPN 技术的基础,在创建隧道过程中,隧道的客户机和服务器双方必须使用相同的隧道协议。按照开放系统互联参考模型(OSI)的划分,隧道技术可以分为第 2 层和第 3 层隧道协议。第 2 层隧道协议使用帧作为数据交换单位。PPTP、L2TP 都属于第 2 层隧道协议,它们都是将数据封装在点对点协议(PPP)帧中通过互联网发送的。第 3 层隧道协议使用包作为数据交换单位。IPoverIP 和 IPSec 隧道模式都属于第 3 层隧道协议,它们都是将 IP 包封装在附加的 IP 包头中通过 IP 网络传送。下面介绍几种常见的隧道协议。

1. PPTP 协议

PPTP(Point-to-Point Tunneling Protocol,点对点隧道协议)是 PPP(点对点)协议的扩展,并协调使用 PPP 的身份验证、压缩和加密机制。它允许对 IP、IPX 或 NetBEUI 数据流进行加密,然后封装在 IP 包头中通过诸如 Internet 这样的公共网络发送,从而实现多功能通信。

2. L2TP 协议

L2TP(Layer Two Tunneling Protocol,第 2 层隧道协议)是基于 RFC 的隧道协议,该协议依赖于加密服务的 Internet 安全性(IPSec)。该协议允许客户通过其间的网络建立隧道,L2TP 还支持信道认证,但它没有规定信道保护的方法。

3. IPSec 协议

IPSec 是由 IETF(Internet Engineering Task Force)定义的一套在网络层提供 IP 安全性的协议。它主要用于确保网络层之间的安全通信。该协议使用 IPSec 协议集保护 IP 网和非 IP 网上的 L2TP 业务。在 IPSec 协议中,一旦 IPSec 通道建立,在通信双方网络层之上的所有协议(如 TCP、UDP、SNMP、HTTP、POP 等)就要经过加密,而不管这些通道构建时所采用的安全和加密方法如何。

14.2 VPN 服务器配置的环境设计

14.2.1 项目设计

在进行 VPN 网络构建之前,我们有必要进行 VPN 网络拓扑规划。如图 14-2 所示是一个小型的 VPN 实验网络环境(可以通过 VMWare 虚拟机实现该网络环境)。

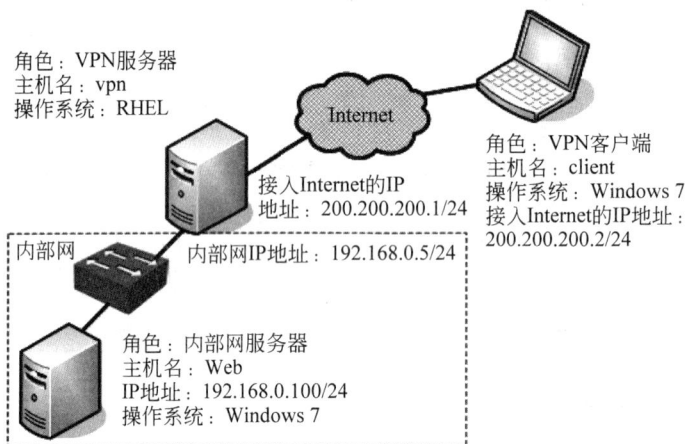

图 14-2 VPN 实验网络拓扑

14.2.2 项目准备

部署远程访问 VPN 服务之前,应做如下准备。

(1) PPTP 服务、E-mail 服务、Web 服务和 iptables 防火墙服务均部署在一台安装有 Red Hat Enterprise Linux 6 操作系统的服务器上,服务器名为 vpn,该服务器通过路由器接入 Internet。

(2) VPN 服务器至少要有两个网络连接。分别为 eth0 和 eth1,其中 eth0 连接到内部局域网 192.168.0.0 网段,IP 地址为 192.168.0.5;eth1 连接到公用网络 200.200.200.0 网段,IP 地址为 200.200.200.1。在虚拟机设置中 eth0 使用 VMnet0,eth1 使用 VMnet1。

(3) 内部网客户主机 Web 中,IP 地址为 192.168.0.100。为了实验方便,设置一个共享目录/share,在其下随便建立几个文件,供测试用。其网卡使用 VMnet0。

(4) VPN 客户端 client(IP:200.200.200.2)的配置信息如图 14-2 所示。其网卡使用 VMnet1。

(5) 合理规划分配给 VPN 客户端的 IP 地址。VPN 客户端在请求建立 VPN 连接时,VPN 服务器需要为其分配内部网络的 IP 地址。配置的 IP 地址也必须是内部网络中不使用的 IP 地址,地址的数量根据同时建立 VPN 连接的客户端数量来确定。在本任务中部署远程访问 VPN 时,使用静态 IP 地址池为远程访问客户端分配 IP 地址,地址范围采用

192.168.0.11～192.168.0.20,192.168.0.101～192.168.0.180。

（6）客户端在请求 VPN 连接时,服务器要对其进行身份验证,因此应合理规划需要建立 VPN 连接的用户账户。

本实验环境的一个说明:VPN 服务器和 VPN 客户端实际上应该在 Internet 的两端,一般不会在同一网络中,为了实验方便,我们省略了它们之间的路由器。

14.3　安装 VPN 服务器

Linux 环境下的 VPN 由 VPN 服务器模块（Point-to-Point Tunneling Protocol Daemon,PPTPD）和 VPN 客户端模块（Point-to-Point Tunneling Protocol,PPTP）共同构成。PPTPD 和 PPTP 都是通过 PPP（Point to Point Protocol）来实现 VPN 功能的。而 MPPE（Microsoft 点对点加密）模块是用来支持 Linux 与 Windows 之间连接的。如果不需要 Windows 计算机参与连接,则不需要安装 MPPE 模块。PPTPD、PPTP 和 MPPE Module 一起统称为 Poptop,即 PPTP 服务器。

安装 PPTP 服务器需要内核支持 MPPE（Microsoft 点对点加密）（在需要与 Windows 客户端连接的情况下需要）和 PPP 2.4.3 及以上版本模块。而 Red Hat Enterprise Linux 6 默认已安装了 2.4.5 版本的 PPP,而 2.6.18 内核也已经集成了 MPPE,因此只需再安装 PPTP 软件包即可。

1. 下载所需要的安装包文件

可直接从 ftp://rpmfind.net/linux/epel/6/x86_64/pptpd-1.4.0-3.el6.x86_64.rpm 下载 pptpd 软件包 pptpd--1.4.0-3.el6.x86_64.rpm,并将该文件复制到/vpn-rpm 下。也可联系本书作者索要。

2. 安装已下载的安装包文件并执行如下命令

```
[root@RHEL 6 桌面]#cd /vpn-rpm
[root@RHEL 6 vpn_rpm]#rpm -ivh pptpd-1.4.0-3.el6.x86_64.rpm
[root@RHEL 6 vpn_rpm]#rpm -qa |grep pptp
```

3. 安装完成之后可以使用下面的命令查看系统的 ppp 是否支持 MPPE 加密

```
[root@RHEL 6 vpn-rpm]#strings '/usr/sbin/pppd'|grep -i mppe|wc --lines
42
```

如果以上命令输出为 0,则表示不支持;输出为 30 或更大的数字就表示支持。

14.4　配置 VPN 服务器

配置 VPN 服务器,需要修改/etc/pptpd.conf、/etc/ppp/chap-secrets 和/etc/ppp/options.pptpd 三个文件。/etc/pptpd.conf 文件是 VPN 服务器的主配置文件,在该文件中

需要设置 VPN 服务器的本地地址和分配给客户端的地址段。/etc/ppp/chap-secrets 是 VPN 用户账号文件,该账号文件保存 VPN 客户端拨入时所需要的验证信息。/etc/ppp/options.pptpd 用于设置在建立连接时的加密、身份验证方式和其他的一些参数设置。

注意:每次修改完配置文件后,必须要重新启动 PPTP 服务才能使配置生效。

1. 网络环境的配置

为了能够正常监听 VPN 客户端的连接请求,VPN 服务器需要配置两个网络接口。一个和内网连接,另外一个和外网连接。在此为 VPN 服务器配置了 eth0 和 eth1 两个网络接口。其中 eth0 接口用于连接内网,IP 地址为 192.168.0.5;eth1 接口用于连接外网,IP 地址为 200.200.200.1。

```
[root@RHEL 6 vpn-rpm]#ifconfig eth0 192.168.0.5
[root@RHEL 6 vpn-rpm]#ifconfig eth1 200.200.200.1
[root@RHEL 6 vpn-rpm]#ifconfig
```

同理,在 Web 上配置 IP 地址为 192.168.0.100/24,在 client 上配置 IP 地址为 200.200.200.2/24。

提示:如果希望 IP 地址重启后仍生效,请使用配置文件修改 IP 地址。

在 RHEL 6 上测试这 3 台计算机的连通性。

```
[root@RHEL 6 vpn-rpm]#ping 192.168.0.100 -c 2
[root@RHEL 6 vpn-rpm]#ping 200.200.200.2 -c 2
```

提示:极有可能与 client(200.200.200.2/24)无法连通。原因可能是防火墙,将 client 的防火墙停掉即可。

2. 修改主配置文件

PPTP 服务的主配置文件"/etc/pptpd.conf"有如下两项参数的设置工作非常重要,只有在正确合理地设置这两项参数的前提下,VPN 服务器才能够正常启动。

根据前述的实验网络拓扑环境,需要在配置文件的最后加入如下两行语句。

```
localip  192.168.1.100 //在建立 VPN 连接后,分配给 VPN 服务器的 IP 地址,即 ppp0 的 IP 地址
remoteip 192.168.0.11-20,192.168.0.101-180  //在建立 VPN 连接后,分配给客户端的可用
                                              IP 地址池
```

参数说明如下。

(1) localip:设置 VPN 服务器本地的地址。

localip 参数定义了 VPN 服务器本地的地址,客户机在拨号后 VPN 服务器会自动建立一个 ppp0 网络接口供访问客户机使用,这里定义的就是 ppp0 的 IP 地址。

(2) remoteip:设置分配给 VPN 客户机的地址段。

remoteip 定义了分配给 VPN 客户机的地址段,当 VPN 客户机拨号到 VPN 服务器后,服务器会从这个地址段中分配一个 IP 地址给 VPN 客户机,以便 VPN 客户机能够访问内部网络。可以使用"-"符号指示连续的地址,使用","符号表示分隔不连续的地址。

注意:为了安全性起见,localip 和 remoteip 尽量不要在同一个网段。

在上面的配置中一共指定了 90 个 IP 地址。如果有超过 90 个客户同时进行连接时,超

额的客户将无法连接成功。

3. 配置账号文件

账户文件"/etc/ppp/chap-secrets"保存了 VPN 客户机拨入时所使用的账户名、口令和分配的 IP 地址,该文件中每个账户的信息为独立的一行,格式如下:

账户名　服务　口令　分配给该账户的 IP 地址

本例中的文件内容如下所示。

```
[root@RHEL 6 ~]#vim /etc/ppp/chap-secrets
//下面一行的 IP 地址部分表示以 smile 用户连接成功后获得的 IP 地址为 192.168.0.159
"smile" pptpd "123456" "192.168.0.159"
//下面一行的 IP 地址部分表示以 public 用户连接成功后获得的 IP 地址可从 IP 地址池中随机抽取
"public"  pptpd  "123456"  "*"
```

注意:本例中分配给 public 账户的 IP 地址参数值为"*",表示 VPN 客户机的 IP 地址由 PPTP 服务随机在地址段中选择,这种配置适合多人共同使用的公共账户。

4. /etc/ppp/options.pptpd

该文件各项参数及具体含义如下所示。

```
[root@RHEL 6 ~]#grep -v "^#" /etc/ppp/options.pptpd |grep -v "^$"
//正则表达式的含义在本书录像中有说明
name pptpd       //相当于身份验证时的域,一定要和/etc/ppp/chap-secrets 中的内容对应
refuse-pap               //拒绝 pap 身份验证
refuse-chap              //拒绝 chap 身份验证
refuse-mschap            //拒绝 mschap 身份验证
require-mschap-v2        //采用 mschap-v2 身份验证方式
require-mppe-128         //在采用 mschap-v2 身份验证方式时要使用 MPPE 进行加密
ms-dns 192.168.0.9       //给客户端分配 DNS 服务器地址
ms-wins 192.168.0.202    //给客户端分配 WINS 服务器地址
proxyarp                 //启动 ARP 代理
debug                    //开启调试模式,相关信息同样记录在 /var/logs/message 中
lock                     //锁定客户端 PTY 设备文件
nobsdcomp                //禁用 BSD 压缩模式
novj
novjccomp                //禁用 Van Jacobson 压缩模式
nologfd                  //禁止将错误信息记录到标准错误输出设备(stderr)上
```

可以根据自己网络的具体环境设置该文件。

至此,我们安装并配置的 VPN 服务器已经可以连接了。

5. 打开 Linux 内核路由功能

为了能让 VPN 客户端与内网互联,还应打开 Linux 系统的路由转发功能,否则 VPN 客户端只能访问 VPN 服务器的内部网卡 eth0。执行下面的命令可以打开 Linux 路由转发功能。

```
[root@RHEL 6 ~]#vim /etc/sysctl.conf
net.ipv4.ip_forward=1                //数值改为 1
[root@RHEL 6 etc]#sysctl -p          //启用转发功能
net.ipv4.ip_forward=1
net.ipv4.conf.default.rp_filter=1
...(略)
```

6. 关闭 SELinux

```
[root@RHEL 6 ~]#setenforce 0
```

7. 启动 VPN 服务

(1) 可以使用下面的命令启动 VPN 服务。

```
[root@RHEL 6 ~]#service pptpd start
```

(2) 可以使用下面的命令停止 VPN 服务。

```
[root@RHEL 6 ~]#service pptpd stop
```

(3) 可以使用下面的命令重新启动 VPN 服务。

```
[root@RHEL 6 ~]#service pptpd restart
Shutting down pptpd:      [ 确定 ]
Starting pptpd:           [ 确定 ]
Warning: a pptpd restart does not terminate existing
connections, so new connections may be assigned the same IP
address and cause unexpected results. Use restart-kill to
destroy existing connections during a restart.
```

注意：从上面的提示信息可知,在重新启动 VPN 服务时,不能终止已经存在的 VPN 连接,这样可能会造成重新启动 VPN 服务后,分配相同的 IP 地址给后来连接的 VPN 客户端。为了避免这种情况,可以使用"service pptpd restart-kill"命令在停止 VPN 服务时,断开所有已经存在的 VPN 连接,然后再启动 VPN 服务。如下所示。

```
[root@RHEL 6 vpn-rpm]#service pptpd restart-kill
Shutting down pptpd:              [确定]
已终止
[root@RHEL 6 vpn-rpm]#service pptpd start
Starting pptpd:                   [确定]
```

(4) 自动启动 VPN 服务。

在桌面上右击,从弹出菜单中选择"打开终端"命令,在打开的"终端"窗口中输入 ntsysv,就打开了 Red Hat Enterprise Linux 6 下的"服务"配置小程序,找到 pptpd 服务,并在它前面按 Space 键加个"*"号。这样,VPN 服务就会随系统启动而自动运行了。

8. 设置 VPN 服务可以穿透 Linux 防火墙

VPN 服务使用 TCP 的 1723 端口和编号为 47 的 IP(GRE 常规路由封装)。如果 Linux 服务器开启了防火墙功能,就需关闭防火墙功能或设置允许 TCP 的 1723 端口和编号为 47 的 IP 通过。可以使用下面的命令开放 TCP 的 1723 端口和编号为 47 的 IP。

```
[root@RHEL 6 ~]#iptables -A INPUT -p tcp --dport 1723 -j ACCEPT
[root@RHEL 6 ~]#iptables -A INPUT -p gre -j ACCEPT
```

14.5　配置 VPN 客户端

在 VPN 服务器设置并启动成功后，现在就需要配置远程的客户端以便可以访问 VPN 服务。现在最常用的 VPN 客户端通常采用 Windows 操作系统或者 Linux 操作系统，本节将以配置采用 Windows 7 操作系统的 VPN 客户端为例，说明在 Windows 7 操作系统环境中 VPN 客户端的配置方法。

Windows 7 操作系统环境中在默认情况下已经安装有 VPN 客户端程序，在此我们仅需要学习简单的 VPN 连接的配置工作。

14.5.1　建立 VPN 连接

建立 VPN 连接的具体步骤如下：

（1）保证 client 的 IP 地址设置为了 200.200.200.2/24，并且与 VPN 服务器的通信是畅通的，如图 14-3 所示。

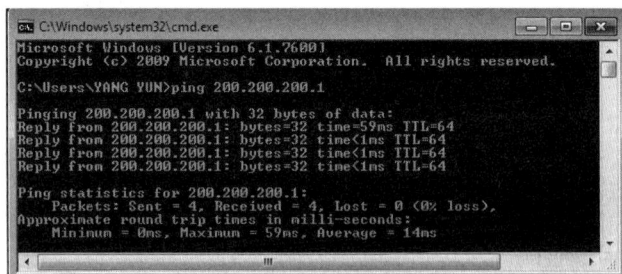

图 14-3　测试连通性

（2）右击桌面上的"网络"，选择"属性"命令；或者单击右下角网络图标，选中"打开网络和共享"，打开"网络和共享中心"对话框，如图 14-4 所示。

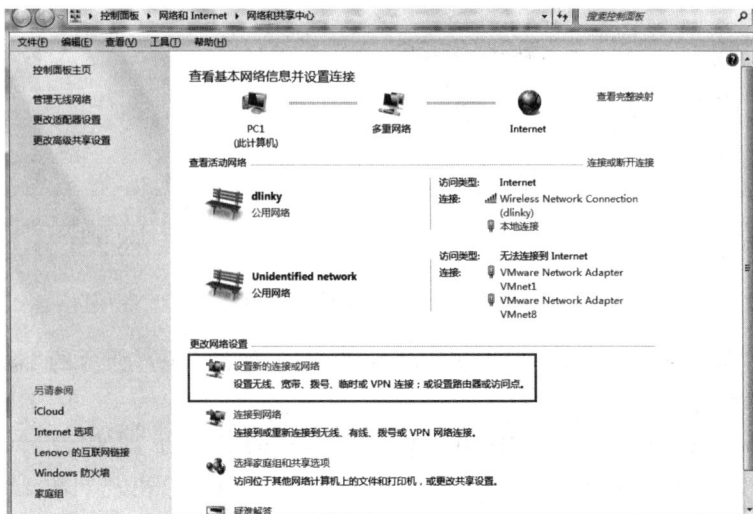

图 14-4　"网络和共享中心"对话框

（3）单击"设置新的连接或网络"，出现如图 14-5 所示的"设置连接或网络"对话框。

（4）选择"连接到工作区"，单击"下一步"按钮，出现如图 14-6 所示的对话框。

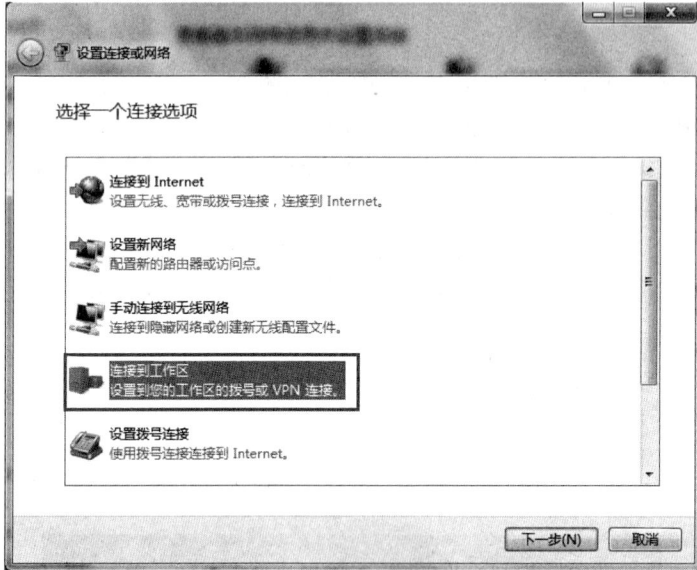

图 14-5 "设置连接或网络"对话框

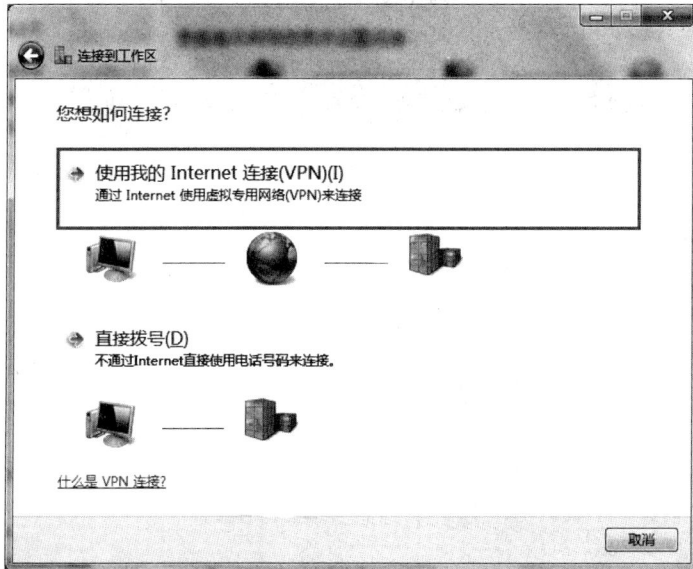

图 14-6 "连接到工作区"对话框

（5）单击"使用我的 Internet 连接（VPN）"，出现如图 14-7 所示的"输入要连接的 Internet 地址"对话框。

（6）在"Internet 地址（I）"文本框中填上 VPN 提供的 IP 地址，本例为 200.200.200.1，在"目标名称"处起个名称，如"VPN 连接"。单击"下一步"按钮，出现如图 14-8 所示的"输入用户名和密码"对话框。在这里填入 VPN 的用户名和密码，本例用户名为 smile，密码为

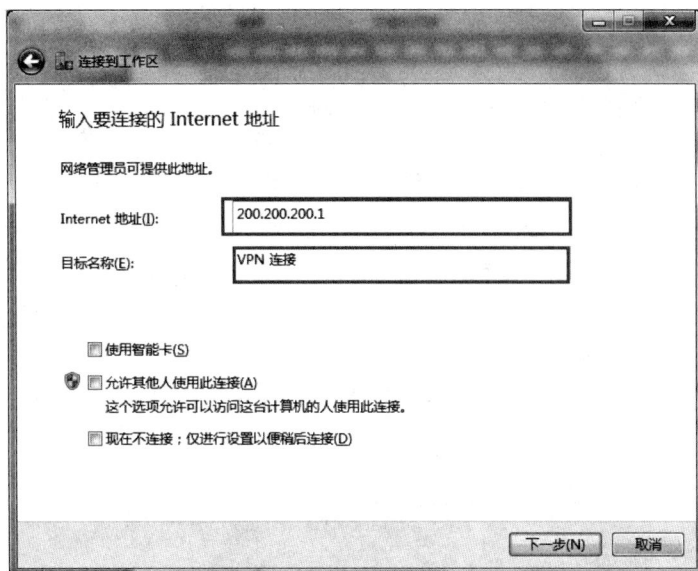

图 14-7　"输入要连接的 Internet 地址"对话框

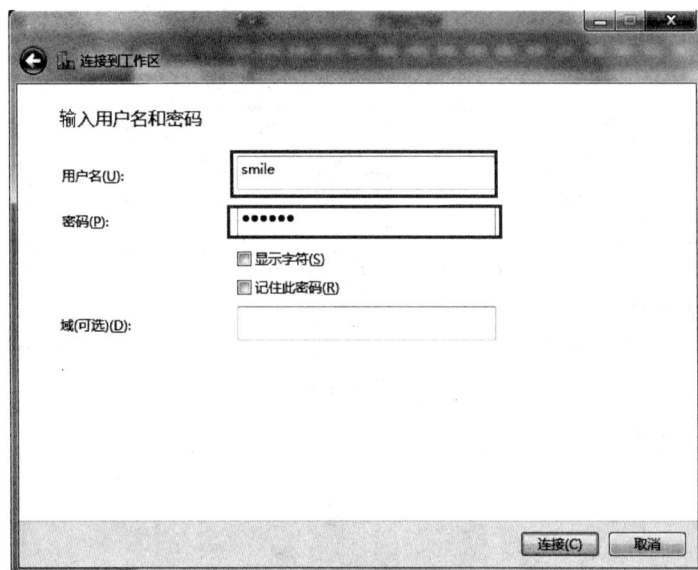

图 14-8　"输入用户名和密码"对话框

123456。然后单击"连接"按钮，最后单击"关闭"按钮，完成 VPN 客户端的设置。

（7）回到桌面，右击"网络"并选择"属性"命令，结果如图 14-9 所示，单击左边的"更改适配器设置"，出现"网络连接"对话框，如图 14-10 所示，找到刚才建好的"VPN 连接"，双击打开它。

（8）出现图 14-11 所示的对话框，填上 VPN 服务器提供的 VPN 用户名和密码，"域"可以不用填写。

至此，VPN 客户端设置完成。

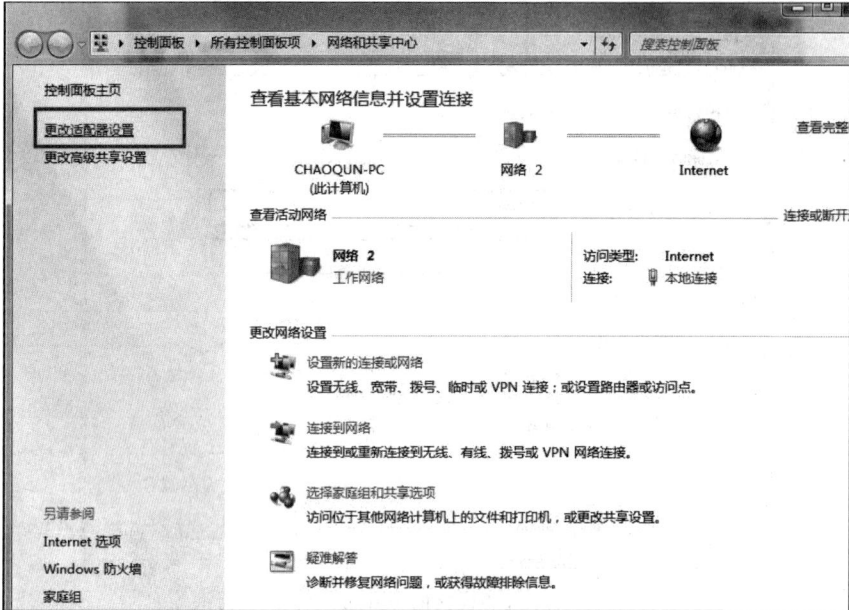

图 14-9　"更改适配器设置"对话框

图 14-10　"网络连接"对话框

图 14-11　"连接 VPN 连接"对话框

14.5.2   连接 VPN 服务器并测试

接着上面客户端的设置，继续连接 VPN 服务器，步骤如下：

（1）在图 14-11 中，输入正确的 VPN 服务账号和密码，然后单击"连接"按钮，此时客户端便开始与 VPN 服务器进行连接，并核对账号和密码。如果连接成功，就会在任务栏的右下角增加一个网络连接图标，双击该网络连接图标，然后在打开的对话框中选择"详细信息"选项卡，可以查看 VPN 边接的详细信息。

（2）在客户端以 smile 用户登录，在连接成功之后在 VPN 客户端利用 ipconfig 命令可以看到多了一个 ppp 连接，如图 14-12 所示。在 VPN 服务器端利用 ipconfig 命令可以看到多了一个 ppp0 连接，且 ppp0 的地址就是前面我们设置的"localip"地址 192.168.1.100，如图 14-13所示。

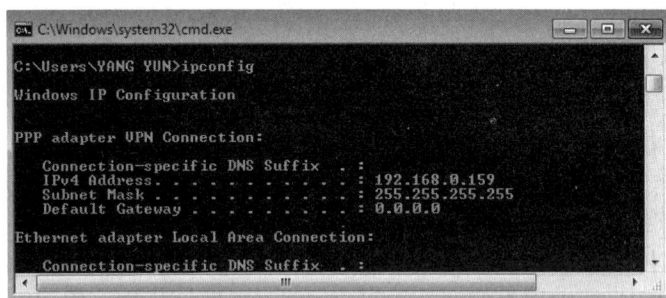

图 14-12   VPN 客户端获得了预期的 IP 地址

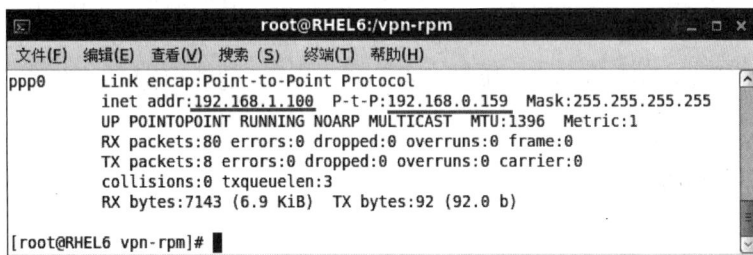

图 14-13   VPN 服务器端 ppp0 的连接情况

注意：以用户 smile 和 public 分别登录，在 Windows 客户端将得到不同的 IP 地址。如果用 public 登录 VPN 服务器，客户端获得的 IP 地址应是主配置文件中设置的地址池中的 1 个，比如 192.168.0.11。请读者试一试。

（3）访问内网 192.168.0.100 的共享资源，以测试 VPN 服务器。

在客户端使用 UNC 路径"\\192.168.0.100"访问共享资源。输入用户名和密码后，将获得相应的访问权限，如图 14-14 所示。

14.5.3   不同网段 IP 地址小结

在 VPN 服务器的配置过程中，我们用到了几个网段，下面逐一分析。

（1）VPN 服务器有两个网络接口：eth0、eth1。eth0 接内部网络，IP 地址是 192.168.

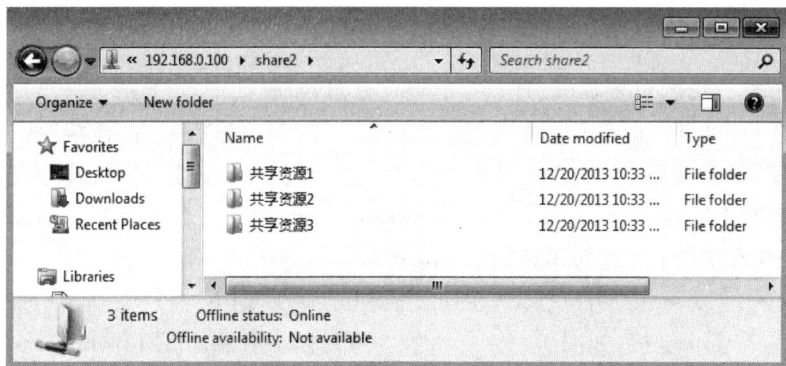

图 14-14　VPN 客户端访问局域网资源

0.5/24,eth1 接入 Internet,IP 地址是 200.200.200.1/24。

(2) 内部局域网的网段为 192.168.0.0/24,其中内部网的一台用作测试的计算机的 IP 地址是 192.168.0.100/24,使用 Windows 7 操作系统。

(3) VPN 客户端是 Internet 上的一台主机,IP 地址是 200.200.200.2/24,使用 Windows 7 操作系统。实际上客户端和 VPN 服务器通过 Internet 连接,为了实验方便,省略了其间的路由,这一点请读者要注意。

(4) 主配置文件"/etc/pptpd.conf"的配置项"localip 192.168.1.100"定义了 VPN 服务器连接后的 ppp0 连接的 IP 地址。读者可能已经注意到,这个 IP 地址不在上面所述的几个网段中,是单独的一个。其实,这个地址与已有的网段没有关系,它仅是 VPN 服务器连接后分配给 ppp0 的地址,为了安全考虑,建议不要配置成已有的局域网网段中的 IP 地址。

(5) 主配置文件"/etc/pptpd.conf"的配置项"remoteip 192.168.0.11-20,192.168.0.101-180"是 VPN 客户端连接 VPN 服务器后获得 IP 地址的范围。

14.6　练习题

1. 填空题

(1) VPN 的英文全称是_____;中文名称是_____。

(2) 按照开放系统互联(OSI)参考模型的划分,隧道技术可以分为_____和_____隧道协议。

(3) 几种常见的隧道协议有_____、_____和_____。

(4) 打开 Linux 内核路由功能,执行命令_____。

(5) VPN 服务连接成功之后,在 VPN 客户端会增加一个名为_____的连接,在 VPN 服务器端会增加一个名为_____的连接。

2. 简答题

(1) 简述 VPN 的工作原理。

(2) 简述常用的 VPN 协议。

(3) 简述 VPN 的特点及应用场合。

14.7　项目实录

1. 录像位置

随书光盘。

2. 项目实训目的

能熟练完成企业 VPN 服务器的安装、配置、管理与维护。

3. 项目背景

某企业需要搭建一台 VPN 服务器。使公司的分支机构以及 SOHO 员工可以从 Internet 访问内部网络资源(访问时间：09：00～17：00)。

4. 项目实训内容

练习 Linux 系统下 VPN 服务器的配置方法。

5. 做一做

根据项目实录录像进行项目的实训,检查学习效果。

实训　VPN 服务器的配置训练

1. 实训目的

掌握 VPN 服务器的配置方法。

2. 实训内容

练习基于 PPTP 的 VPN 服务器的配置。

3. 实训环境

实训拓扑如下,其中 VPN-server 是 VPN 服务器。通过设置 VPN-server,实现 VPN-client 访问局域网中的 FTP 服务器,如图 14-15 所示。

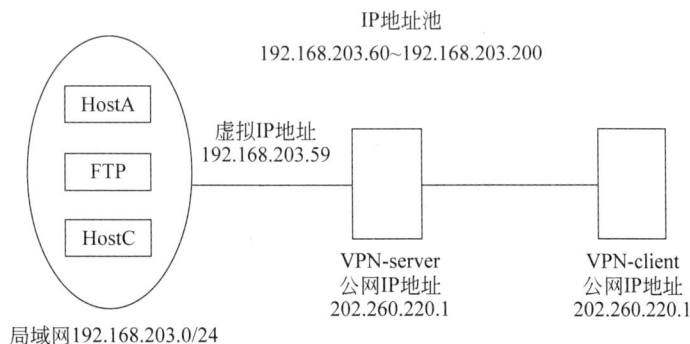

图 14-15　VPN 服务器配置实训拓扑

4. 实训练习

(1) 按照网络拓扑图,配置网络环境。

（2）配置内网 FTP 服务器。

（3）在 VPN 服务器上配置 VPN 服务器。

- 打开 http://sourceforge. net/project/showfiles. php?group_id＝44827 网址并下载所需的软件包,然后安装。

- 修改/etc/pptpd. conf 配置文件。

- 在/etc/ppp/chap-secrets 中设置远程拨号用户和密码。

- 启动路由转发功能。

- 启动 VPN 服务器。

（4）在 VPN 客户端上建立 VPN 连接,访问 FTP 服务器,以测试 VPN 服务器。

5. 实训报告

按要求完成实训报告。

参 考 文 献

[1] 杨云. Red Hat Enterprise Linux 6 实训教程[M]. 北京：清华大学出版社，2015.

[2] 杨云. 网络服务器搭建、配置与管理——Linux 版[M]. 2 版. 北京：人民邮电出版社，2015.

[3] 杨云. Linux 操作系统与实训[M]. 北京：清华大学出版社，2015.

[4] 杨云. Linux 网络操作系统与实训[M]. 2 版. 北京：中国铁道出版社，2012.

[5] 张同光. Linux 操作系统(RHEL 7/CentOS 7)[M]. 北京：清华大学出版社，2014.